"十二五"国家计算机技能型紧缺人才培养
教育部职业教育与成人教育司
全国职业教育与成人教育教学用书行业规划教材

新编中文版

Illustrator CC 标准教程

编著／张丕军　杨顺花　张大容

光盘内容
11个范例的视频教学文件、相关素材、范例源文件

海洋出版社
2016年·北京

内 容 简 介

本书是专为想在较短时间内学习并掌握矢量图形绘制软件 Illustrator CC 的使用方法和技巧而编写的标准教程。本书语言平实，内容丰富、专业，并采用了由浅入深、图文并茂的叙述方式，从最基本的技能和知识点开始，辅以大量的上机实例作为导引，帮助读者轻松掌握中文版 Illustrator CC 的基本知识与操作技能，并做到活学活用。

本书内容：全书共分为 10 章，着重介绍了 Illustrator CC 的基础知识；辅助功能；图形选择；基础绘图；图形填色及艺术效果处理；文本处理；编辑与管理图形；图表制作和为图形添加效果等知识。最后通过将位图图像转换为矢量画、方形图案、条形图案、陶瓷碗、特效立体字、图形组合字、变形艺术字、洗发水广告宣传单 8 个典型实例的制作过程，详细介绍了 Illustrator CC 的设计技巧。

本书特点：1. 基础知识讲解与范例操作紧密结合贯穿全书，边讲解边操练，学习轻松，上手容易；2. 提供重点实例设计思路，激发读者动手欲望，注重学生动手能力和实际应用能力的培养；3. 实例典型、任务明确，由浅入深、循序渐进、系统全面，为职业院校和培训班量身打造。4. 每章后都配有练习题，利于巩固所学知识和创新。5.书中重点实例均收录于光盘中，采用视频讲解的方式，一目了然，学习更轻松！

适用范围：适用于职业院校平面设计专业课教材；社会培训机构平面设计培训教材；用 Illustrator 从事平面设计、美术设计、绘画、平面广告、影视设计等从业人员实用的自学指导书。

图书在版编目(CIP)数据

新编中文版 Illustrator CC 标准教程/ 张丕军，杨顺花，张大容编著. -- 北京：海洋出版社，2016.1
 ISBN 978-7-5027-9323-4

Ⅰ. ①新… Ⅱ. ①张…②杨…③张… Ⅲ. ①图形软件—教材 Ⅳ.①TP391.41

中国版本图书馆 CIP 数据核字(2015)第 297824 号

总 策 划：刘斌	发 行 部：（010）62174379（传真）（010）62132549
责任编辑：刘斌	（010）62100075（邮购）（010）62173651
责任校对：肖新民	网 址：http://www.oceanpress.com.cn/
责任印制：刘志恒	承 印：北京画中画印刷有限公司
排 版：海洋计算机图书输出中心 晓阳	版 次：2016 年 1 月第 1 版
出版发行：海洋出版社	2016 年 1 月第 1 次印刷
地 址：北京市海淀区大慧寺路 8 号（707 房间）	开 本：787mm×1092mm 1/16
100081	印 张：16.75
经 销：新华书店	字 数：396 千字
技术支持：010-62100055	印 数：1~4000 册
	定 价：38.00 元 （1DVD）

本书如有印、装质量问题可与发行部调换

前　言

Illustrator 是 Adobe 公司推出的一款矢量图形绘制软件，它集矢量图形绘制、文字处理、印刷排版和图形高质量输出于一体，极为广泛地应用于广告设计、CI 策划、多媒体制作等多个领域。其亲切的操作界面及强大的功能，使得几乎每一位从事出版印刷的设计者、平面设计师、专业的广告创意家等都要对其进行了解和学习。

本书根据作者多年的作品设计与软件培训经验，通过大量在实际工作中遇到的案例系统地介绍了 Illustrator 软件的使用方法和技巧，具有较强的实用性和参考价值。

全书共分为 10 章，具体内容介绍如下。

第 1 章主要介绍了 Illustrator CC 的基础知识。包括 Illustrator CC 的工作界面、文件的基本操作和概念、图形的置入与输出。

第 2 章主要介绍了 Illustrator CC 的辅助功能。包括用于查看图形的缩放工具、缩放命令、手形工具、导航器面板、切换屏幕显示模式，用于精确绘图的参考线、标尺与网格，用于填充颜色的吸管工具、实时上色工具，以及在多个窗口中进行编辑等。

第 3 章主要介绍了 Illustrator CC 的图形选择。包括所有的选择工具和选择命令。

第 4 章主要介绍了 Illustrator CC 的基础绘图。包括路径的概念、路径的绘制、调整路径，以及用基本绘图工具进行绘图与描图。

第 5 章主要介绍了 Illustrator CC 的图形填色及艺术效果处理。包括使用画笔与符号、创建画笔与符号、使用符号工具与画笔工具、应用渐变色与渐变网格填充对象、混合对象等。

第 6 章主要介绍了 Illustrator CC 的文本处理。包括使用文字工具创建点文字与段落文本、字符与段落格式化、创建区域与路径文字、查找与替换文字、改变大小写、创建轮廓与变形文字等。

第 7 章主要介绍了 Illustrator CC 的编辑与管理图形。包括编辑图形工具、复制对象、排列对象、对齐与分布对象、编组、修剪图形、图层等。

第 8 章主要介绍了 Illustrator CC 的图表制作。包括使用图表工具创建图表、添加与修改图表数据、修改图表类型、格式化图表等。

第 9 章主要介绍了 Illustrator CC 的效果。包括效果菜单中命令的作用、输入位图、改变文件颜色模式、应用滤镜与效果处理位图图像与矢量图形。

第 10 章主要介绍了使用 Illustrator CC 的功能来设计与创作精彩的综合实例的方法，包括将位图图像转换矢量画、图案、工业造型—陶瓷碗、艺术字、广告设计等。

本书突出理论与实践相结合，内容全面、语言流畅、结构清晰、实例精彩、操作性和针对性都比较强。内容安排先从软件基础入手，然后利用丰富而精彩的实例来讲解应用 Illustrator CC 进行设计与创作的方法。其中大部分的内容在培训班上使用过，能学以致用。对于初学者来说，本书是一本图文并茂、通俗易懂、细致全面的学习操作手册。而对于已经熟练使用 Illustrator CC 者和电脑图形制作、设计和创作专业人士来说，本书则是一本最佳的参考资料。同时还可作为高等院校及社会各类电脑培训班的教材。

前　言

　　本书由张丕军、杨顺花、张大容编著，在编写这本书的过程中得到杨喜程、唐帮亮、莫振安、王靖城、龙幸梅、张声纪、唐小红、杨顺乙、饶芳、王通发、武友连、王翠英、王芳仁、王宝凤、舒纲鸿、龙秀明等亲朋好友的大力支持，还有许多热心支持和帮助我们的单位和个人，表示衷心的感谢！

目　录

第1章　Illustrator CC 基础知识······1
1.1　Illustrator CC 的工作界面······1
1.1.1　启动程序······1
1.1.2　Illustrator CC 窗口外观······2
1.1.3　标题栏和菜单栏······4
1.1.4　工具箱······4
1.1.5　绘图窗口······7
1.1.6　控制面板······7
1.2　文件的基本操作······15
1.2.1　新建文档······15
1.2.2　存储文件······16
1.2.3　关闭文件······17
1.2.4　打开文件······18
1.2.5　退出程序······18
1.3　图形的置入与导出······18
1.3.1　置入文件······18
1.3.2　导出文件······20
1.4　Illustrator 中的基本概念······22
1.4.1　矢量图形和位图图像······22
1.4.2　位图图像的分辨率······23
1.5　本章小结······24
1.6　习题······24

第2章　Illustrator 的辅助功能······25
2.1　查看图形······25
2.1.1　缩放工具······25
2.1.2　缩放命令······27
2.1.3　抓手工具······28
2.1.4　【导航器】面板······29
2.1.5　切换屏幕显示模式······29
2.2　使用参考线、网格与度量······30
2.2.1　参考线与标尺······30
2.2.2　网格······33
2.2.3　度量工具······34
2.3　在对象之间复制属性······35
2.3.1　吸管工具······35
2.3.2　实时上色工具······36
2.4　创建新窗口······36
2.5　本章小结······37
2.6　习题······38

第3章　图形的选择······39
3.1　选择工具······39
3.1.1　选择对象与【控制】选项栏······39
3.1.2　复制对象······43
3.1.3　调整对象······44
3.1.4　移动选择对象······44
3.2　直接选择工具······45
3.2.1　选择节点······45
3.2.2　移动节点······46
3.2.3　删除节点或线段······46
3.2.4　修改图形形状······46
3.3　编组选择工具······47
3.3.1　创建组······47
3.3.2　使用编组选择工具······48
3.4　魔棒工具······49
3.5　套索工具······49
3.6　使用菜单命令选择对象······50
3.6.1　选择和取消选择······50
3.6.2　选择相同属性的对象······51
3.6.3　存储所选对象······52
3.7　本章小结······52
3.8　习题······53

第4章　基础绘图······54
4.1　关于路径······54
4.2　用钢笔工具绘制精确路径······54
4.3　用铅笔工具绘制任意形状的路径······56
4.3.1　绘制开放式路径······56
4.3.2　更改曲线（路径）形状······56
4.3.3　用铅笔工具绘制封闭路径······57
4.3.4　用铅笔工具绘制一朵云······57

4.4	绘制简单线条与形状	60
	4.4.1 绘制直线	60
	4.4.2 绘制弧线和弧形	62
	4.4.3 绘制螺旋形	63
	4.4.4 绘制网格	64
	4.4.5 绘制矩形和椭圆形	66
	4.4.6 绘制多边形	68
	4.4.7 绘制星形	69
	4.4.8 斑点画笔工具	70
4.5	绘制光晕对象	71
4.6	调整路径	72
	4.6.1 调整路径工具	72
	4.6.2 平滑工具	74
	4.6.3 路径橡皮擦工具	75
	4.6.4 整形工具	76
	4.6.5 分割路径	77
	4.6.6 连接端点	78
	4.6.7 简化路径	78
	4.6.8 平均锚点	79
4.7	描图	79
	4.7.1 实时描摹	80
	4.7.2 创建模板图层	81
4.8	本章小结	82
4.9	习题	82

第5章 图形填色及艺术效果处理 83

5.1	使用画笔	83
	5.1.1 关于画笔类型	83
	5.1.2 使用【画笔】面板和画笔库	84
	5.1.3 使用画笔工具绘制画笔路径	86
	5.1.4 应用画笔到现有的路径	88
	5.1.5 替换路径上的画笔	89
	5.1.6 从路径上移除画笔	89
	5.1.7 将画笔描边转换成为外框	90
5.2	创建和编辑画笔	90
	5.2.1 创建图案画笔	91
	5.2.2 创建书法画笔	92
	5.2.3 创建散点画笔	93
	5.2.4 创建艺术画笔	94
	5.2.5 创建毛刷画笔	96

	5.2.6 复制与修改画笔	96
5.3	使用符号	97
	5.3.1 【符号】面板与符号库	98
	5.3.2 创建符号	101
5.4	符号工具的应用	101
	5.4.1 符号喷枪工具	101
	5.4.2 符号移位器工具	103
	5.4.3 符号缩紧器工具	103
	5.4.4 符号缩放器工具	104
	5.4.5 符号旋转器工具	105
	5.4.6 符号着色器工具	105
	5.4.7 符号滤色器工具	106
	5.4.8 符号样式器工具	106
5.5	应用渐变色与渐变网格	107
	5.5.1 应用渐变工具与【渐变】面板	107
	5.5.2 为卡通电脑上色	109
5.6	混合对象	120
	5.6.1 关于混合	121
	5.6.2 创建混合	122
	5.6.3 编辑混合对象	124
	5.6.4 释放混合	125
5.7	本章小结	125
5.8	习题	125

第6章 文本处理 126

6.1	使用文字工具	126
	6.1.1 创建点文字	126
	6.1.2 修改文字	126
	6.1.3 创建段落文本	127
6.2	字符格式化	128
	6.2.1 选择文字	128
	6.2.2 设置字体	129
	6.2.3 设置字体大小	129
	6.2.4 设置字符间距	130
	6.2.5 设置文本颜色	130
	6.2.6 添加文字效果	131
6.3	段落格式化	132
	6.3.1 设置首行缩进	132
	6.3.2 设置段前间距	133

6.3.3　文本对齐 ………………………… 133
6.4　直排文字工具 …………………………… 134
6.5　创建区域文字 …………………………… 135
　　　6.5.1　区域文字工具 …………………… 135
　　　6.5.2　直排区域文字工具 ……………… 136
6.6　创建路径文字 …………………………… 136
　　　6.6.1　在开放式路径上创建文字 ……… 137
　　　6.6.2　在封闭式路径上创建文字 ……… 137
　　　6.6.3　编辑路径文字 …………………… 138
6.7　查找和替换 ……………………………… 139
6.8　更改大小写 ……………………………… 140
6.9　创建轮廓——制作特效艺术字 ………… 140
6.10　变形文字 ………………………………… 146
6.11　本章小结 ………………………………… 147
6.12　习题 ……………………………………… 147

第7章　编辑与管理图形 …………………… 148
7.1　编辑图形工具 …………………………… 148
　　　7.1.1　旋转工具 ………………………… 148
　　　7.1.2　镜像工具 ………………………… 151
　　　7.1.3　比例缩放工具 …………………… 152
　　　7.1.4　倾斜工具 ………………………… 153
　　　7.1.5　液化变形工具 …………………… 153
7.2　自由变换工具 …………………………… 159
7.3　剪切、复制和粘贴对象 ………………… 161
7.4　清除对象 ………………………………… 162
7.5　改变排列顺序 …………………………… 162
7.6　创建群组与取消群组 …………………… 163
　　　7.6.1　创建群组 ………………………… 163
　　　7.6.2　取消群组 ………………………… 163
7.7　修剪图形 ………………………………… 163
　　　7.7.1　联集 ……………………………… 164
　　　7.7.2　减去顶层 ………………………… 165
　　　7.7.3　交集 ……………………………… 166
　　　7.7.4　差集 ……………………………… 166
　　　7.7.5　分割 ……………………………… 168
　　　7.7.6　修边 ……………………………… 169
　　　7.7.7　合并 ……………………………… 170
　　　7.7.8　裁剪 ……………………………… 171
　　　7.7.9　轮廓 ……………………………… 172

　　　7.7.10　减去后方对象 …………………… 172
7.8　对齐与分布 ……………………………… 173
　　　7.8.1　对齐对象 ………………………… 173
　　　7.8.2　分布 ……………………………… 174
7.9　图层 ……………………………………… 175
　　　7.9.1　创建图层 ………………………… 175
　　　7.9.2　创建子图层 ……………………… 175
　　　7.9.3　在当前可用图层中绘制对象 …… 175
　　　7.9.4　复制图层 ………………………… 176
　　　7.9.5　删除图层 ………………………… 176
　　　7.9.6　锁定/解锁图层 …………………… 177
　　　7.9.7　显示/隐藏图层 …………………… 177
　　　7.9.8　改变图层顺序 …………………… 177
　　　7.9.9　创建蒙版 ………………………… 178
7.10　本章小结 ………………………………… 178
7.11　习题 ……………………………………… 179

第8章　图表制作 ……………………………… 180
8.1　使用图表工具创建图表 ………………… 180
　　　8.1.1　使用图表工具 …………………… 181
　　　8.1.2　创建图表 ………………………… 181
8.2　添加与修改图表数据 …………………… 183
8.3　修改图表类型 …………………………… 185
8.4　格式化图表 ……………………………… 187
8.5　本章小结 ………………………………… 188
8.6　习题 ……………………………………… 188

第9章　为图形添加效果 …………………… 189
9.1　风格化 …………………………………… 189
9.2　画笔描边 ………………………………… 190
9.3　模糊 ……………………………………… 191
9.4　扭曲 ……………………………………… 192
9.5　素描 ……………………………………… 193
9.6　纹理 ……………………………………… 194
9.7　像素化 …………………………………… 195
9.8　艺术效果 ………………………………… 196
9.9　将图像处理为装饰效果 ………………… 198
9.10　对矢量图进行效果处理 ………………… 199
　　　9.10.1　SVG 滤镜 ………………………… 199
　　　9.10.2　使用菜单上层风格化命令 …… 200
　　　9.10.3　栅格化 …………………………… 201

9.10.4 路径 ······202
9.10.5 扭曲和变换 ······202
9.10.6 制作特效文字——绿色奥运 ···203
9.10.7 制作易拉罐 ······205
9.10.8 转换为形状 ······209
9.11 本章小结 ······210
9.12 习题 ······210

第10章 综合部分 ······211
10.1 将位图图像转换为矢量画 ······211
10.2 方形图案 ······213
10.3 条形图案 ······223
10.4 陶瓷碗 ······226
10.5 特效立体字 ······229
10.6 图形组合字 ······232
10.7 变形艺术字 ······242
10.8 洗发水广告宣传单 ······247

参考答案 ······256

第 1 章　Illustrator CC 基础知识

教学要点

在使用 Illustrator CC 之前，首先需要了解一些相关的基础知识，然后才能在此基础上进行图形的制作与设计。本章首先简单介绍了 Illustrator CC 的工作环境，然后介绍了文件的基本操作、图形的置入与导出，接着介绍了一些 Illustrator CC 中最基本的概念，如：图形的类型、分辨率和颜色模式等。通过本章的学习，读者能够熟练掌握文件的操作、Illustrator CC 的工作界面，并了解 Illustrator CC 中常用的术语、概念。

学习重点与难点

- 文件的操作
- 图形的置入与导出
- Illustrator 中的基本概念

1.1　Illustrator CC 的工作界面

Illustrator 是 Adobe 公司出品的重量级矢量绘图软件，是出版、多媒体和网络图像的工业标准插画软件，功能非常强大。无论是一个新手还是插画专家，Adobe Illustrator 都能提供所需的工具，从而获得专业质量结果。Adobe 公司已经为它的大众软件应用了几乎一致的操作环境，所以 Illustrator 的工作界面也类似于 Adobe 的其他产品，如 Photoshop 和 PageMaker 等的工作界面。整个工作界面风格更贴近 Windows 7 的界面风格。

1.1.1　启动程序

在成功安装了 Illustrator CC 后，在 Windows 7 等操作系统的【所有程序】菜单中会自动生成 Illustrator CC 的子程序。用户可以在屏幕的左下角单击【开始】→【所有程序】→【Adobe Illustrator CC】→【Adobe Illustrator CC】程序，如图 1-1 所示，便可启动 Illustrator CC 软件。

图 1-1　在开始菜单中执行 Adobe Illustrator CC 程序

1.1.2 Illustrator CC 窗口外观

启动了 Illustrator CC 后，会出现一个新增功能对话框，如图 1-2 所示，可以在其中学习一些新增的功能，如果不需要学习新增的功能，直接单击【完成】按钮即可进入工作区，如图 1-3 所示。

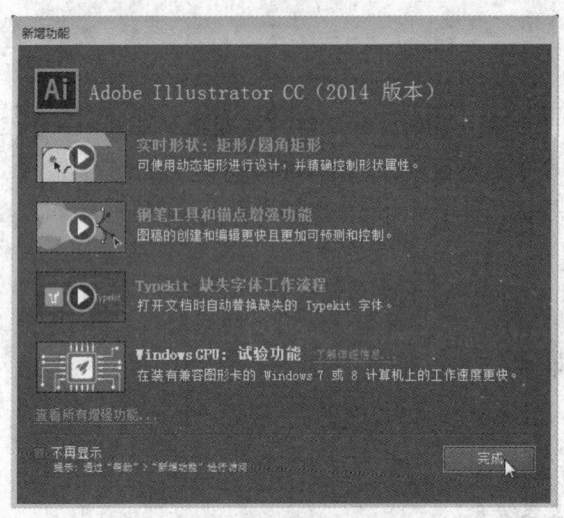

图 1-2 新增功能对话框

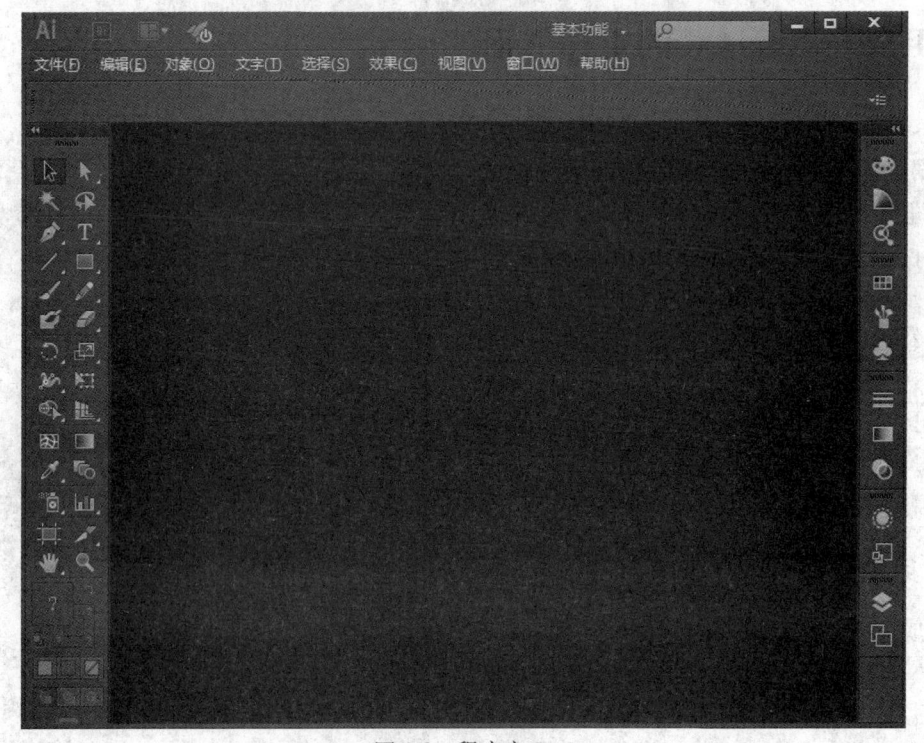

图 1-3 程序窗口

如果需要新建一个文档来工作，可以在【文件】菜单中执行【新建】命令，如图 1-4 所示，同样会弹出一个【新建文档】对话框，如图 1-5 所示，可在其中设置所需的参数，然后单击【确定】按钮，即可新建一个文档，如图 1-6 所示。

图 1-4 执行【新建】命令 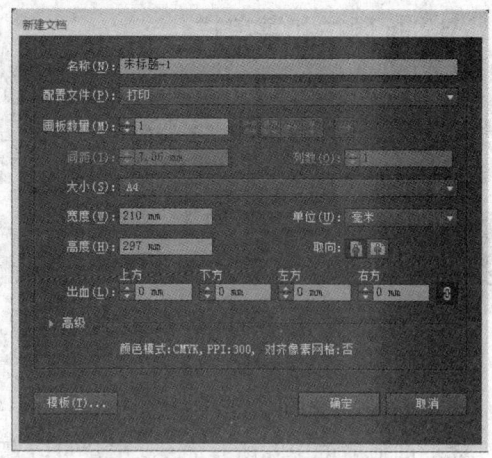　　　　　　图 1-5 【新建文档】对话框

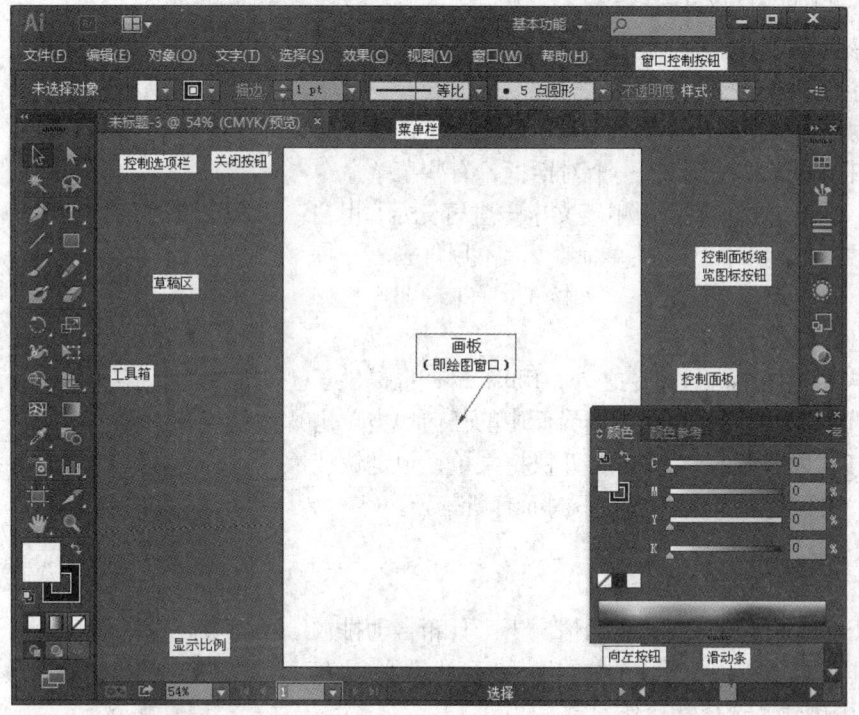

图 1-6 程序窗口

Illustrator 的工作界面是创建、编辑、处理图形、图像的操作平台,它由标题栏、菜单栏、工具箱、【控制】选项栏、控制面板、草稿区、绘图区、状态栏、最小化按钮、还原按钮、最大化按钮、关闭按钮等组成,如图 1-4 所示。

- ■（最小化按钮）：单击它可以将窗口最小化并把它存放到任务栏（默认状态下,它在屏幕的底部）中。
- ▫（最大化按钮）：单击它可以将窗口最大化,即占满整个屏幕。
- ✕（关闭按钮）：单击它可以将窗口或面板或对话框关闭。
- ▫（还原按钮）：单击它可以将窗口还原,这时可以在边框上按下鼠标左键（也简称按下左键）,当指针成双向箭头时,可拖动来改变窗口的大小。

1.1.3 标题栏和菜单栏

Illustrator 的标题栏在操作界面的顶部，显示了程序的名称——AI 与菜单栏，在菜单栏中可以执行 Illustrator 的主要功能，如新建文件、编辑文件、处理对象、文字处理、选择对象、为图形添加效果、对视图进行调整、窗口和帮助等，如图 1-7 所示。

图 1-7 菜单栏与控制选项栏

当使用某个命令时，只需将鼠标移到菜单名（如"文件"）上单击，即可弹出下拉菜单，如图 1-8 所示，其中包含了这个菜单中的所有命令，用户可以在这个菜单中用鼠标或键盘来选择要使用的命令，选择好后单击所选命令或按 Enter 键，即可执行所选命令。

如果该菜单中有某项在当前状态下不能使用，则会呈现灰色；有的菜单还有子菜单，这时它的后面会有一个小三角形符号；如果在它后面有省略号，那么单击该菜单命令将会打开（也称"弹出"）一个对话框；有些菜单命令有快捷键，那么它会在其后面用英文字母进行标示，用户可以直接按快捷键来执行该菜单命令，而不用再去一一打开菜单，从而提高了工作效率。如按 Ctrl+O 键即可直接执行【打开】命令。

除了从菜单栏中执行命令之外，Illustrator 也提供了另一类菜单，即快捷菜单。在操作界面中的任何地方单击鼠标右键（简称"右击"）都可打开快捷菜单，但是快捷菜单根据右击位置和编辑状态的不同而有所差异。

图 1-8 【文件】菜单

1.1.4 工具箱

开启 Illustrator 程序后，默认情况下工具箱自动排放到屏幕的左边。利用工具箱中的各种工具就可以在 Illustrator 中创建、选择和操作对象。

工具箱如图 1-9 所示，可以拖动工具箱到屏幕的任何一个地方，也可以显示或隐藏工具箱（操作方法：在菜单中执行【窗口】→【工具】命令）。每一个图标都表示一种工具。当鼠标指针移动到图标上时，略微停留一会儿，就会在鼠标指针处出现该工具的名称，名称旁边的英文字母表示选取这个工具的快捷键。工具箱由横线分为 10 个部分。

在工具箱中有隐藏的工具，它们隐藏在右下角有小三角形的工具中，可以点按住带有小三角形的工具，从而使它弹出一工具条，然后可以在其中点选所需的工具。

图 1-9 工具箱

当有隐藏工具的工具条出现时，按住左键并拖动到工具条末尾小三角形按钮处单击再松开鼠标左键，即可将该工具条从工具箱中分离出来，如图1-10所示。如果要将一个已分离的工具条重新放回工具箱中，可以单击右上角的【关闭】按钮关闭工具条。

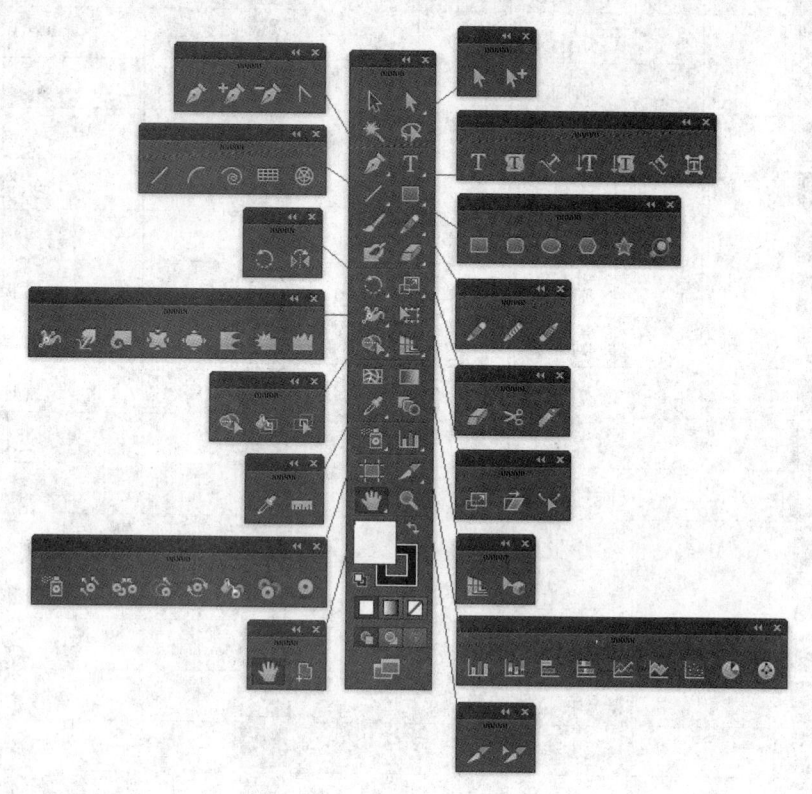

图 1-10　工具箱

表 1-1 为工具箱中各工具的图标与名称：

表 1-1　工具与图标

图标	工具名	图标	工具名
	选择工具		直接选择工具
	编组选择工具		魔棒工具
	套索工具		钢笔工具
	添加锚点工具		删除锚点工具
	转换锚点工具		文字工具
	区域文字工具		路径文字工具
	直排文字工具		直排区域文字工具
	直排路径文字工具		修饰文字工具
	直线段工具		画板工具
	弧形工具		螺旋线工具

续表

图标	工具名	图标	工具名
	矩形网格工具		极坐标网格工具
	矩形工具		圆角矩形工具
	椭圆工具		多边形工具
	星形工具		光晕工具
	画笔工具		铅笔工具
	平滑工具		路径橡皮擦工具
	旋转工具		镜像工具
	比例缩放工具		倾斜工具
	改变形状工具		斑点画笔工具
	宽度工具		变形工具
	旋转扭曲工具		缩拢工具
	膨胀工具		扇贝工具
	晶格化工具		皱褶工具
	自由变换工具		符号喷枪工具
	符号移位器工具		符号紧缩器工具
	符号缩放器工具		符号旋转器工具
	符号着色器工具		符号滤色器工具
	符号样式器工具		柱形图工具
	堆积柱形图工具		条形图工具
	堆积条形图工具		折线图工具
	面积图工具		散点图工具
	饼图工具		雷达图工具
	网格工具		渐变工具
	吸管工具		度量工具
	混合工具		形状生成器工具
	实时上色工具		实时上色选择工具
	透视网格工具		透视选区工具
	切片工具		切片选择工具
	橡皮擦工具		剪刀工具
	美工刀工具		抓手工具
	打印拼贴工具		缩放工具

以上为工具箱中的所有工具，都可以用鼠标直接选取；其中大多数的工具还可以使用键盘直接选取，只需在键盘上单击一个键，就可以选中该工具。表 1-2 为工具与快捷键的对应表。

表 1-2 工具快捷键对应表

工具	快捷键	工具	快捷键
选择工具	V	直接选择工具	A
魔棒工具	Y	套索工具	Q
钢笔工具	P	添加锚点工具	+
删除锚点工具	-	转换锚点工具	Shift+C
文字工具	T	直线段工具	\
矩形工具	M	画笔工具	B
铅笔工具	N	旋转工具	R
镜像工具	O	比例缩放工具	S
变形工具	Shift+R	自由变换工具	E
符号喷枪工具	Shift+S	柱形图工具	J
网格工具	U	渐变工具	G
吸管工具	I	实时上色工具	K
实时上色选择工具	Shift+L	裁剪区域工具	Shift+O
混合工具	W	切片工具	Shift+K
剪刀工具	C	手形工具	H
缩放工具	Z	颜色	<
渐变	>	无	/
标准屏幕模式	F	带有菜单栏的全屏模式	F
全屏模式	F		
提示	在使用快捷键时需按Ctrl+空格键切换至英文输入法状态			

1.1.5 绘图窗口

在 Illustrator 中，可以打开多个文档进行编辑。如果要在多个文档之间进行切换，可以在【窗口】菜单的底部选择所要编辑的图形文件名称。在绘图窗口的标题栏上，除了图形的名称外，还有缩放比例和色彩模式等信息；当绘图窗口最大化时，这些信息会和程序窗口的标题栏合并。

1.1.6 控制面板

在 Illustrator CC 中提供了 31 个控制面板和一些预设的图形样式库、画笔库与符号库，分别以缩略图按钮的形式层叠在程序窗口的右边，可以将缩略图按钮拖动，以看到面板的名称，如图 1-11 所示；用户可以在要打开的控制面板上单击打开该面板，如图 1-12 所示，再次单击则可以将其隐藏。

图 1-11　控制面板缩览图　　　　图 1-12　展开的色板面板

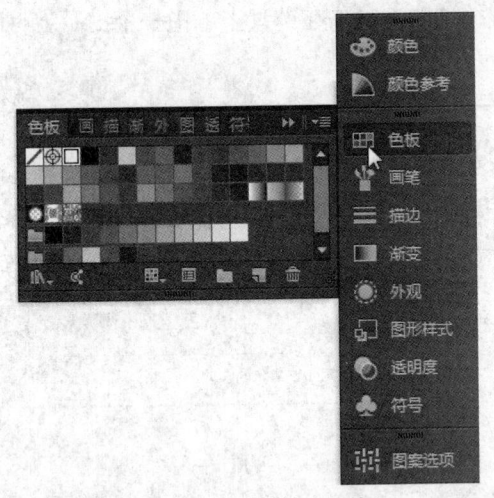

通常面板是浮动在图像的上面，而不会被图像所覆盖，而且常放在屏幕的右边，也可将它拖放到屏幕的任何位置上，只要将鼠标指向面板最上面的标题栏，并按下左键不放，然后将它拖到屏幕所需的位置后松开鼠标即可。

> **TIPS**　按 Tab 键可以隐藏或显示工具箱、【控制】选项栏与控制面板。按 Shift+Tab 键可显示或隐藏所有面板。如果要打开不在程序窗口中显示的控制面板，在【窗口】下拉菜单中直接选择所需的命令即可。

其中常用的面板为图层、画笔、颜色、描边、渐变、透明度、色板、图形样式、符号、字符、段落、动作、链接、属性、导航器、信息、外观、变换、对齐、路径查找器、魔棒、文档信息等面板。

1．【图层】面板

每个 Adobe Illustrator 文件至少包含一个图层。通过在线稿（文档）中创建多个图层可以控制如何打印、组织、显示和编辑对象。

一旦创建了图层，就能够以不同的方式使用图层，如复制、重排、合并图层，以及向图层上添加对象，甚至可以创建模板图层，以便描画对象。另外，还可以从 Photoshop 中导入图层。

下列规则影响了对象在图层中的显示：

(1) 在每个图层中，对象是以它们的堆叠次序（也叫绘制次序）堆放的。

(2) 同组的对象在同一图层中，如果将不同图层中的对象编在一组，那么所有对象将被放到该组中最前面的图层中，放在组中最前面的对象之后。

(3) 当对不同图层的对象进行蒙版时，中间各层的对象将变为蒙版对象的一部分。

可以使用【图层】面板创建和删除图层、合并图层、隐藏和锁定图层。所有新对象将放到当前可用图层上。【图层】面板如图 1-13 所示，在菜单中执行【窗口】→【图层】命令，可显示/隐藏【图层】面板。

2.【画笔】面板

可以使用【画笔】面板创建和组织画笔。也可以使用【画笔】面板确定显示哪些画笔以及如何显示。还可以移动、复制和删除面板中的画笔。

可以创建【画笔】面板中 5 种画笔类型（包括：散点画笔、书法画笔、毛刷画笔、图案画笔、艺术画笔）中的每一种画笔。

在菜单中执行【窗口】→【画笔】命令，可显示/隐藏【画笔】面板。显示的【画笔】面板如图 1-14 所示，在其中点选一种画笔，所选对象的描边就变为该种画笔；可以先在【画笔】面板中点选所需的画笔，然后在工具箱中点选 ✒ 画笔工具进行绘图。

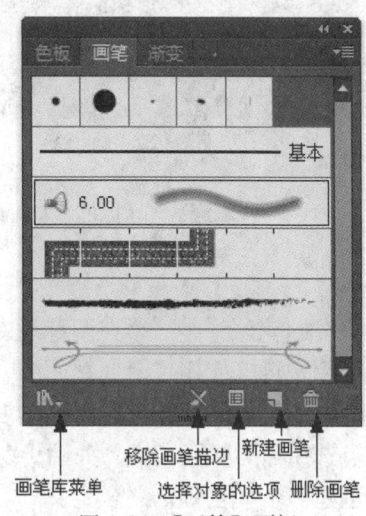

图 1-13 【图层】面板

图 1-14 【画笔】面板

3.【颜色】面板

可以使用【颜色】面板将颜色用于对象的填色和描边（也可以称为"笔画"），也可以编辑和混合颜色，既可创建颜色，也可以从【色板】面板、对象以及颜色库中选取颜色。在菜单中执行【窗口】→【颜色】命令，可显示/隐藏【颜色】面板，如图 1-15 所示。

双击填充或描边都可弹出如图 1-16 所示的【拾色器】对话框，在其中可以设置所需的颜色，设置好后单击【确定】按钮，完成颜色设置；也可以在下方的色条上吸取所需的颜色，单击 ◆ 按钮可展开或折叠面板。

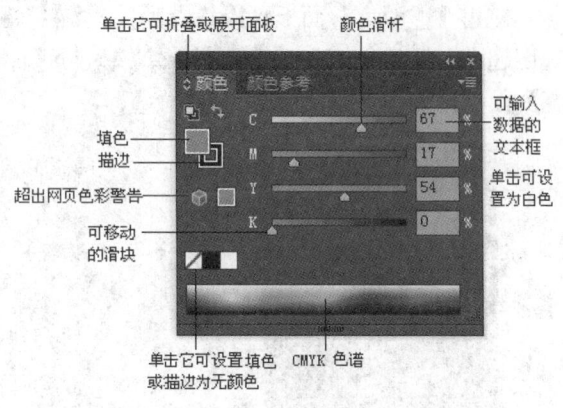

图 1-15 【颜色】面板

4.【描边】面板

只有在对路径描边时才可以使用描边的属性。可以使用【描边】面板来选择描边属性，包括轮廓粗细，轮廓的顶点和接合的类型，以及轮廓是实线还是虚线等。完全展开的【描边】面板如图 1-17 所示，在菜单中执行【窗口】→【描边】命令，可显示/隐藏【描边】面板。

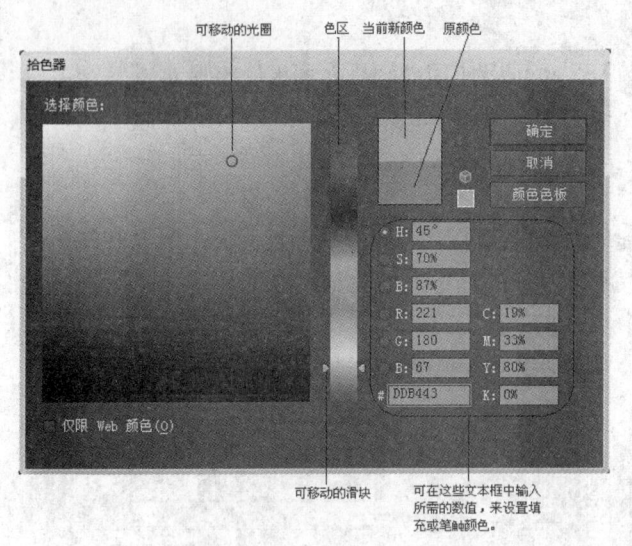

图1-16 【拾色器】对话框　　　　　　　图1-17 【描边】面板

5. 【渐变】面板

"渐变填充"是一个在两种及多种颜色之间或同一种颜色的各种淡色之间逐渐变化的混合。

用户可以使用【渐变】面板，或结合【颜色】面板创建自己的渐变或者修改一个已经存在的渐变；如果【颜色】面板中没有所需的颜色，可以单击右上角的按钮，在弹出的菜单中点选所需的颜色模式，如图1-18所示。也可以使用【渐变】面板向渐变中加入中间颜色以便创建一个多重颜色混合定义的填充。在菜单中执行【窗口】→【渐变】命令，可显示/隐藏【渐变】面板。

6. 【透明度】面板

使用【透明度】面板可以设置所需的混合模式、不透明度、反相蒙版，避免渐变模式的应用超过一组对象的底部等。在菜单中执行【窗口】→【透明度】命令，可显示/隐藏【透明度】面板，如图1-19所示。

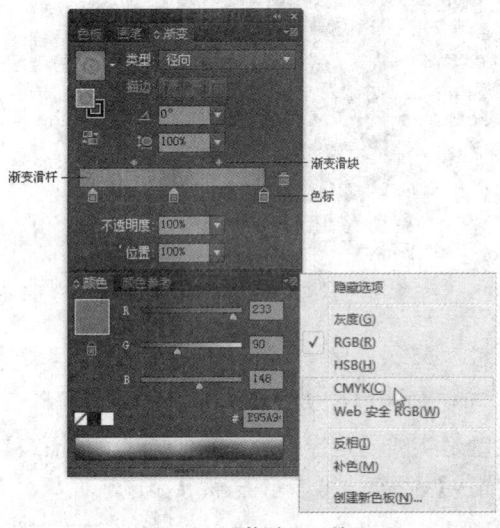

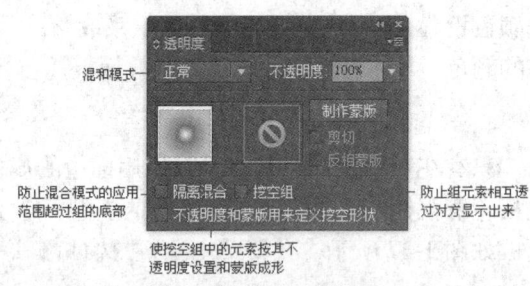

图1-18 【渐变】面板　　　　　　　图1-19 【透明度】面板

7. 【色板】面板

在菜单中执行【窗口】→【色板】命令,可显示/隐藏【色板】面板。显示的【色板】面板如图 1-20 所示,它包含了预先装载到 Adobe Illustrator 以及为了重复使用而创建和存储的颜色、渐变以及图案。使用【色板】面板可以对图形填充所需的颜色、渐变以及图案。

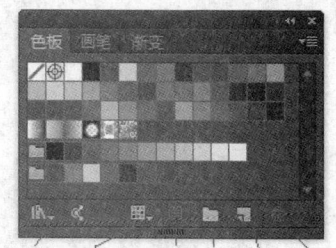

8. 【图形样式】面板

在菜单中执行【窗口】→【图形样式】命令,可显示/隐藏【图形样式】面板。显示的【图形样式】面板如图 1-21 所示,利用它可以对图形对象进行所需的样式填充,也可以在文档中创建出所需的图形对象,然后单击【新建图形样式】按钮,将所创建的图形对象添加到【图形样式】面板。

图 1-20 【色板】面板

9. 【符号】面板

图 1-22 所示为【符号】面板,可以在其中点选所需的符号,然后用符号喷枪工具在文档中喷洒出各种各样的符号实例和符号集合。可以直接从【符号】面板中拖出符号到文档中。可以单击 (置入符号实例)按钮,将符号实例应用到文档中,还可以使所选符号替换为其他符号。

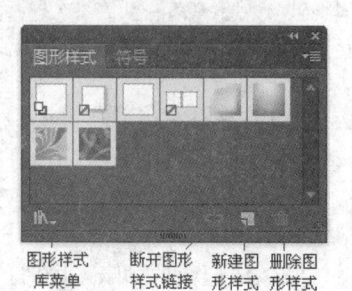

图 1-21 【图形样式】面板

图 1-22 【符号】面板

可以在文档中创建自定的图形,然后单击 (新建符号)按钮,将它存放到【符号】面板,以便以后多次和重复应用;也可以将不用的符号删除。在菜单中执行【窗口】→【符号】命令,可显示/隐藏【符号】面板。

10. 【字符】面板

在菜单中执行【窗口】→【文字】→【字符】命令,可显示/隐藏【字符】面板。完全展开的【字符】面板如图 1-23 所示,使用它可设置文字的字体、字体大小、字符间距、行间距和字符缩放等。

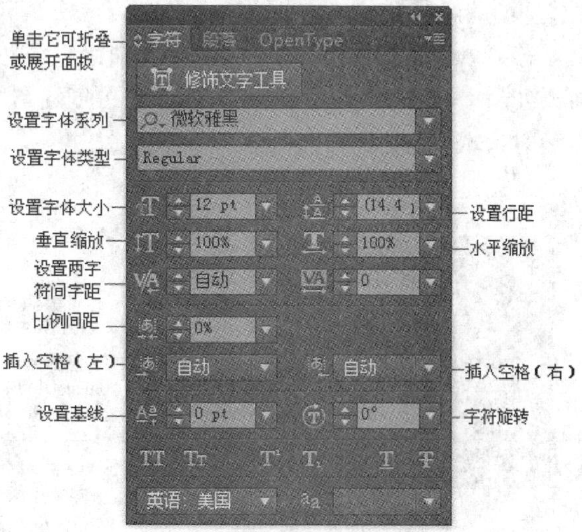

图 1-23 【字符】面板

11. 【段落】面板

在菜单中执行【窗口】→【文字】→【段落】命令,可显示/隐藏【段落】面板。完全展开的【段落】面板如图 1-24 所示,使用它可以对字符和段落文本进行对齐,也可以设置段落文本的首行缩进、段前间距、左缩进和右缩进等。

12. 【动作】面板

Adobe Illustrator 允许用户通过一系列命令组成一个动作来实现自动化任务。在菜单中执行【窗口】→【动作】命令,可显示/隐藏【动作】面板。

Illustrator 也提供了预先记录动作的功能,以便在图形对象和类型上创建特殊效果。在安装 Illustrator 应用程序时,这些预先记录的动作作为【动作】面板的默认设置进行安装,如图 1-25 所示,可以直接应用这些动作(只要单击 ▶ 按钮即可),也可以创建所需的动作。

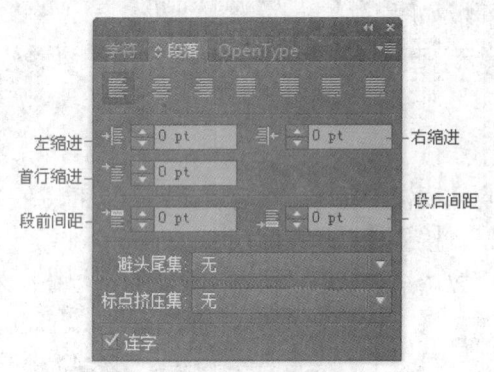

图 1-24 【段落】面板

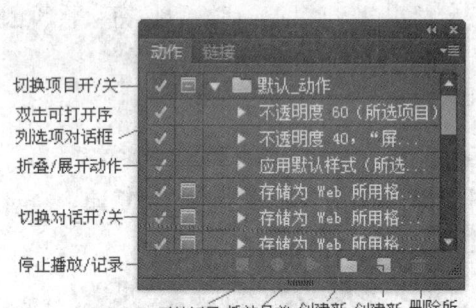

图 1-25 【动作】面板

13. 【链接】面板

所有链接的或嵌入的文件都在【链接】面板中列出。

通过【链接】面板,使用【嵌入图像】命令,可以将链接图像快速转换为嵌入图像。【链接】面板如图 1-26 所示,在菜单中执行【窗口】→【链接】命令,可显示/隐藏【链接】面板。

14. 【属性】面板

在菜单中执行【窗口】→【属性】命令,可显示/隐藏【属性】面板。完全展开的【属性】面板如图 1-27 所示,在【属性】面板中可创建图像映射,也可以点选所需的选项绘制所需的图形对象。

图 1-26 【链接】面板

图 1-27 【属性】面板

15. 【导航器】面板

在菜单中执行【窗口】→【导航器】命令，可显示/隐藏【导航器】面板。完全展开的【导航器】面板如图 1-28 所示，利用它可以将绘图区内的图形对象放大或缩小，也可以查看局部图形对象。

16. 【信息】面板

在菜单中执行【窗口】→【信息】命令，可显示/隐藏【信息】面板。完全展开的【信息】面板如图 1-29 所示，在其中可以查看到相关的信息。

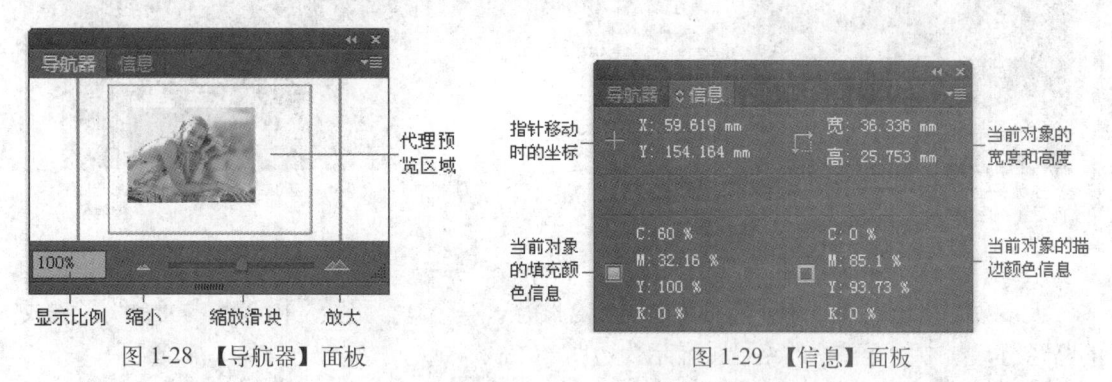

图 1-28 【导航器】面板

图 1-29 【信息】面板

17. 【外观】面板

在菜单中执行【窗口】→【外观】命令，可显示/隐藏【外观】面板。显示的【外观】面板如图 1-30 所示，使用它可以将图形对象的外观清除、简化基本外观、删除选择的项目等。

18. 【变换】面板

在菜单中执行【窗口】→【变换】命令，可显示/隐藏【变换】面板。显示的【变换】面板如图 1-31 所示，使用它可以对选取对象进行变换调整，即可移动对象的位置，调整对象的大小、将对象进行旋转和倾斜等。

这个面板中的所有值指的都是针对所选对象的定界框而言。此外，还可以使用【变换】面板菜单中的命令进行水平翻转、垂直翻转、按比例变换轮廓和效果、仅变换图案、仅变换对象和两者都变换等操作。

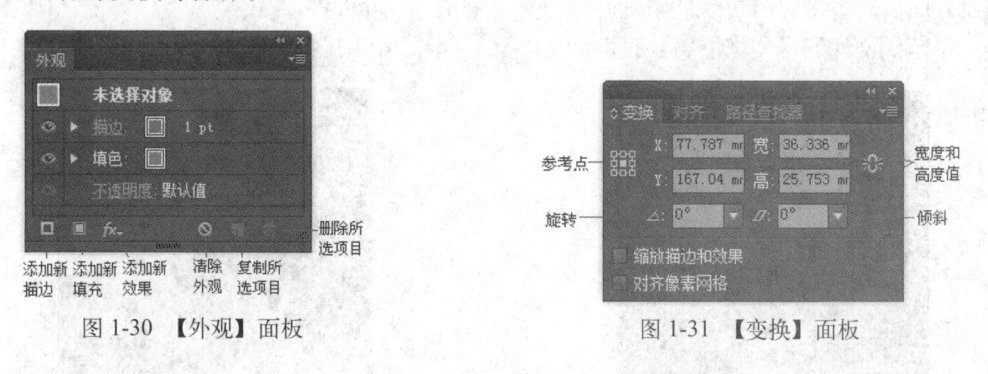

图 1-30 【外观】面板

图 1-31 【变换】面板

19. 【对齐】面板

在菜单中执行【窗口】→【对齐】命令，可显示/隐藏【对齐】面板。显示的【对齐】面板如图 1-32 所示，使用它可以对被选多个对象进行排列、对齐、分布等操作。

20. 【路径查找器】面板

在菜单中执行【窗口】→【路径查找器】命令，可显示/隐藏【路径查找器】面板。显示的【路径查找器】面板如图1-33所示，使用其中的命令可以组合、分离和细分对象。这些命令可以建立由对象的交叉部分形成的新建对象。

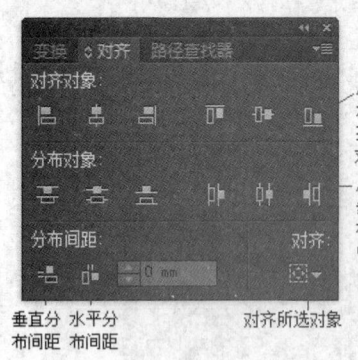

图1-32 【对齐】面板

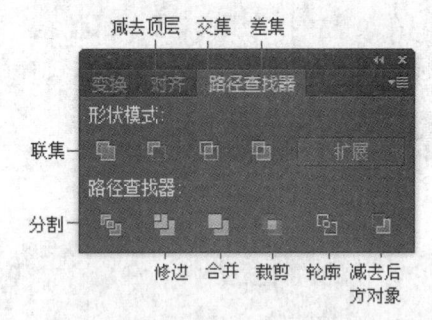

图1-33 【路径查找器】面板

大多数的路径查找器命令都可创建出复合路径。一个复合路径是由两条或更多路径构成的路径组，其中相互重叠的路径被显示为透明。

> **TIPS** 对复杂的选择，如混合，应用路径查找器中的命令需要大量的RAM(内存)。

21. 【魔棒】面板

在菜单中执行【窗口】→【魔棒】命令，可显示/隐藏【魔棒】面板。完全显示的【魔棒】面板如图1-34所示，使用它并结合魔棒工具，可以在画面中点选所需的填充颜色、描边颜色、描边宽度、不透明度和混合模式。可根据需要设置容差值。

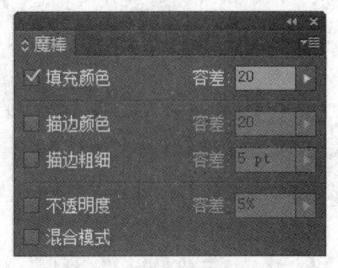

图1-34 【魔棒】面板

22. 【文档信息】面板

在菜单中执行【窗口】→【文档信息】命令，可显示/隐藏【文档信息】面板。新建文档的信息如图1-35所示，打开Illustrator程序中一个范例文件的【文档信息】面板如图1-36所示，可在其中查看该文件的相关信息。

图1-35 【文档信息】面板

图1-36 【文档信息】面板

1.2 文件的基本操作

下面将介绍 Illustrator 程序中的基本操作,包括文件的新建、存储、打开、关闭等。

1.2.1 新建文档

通常情况下在开始绘图时,必须先准备一张纸,然后再用工具进行绘图。在电脑(计算机)中也是一样。

动手操作 新建文档

1. 在菜单中执行【文件】→【新建】命令(或按 Ctrl+N 键),弹出如图 1-37 所示的【新建文档】对话框,可在【名称】文本框中输入所需的文件名称,在【新建文档配置文件】栏中设置所需的大小、单位和方向,在【高级】栏中可以设置所需的颜色模式、栅格效果与预览模式。

【新建文档】对话框说明如下:

- 【大小】:可从下拉列表中选择 Illustrator 为各种目的而预设的多种图形尺寸。
- 【宽度】和【高度】:图形的大小尺寸。
- 【单位】:可从下拉列表中选择所需的单位。
- 【颜色模式】:在其中可选择文件的颜色模式。
- 【栅格效果】:在该下拉列表中可以选择所需的栅格效果(也就是分辨率),如高(300 ppi)、中(150 ppi)或屏幕(72 ppi)。
- 【预览模式】:在该下拉列表中可以选择所需的预览模式,如默认值、像素或叠印。

2. 设置好后单击【确定】按钮,即可新建一个文件,如图 1-38 所示。

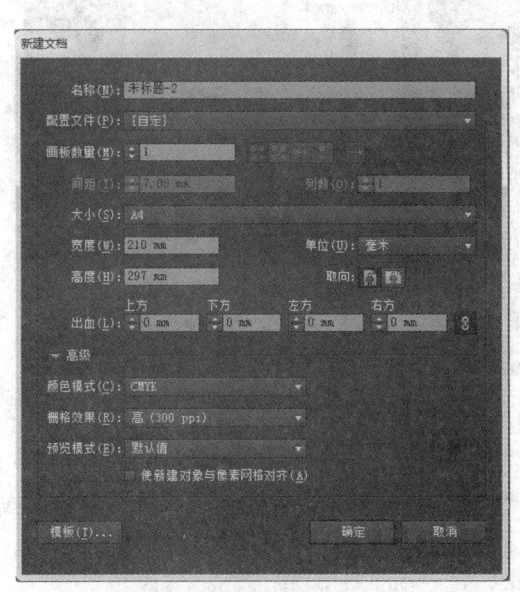

图 1-37 【新建文档】对话框

图 1-38 程序窗口

3. 在绘图区或草稿区内可以绘制所需的插图(对象)，从工具箱中点选 ◯ 椭圆工具，如图 1-39 所示，在绘图区内按下鼠标左键向对角拖动拖出一个椭圆形，如图 1-40 所示，到达适当大小后松开鼠标左键，即可得到一个椭圆形，如图 1-41 所示。

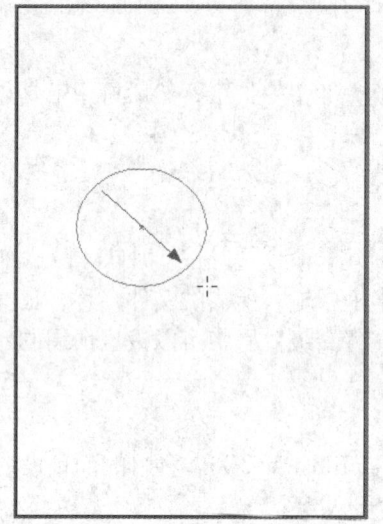

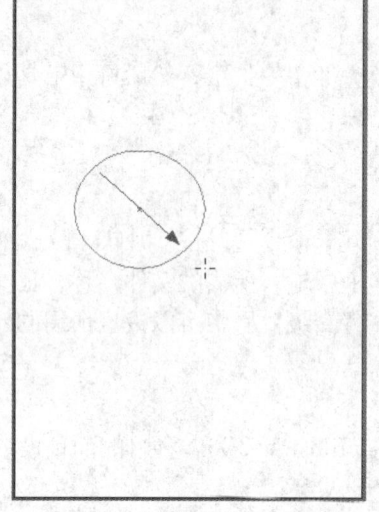

图 1-39 选择工具　　图 1-40 用椭圆工具画椭圆　　图 1-41 画好的椭圆

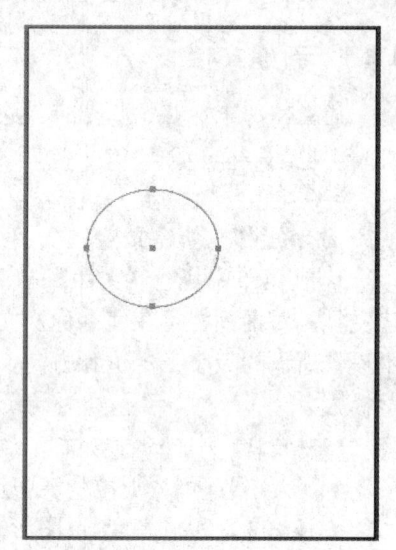

4. 如果【画笔】面板不在窗口中显示，可以在菜单中执行【窗口】→【画笔】命令（或按 F5 键），显示【画笔】面板，然后在其中单击所需的画笔，即可得到如图 1-42 所示的效果。

1.2.2 存储文件

在绘制好了一幅作品后，可以将其存放到计算机内。

1. 存储

在菜单中执行【文件】→【存储】命令（或按 Ctrl+S 键），弹出如图 1-43 所示的【存储为】对话框，可在【保存在】下拉列表中选择所需存放文档的文件夹，也可在左边栏中单击要存放的位置（如我的文档），然后在【文件名】文本框中输入所需的文件名称，在【保存类型】下拉列表中可以选择所需的文件格式。

图 1-42 应用画笔

设置好后单击【保存】按钮，弹出如图 1-44 所示【Illustrator 选项】对话框，在其中勾选或不勾选相关的选项，设置好后单击【确定】按钮，即可将文档存储到所选择的盘符（或文件夹）中。

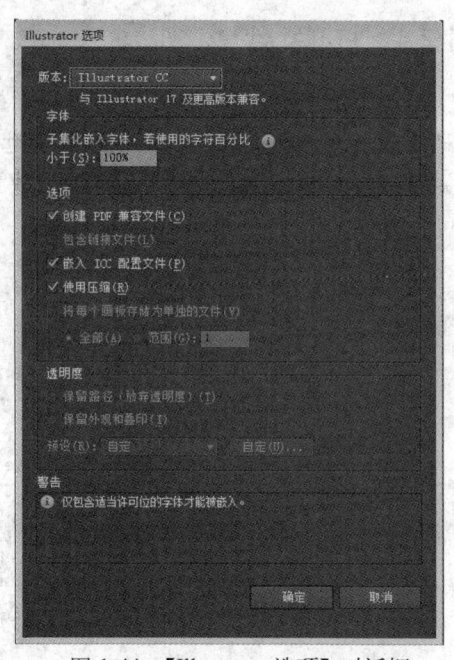

图 1-43 【存储为】对话框　　　　图 1-44 【Illustrator 选项】对话框

2. 存储为

在菜单中执行【文件】→【存储为】命令，同样会弹出如图 1-43 所示的【存储为】对话框，设置相关选项后即可直接单击【保存】按钮，同样也会弹出【Illustrator 选项】对话框，在其中根据需要设置所需的选项，单击【确定】按钮即可。

说明：另存为的作用是将文件进行备份或另外命名并存储。

1.2.3 关闭文件

如果某文件已经编辑好并进行了存储或打开了某文件又不想用时，可以将它关闭。

在菜单中执行【文件】→【关闭】命令，即可将文件直接关闭。

如果某文件进行过编辑，但没有进行存储，直接执行【文件】→【关闭】命令，就会弹出如图 1-45 所示的警告对话框，如果要存储对文档的修改，单击【是】按钮，如果不存储对文档的修改请单击【否】按钮，如果不想关闭文档，单击【取消】按钮。

图 1-45 警告对话框

> **TIPS** 将文档（文件）关闭可按快捷键 Ctrl+W，或直接单击绘图窗口标题栏中 ✖（关闭）按钮。

1.2.4 打开文件

在菜单中执行【文件】→【打开】命令（或按 Ctrl+O 键），弹出如图 1-46 所示的【打开】对话框，在【查找范围】下拉列表中选择所需文档所在的文件夹；或直接在左边栏中单击相关的图标（即存储时选择的位置），找到文件所在的位置，选中文件后单击【打开】按钮即可打开文件。

图 1-46 【打开】对话框

1.2.5 退出程序

如果程序窗口中的文件都进行过存储并关闭，在菜单中执行【文件】→【退出】命令，即可将程序退出。

如果程序窗口中的文件进行过编辑还未保存，就直接退出程序，则会弹出一个警告对话框，提示是否保存对文件的更改，此时需根据具体情况而定，如果要保存请单击【是】按钮，如果不保存请单击【否】按钮，即可退出程序。

> 按 Ctrl+Q 键或直接在程序窗口的标题栏上单击【关闭】按钮，同样可退出程序。

1.3 图形的置入与导出

【置入】命令可以将其他应用程序的文件置入到 Adobe Illustrator 中。文件可以嵌入或包含到 Illustrator 文件中，或者链接到 Illustrator 文件中。链接了的文件与 Illustrator 文件单独存在，但保持链接，结果形成一个较小的 Illustrator 文件；当链接到文件中的图像被编辑或修改时，Illustrator 文件中链接的图像也被自动修改。

> 要在别的应用程序中使用 Adobe Illustrator 文件，必须将该文件存储或导出为其他应用程序可以使用的图形文件格式。

1.3.1 置入文件

在默认状态下，【置入】对话框中选择了【链接】选项。如果取消【链接】选项，图像就被嵌入到 Adobe Illustrator 文件中，结果形成一个更大的 Illustrator 文件。通过【链接】面板可以识别、选择、监视和更新 Illustrator 画板中的链接到外部文件的对象。

动手操作　置入文件

1　开启 Illustrator CC 程序，新建一个文档，再在菜单中执行【文件】→【置入】命令，弹出【置入】对话框，在其中选择要置入的文件并勾选【链接】选项，如图 1-47 所示，单击【置入】按钮，就可将要置入的图片置入到画板中，如图 1-48 所示。

图 1-47　【置入】对话框 　　　　　　　图 1-48　置入的图片

2　显示【链接】面板，如图 1-49 所示，如果还需要对该文件进行再次编辑，可以单击【链接】面板中的 （编辑原稿）按钮打开画图程序，如图 1-50 所示。

图 1-49　【链接】面板 　　　　　　　图 1-50　在画图程序中打开原稿

> 如果该文件是其他程序编辑的，则会用其他程序打开。如果用户的电脑中安装了 ACDSee 看图程序，则直接用画图程序打开该文件进行修改然后保存即可。

3　在画图程序中用喷枪工具并设定所需的轮廓色和填充色，再在画面的适当位置写几个字，如图 1-51 所示，然后在菜单中执行【文件】→【存储】命令。

图 1-51 在画图程序中编辑原稿

4 当返回到 Illustrator 程序时，就会弹出一个对话框，提示是否要更新链接，如图 1-52 所示，单击【是】按钮，即可将 Illustrator 程序中的文件进行更新，如图 1-53 所示。

图 1-52 警告对话框　　　　　　　　图 1-53 编辑好的图片

5 如果用户不需要这个文件，可以将该链接文件替换，在【链接】面板中单击 ⊖（重新链接）按钮，同样弹出【置入】对话框，在对话框中选择要链接的文件并取消【链接】选项的勾选，如图 1-54 所示，双击"02.jpg"，即可将链接文件进行替换，如图 1-55 所示。

图 1-54 【置入】对话框　　　　　　　图 1-55 置入的图片

1.3.2 导出文件

如果要将文件存为 Illustrator、Illustrator EPS、Acrobat PDF 格式、SVG 或 SVG 压缩格

式，可以使用【存储】或【存储为】或【存储副本】命令。如果要存为其他文件格式，则应在菜单中执行【文件】→【导出】命令。如果没有列出文件格式，则按照使用插件中的指导安装该格式的插件模块。

除了能以各种图形格式保存完整的 Illustrator 文件外，还可以使用剪贴板以及拖放功能来导出 Illustrator 文件中的选定部分。

在导出图层时，可以将它们拼合成一个图层或者保持各自独立的图层以便在 Photoshop 文件中处理它们。可以使用【导出】命令将 Illustrator 图层导出到 Photoshop。隐藏图层和模板图层不能导出。

下面以导出为 JPEG 格式的文件为例介绍导出文件的步骤。

动手操作　导出文件

1　按 Ctrl+N 键新建一个文档，从工具箱中点选 符号喷枪工具，显示【符号】面板，在其中点选 符号，如图 1-56 所示，在文档中按下鼠标左键拖移，如图 1-57 所示，松开鼠标左键后，即可得到如图 1-58 所示的效果。

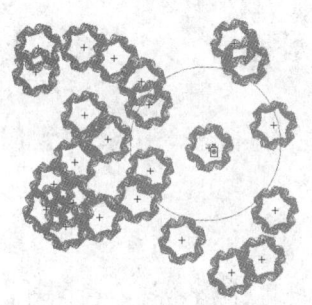

图 1-56　【符号】面板　　　图 1-57　绘制符号时的状态　　　图 1-58　绘制好的符号

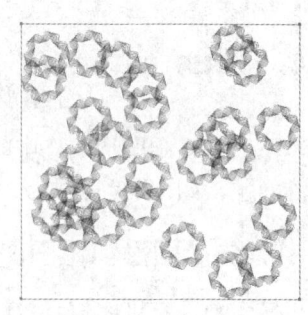

2　在菜单中执行【文件】→【导出】命令，弹出【导出】对话框，选择所需存储的位置，再在【保存类型】下拉列表中选择所需的文件格式（如*.JPG），在【文件名】文本框中可以输入所需的名称，也可采用默认名称，如图 1-59 所示。

3　在【导出】对话框中单击【保存】按钮，弹出【JPEG 选项】对话框，在其中选择所需的颜色模式（如 CMYK）和分辨率（如屏幕 72ppi），如图 1-60 所示，单击【确定】按钮，即可将该文档存储为 JPEG 格式的文件。

4　在桌面上找到【我的电脑】双击，然后在【我的电脑】窗口中找到保存文件

图 1-59　【导出】对话框

所用的盘符，在该盘符中打开所保存文件的文件夹，再打开该文件夹即可查找到刚导出的"花.jpg"文件，如图 1-61 所示。

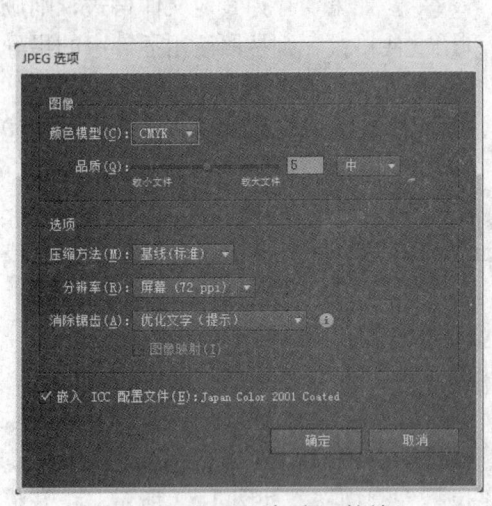

图 1-60 【JPEG 选项】对话框　　　　　图 1-61 【我的电脑】窗口

1.4　Illustrator 中的基本概念

下面将介绍图形制作中的一些基本概念，主要是一些图形和图像方面的基本术语与概念性的问题，如图形的类型、分辨率等。

1.4.1　矢量图形和位图图像

通常把计算机图形分成两大类：矢量（也称向量）图形和位图图像。理解它们之间的区别，有助于创建、编辑和输入线稿。

在 Illustrator 中，绘画图像的类型对工作流具有明显的影响。例如，有些文件格式只支持位图图像，有些文件格式只支持矢量图形。当往 Illustrator 中输入绘画图像或从 Illustrator 中导出绘画图像时，绘画图像类型尤其重要。链接过了的位图图像不能在 Illustrator 里编辑。绘图格式也影响命令和滤镜如何应用到图像上。

Illustrator 中的有些滤镜只能对位图图像进行操作。

1．矢量图像

Adobe Illustrator 可以建立矢量图形，矢量图形由直线和曲线构成，而这些直线和曲线是由称为矢量的数学对象定义。矢量是根据图形的几何特性描述图形的。

矢量图形是与分辨率无关的，也就是说，图形被缩放时对象的清晰度、形状、颜色等都不发生偏差和变形。以任何分辨率打印到任何导出设备都不会损失细节和清晰度。

因为计算机显示器通过点阵像素来显示图像，所以矢量图形和位图图像都是用屏幕像素显示的。

2．位图图像

绘画和图像编辑软件（如 Adobe Photoshop），可以生成位图图像，位图图像也称作点阵图像。图像使用小矩形的点阵（即像素）来表示图像。位图图像里的每个像素都具有指定的位置和颜色值。

因为位图图像可以描述阴影和颜色的精细层次，所以它们是用于连续变化图像的最通用的电子媒体，如各种打印程序里建立的照片或图像。位图图像是与分辨率有关的，也就是说，它们描述了固定数目的像素。因此，图形被缩放时，它们可能出现锯齿和损失细节。

1.4.2 位图图像的分辨率

1. 关于位图图像的分辨率

分辨率是每单位直线上用于描绘线稿和图像的点或像素的数目。导出设备用一组一组的像素来显示图像。矢量图像的分辨率取决于用来显示线稿的设备。位图图像的分辨率，既取决于用来显示的设备，又取决于位图图像自己固有的分辨率。

2. 图像分辨率

图像里每单位印刷长度所显示的像素数目，通常是用每英寸的像素点（ppi）来衡量的。打印同样尺寸的图像，高分辨率的图像比低分辨率的图像包含更多细小的像素点。例如，分辨率为96ppi的1×1英寸的图像，总共包含9216个像素（96×96=9216）。同样的1×1英寸图像，如果分辨率为200 ppi，则总共包含 40,000 个像素。

3. 72-ppi 位图图像和 300-ppi 位图图像

因为高分辨率图像在单位面积上具有更多的像素，所以打印时通常比低分辨率的图像能再现更多的细节和更精细的颜色过渡。但是，如果图像是用低分辨率扫描或创建的，那么提高其分辨率，只是将原始像素信息在更多的像素上展开，并不能提高图像的质量。

要决定图像所使用的分辨率，需考虑最终分发图像时使用的媒体。如果要生成在线显示的图像，则图像分辨率只需要与典型的显示器分辨率（72 或 96 ppi）相匹配。但是，打印图像时分辨率太低将导致"像素化"，即导出的像素大而粗糙。使用太高的分辨率会增加文件的长度并降低图像打印的速度。

> **TIPS** 使用【文档设置】对话框可以定义矢量图形的导出分辨率。Illustrator 中，导出分辨率指的是 PostScript 解释器用于近似表示曲线的线段数。

4. 显示器分辨率

显示器上单位长度所显示的像素或点的数目，通常是用每英寸的点数（dpi）来衡量的。显示器分辨率取决于该显示器的大小加上其像素设置。典型的 PC 显示器的分辨率大约是 96dpi，Mac OS 显示器的分辨率是 72dpi。了解显示器分辨率有助于解释为什么屏幕图形的显示尺寸通常与其打印尺寸不一样。

5. 打印机分辨率

由绘图仪或激光打印机产生的每英寸（dpi）的墨点数。为达到最佳效果，图像分辨率要与打印机分辨率相称，而不是相等。大多数的激光打印机具有 300～600dpi 的导出分辨率，72～150ppi 的图像就能够产生很好的效果。

高级绘图仪可以打印 1200dpi 或者更高，而 200～300ppi 的图像就能够产生很好的效果。

6. 滤网频率

用于打印灰度图像或彩色分割图的每英寸打印机的点数或半色调单元数，也称为"网线数（screen ruling 或者 line screen）"，滤网频率是用每英寸的行数（lpi）或者半色调滤网上每英寸的单元行数表示的。

图像分辨率和屏幕频率之间的关系决定了打印图像的细节质量。要产生最高质量的半色调图像，通常使用的分辨率为滤网频率的 1.5 倍，最多到 2 倍。但是对某些图像和导出设备来说，低一些的分辨率能够产生良好的效果。

> 有些绘图仪和 600-dpi 的激光打印机使用滤网技术而不是半色调。如果在非半色调打印机上打印图像，应该咨询服务提供商或参考打印机文档，以获得推荐的图像分辨率。

1.5 本章小结

本章从启动 Illustrator 程序入手，对 Illustrator CC 的工作界面、文件的操作图形的输入与导出、基本概念等功能与概念进行了详细的介绍。掌握这些功能有助于在今后制作中熟练应用它们。

1.6 习题

一、填空题

1. Adobe Illustrator 可以建立矢量图形，矢量图形由_____和_____构成，而这些直线和曲线是由称为矢量的数学对象定义。矢量是根据图形的_____描述图形的。

2. Illustrator 提供了很多面板，其中最主要的面板是_____、_____、颜色、_____、渐变、_____、色板、图形样式、_____、_____、_____、链接、_____、导航器、_____、外观、_____、_____、_____、路径查找器、魔棒、_____等面板。

3. _____和_____之间的关系决定了打印图像的细节质量。

4. Illustrator 是_____公司出品的重量级矢量绘图软件，是_____、多媒体和____的工业标准插画软件，功能非常强大。

二、选择题

1. 矢量图形是与以下哪项无关的——也就是说，图形被缩放时对象的清晰度、形状、颜色等都不发生偏差和变形，或以任何分辨率打印到任何导出设备而不会损失细节和清晰度？（　　）

  A. 分辨率　　　　B. 缩放比例　　　　C. 大小　　　　D. 颜色

2. 按以下哪组快捷键可以退出程序？（　　）

  A. 按 Ctrl+A 键　　B. 按 Ctrl+Q 键　　C. 按 Ctrl+W 键　　D. 按 Ctrl+C 键

3. 按以下哪组快捷键可以关闭文件窗口？（　　）

  A. 按 Ctrl+A 键　　B. 按 Ctrl+Q 键　　C. 按 Ctrl+W 键　　D. 按 Ctrl+C 键

4. 按以下哪组快捷键可以选择变形工具？（　　）

  A. 按 Shift+P 键　　B. 按 Shift+R 键　　C. 按 Shift+B 键　　D. 按 Ctrl+C 键

5. 按以下哪个快捷键可以隐藏或显示工具箱、【控制】选项栏与控制面板。（　　）

  A. 按 Tab 键　　　B. 按 Shift+Tab 键　C. 按 Shift+Ctrl 键　　　D. 按 Ctrl 键

第 2 章　Illustrator 的辅助功能

教学要点

本章主要介绍 Illustrator CC 的辅助功能，包括查看图形、使用辅助工具、创建新窗口等。通过本章的学习，可以熟练掌握查看与修改图形的工具与功能，从而提高工作效率。

学习重点与难点

- 查看图形
- 使用参考线、标尺与网格
- 在对象之间复制属性
- 创建新窗口

2.1　查看图形

Illustrator CC 提供了抓手工具、缩放工具、缩放命令和【导航器】面板等多种方式，使用户可以方便地按照不同的放大倍数查看图形的不同区域。用户可以为同一个图形建立多个窗口（可以以不同的放大倍数显示），也可以更改屏幕的显示模式，以更改 Illustrator 工作区域的外观。

2.1.1　缩放工具

在绘制图形时，通常需要将图形放大许多倍来绘制局部细节或进行精细调整。同时，如果文件比较大，无法在程序窗口中完全显示，但又需要对该文件进行编辑与修改，就需要将其先缩小以查看全局，再局部放大以进行编辑与修改。

动手操作　使用缩放工具调整图像

1　按 Ctrl+O 键执行【打开】命令，弹出【打开】对话框，在其中选择所需的文件双击，如图 2-1 所示，即可将其打开到程序窗口中，如图 2-2 所示。

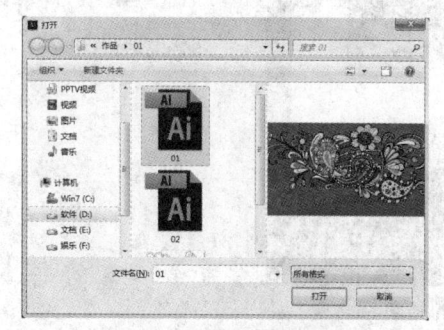

图 2-1　【打开】对话框　　　　　图 2-2　打开的图案

2. 如果需要将图像局部放大,在工具箱中点选 缩放工具,再移动指针到画面中需要放大的部分按下鼠标左键拖出一个矩形框,如图 2-3 所示;松开鼠标左键后即可将该区域放大,如图 2-4 所示。

图 2-3 框住要放大的部分　　　　图 2-4 放大后的画面

> TIPS: 在工具箱中双击 缩放工具,即可将图形以 100%显示。

3. 如果要缩小图形,则需按下 Alt 键在画面中单击,每单击一次缩小一级,缩小后的画面如图 2-5 所示。

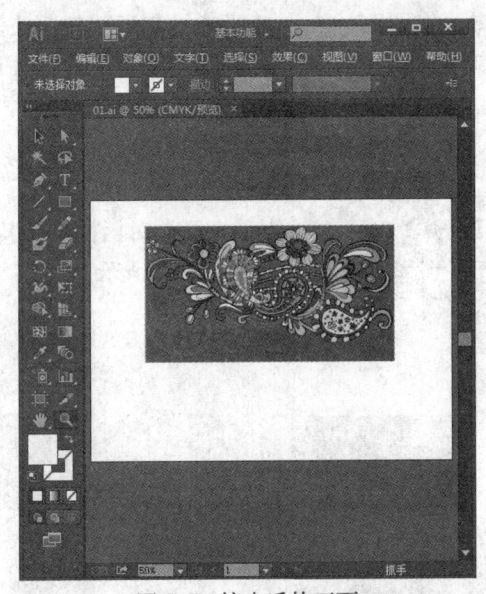

图 2-5 缩小后的画面

2.1.2 缩放命令

可以使用菜单命令来对图形进行缩放。

动手操作 使用缩放命令调整图像

1 在菜单中执行【视图】→【放大】命令（或按快捷键 Ctrl+ +），如图 2-6 所示，可以以图形的当前显示区域为中心放大比例，如图 2-7 所示。

图 2-6 选择【放大】命令

图 2-7 放大后的画面

2 在菜单中执行【视图】→【缩小】命令（或按快捷键 Ctrl+ -），可以以图形的当前显示区域为中心缩小比例。

3 在菜单中执行【视图】→【适合窗口大小】命令（或按快捷键 Ctrl+ 0），可以使图形以最合适的大小和显示比例在绘图窗口中显示，完整地显示图形。

4 在菜单中执行【视图】→【实际大小】命令（或按快捷键 Ctrl+ 1），可以使图形以 100%的比例显示。

2.1.3 抓手工具

如果打开的图形很大，或者在操作中将图形放大，以至于窗口中无法显示完整的图形时，要查看或修改图像的各个部分时，可以使用抓手工具来移动图像的显示区域，就如同它是摆在前面的一幅画。

动手操作 使用抓手工具调整图像

1 按 Ctrl+O 键从配套光盘的素材库中打开一张要编辑或查看的图形，再在工具箱中点选缩放工具并移向画面，当图像如图 2-8 所示时单击两次，以将其放大，如图 2-9 所示。

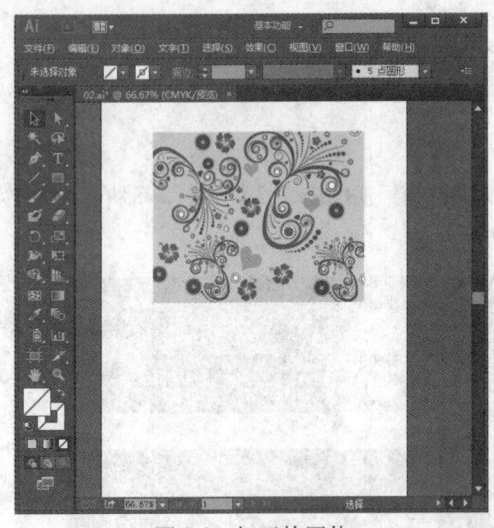

图 2-8　打开的图片　　　　　　　　　图 2-9　放大后的画面

2 在工具箱中点选 抓手工具，如图 2-10 所示，移动指针到画面中按下鼠标左键向下拖动，如图 2-11 所示，到达适当位置后松开鼠标左键，即可将要显示的区域显示在绘图窗口中。

图 2-10　选择抓手工具　　　　　　　　图 2-11　用抓手工具移动画面

TIPS 在工具箱中双击 抓手工具，使绘图区以最适当的显示比例完整地显示图形。按空格键可以随时切换到抓手工具。

2.1.4 【导航器】面板

使用【导航器】面板可以对图形进行快速的定位和缩放。

动手操作　使用导航器面板调整图像

1 以上节范例为例，在菜单中执行【窗口】→【导航器】命令，显示【导航器】面板，如图 2-12 所示，左下角显示的百分比是当前图形的显示比例。也可以在其中直接输入所需的显示比例。

图 2-12　【导航器】面板

2　用鼠标直接拖动底部的缩放滑块，可连续修改图形的显示比例，从而缩放图形。单击▲（缩小）或▲（放大）按钮，可以用预设的比例缩放图形，效果与使用缩放工具一样。

3　【导航器】面板中红色方框内的区域代表当前窗口中显示的图形区域，而框外部分则表示没有显示在窗口中的图形区域。将鼠标指针移到面板红色方框中按下左键拖动，可移动红色方框并在图形中快速定位。也可以直接在需要显示的区域上单击，使该区域在窗口中显示。

2.1.5　切换屏幕显示模式

Illustrator CC 中有 3 种不同的屏幕显示模式，分别为正常屏幕模式、带有菜单栏的全屏模式和全屏模式。在工具箱中单击底部的█按钮，会弹出一个菜单，如图 2-13 所示，可以从中选择所需的模式或按 F 键来实现。

- 正常屏幕模式：选择该命令时，工具箱中就会显示█按钮，表示当前模式为正常屏幕模式，也就是当前文档窗口适合当前程序窗口。这种模式下，Illustrator 的所有组件，如菜单栏、标题栏和状态栏都将显示在屏幕上，如图 2-14 所示。

图 2-13　选择屏幕显示模式

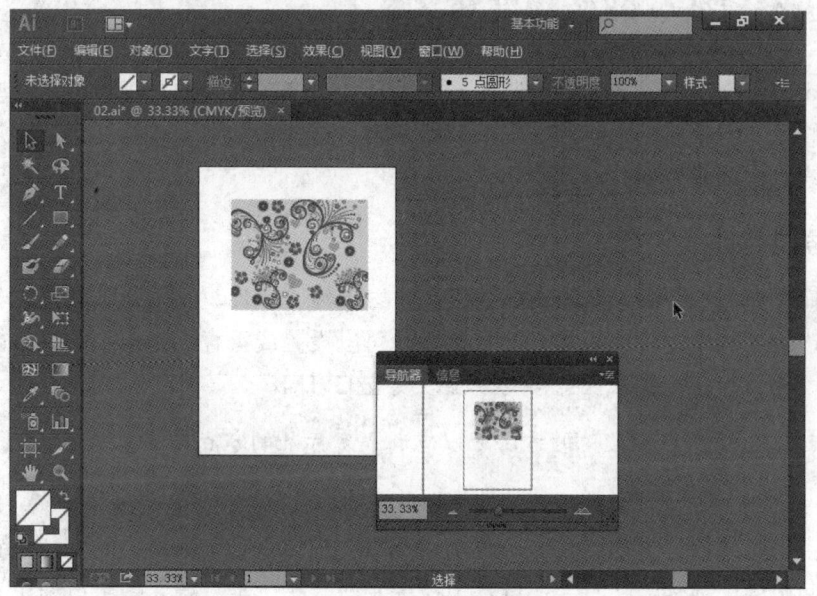

图 2-14　正常屏幕模式

- 带有菜单栏的全屏模式：选择该命令时，工具箱中就会显示█按钮，表示当前模式为带有菜单栏的全屏模式。这种模式下，Illustrator 的标题栏和状态栏被隐藏起来，如图 2-15 所示。
- 全屏模式：选择该命令时，工具箱中就会显示█按钮，此时的工具箱是隐藏在左边的，用指针指向左边会显示，表示当前模式为全屏模式。在 Illustrator 中，全屏模式隐藏除工具箱、【控制】选项栏和控制面板外的所有窗口内容，以获得图形的最大显示空间，如图 2-16 所示。

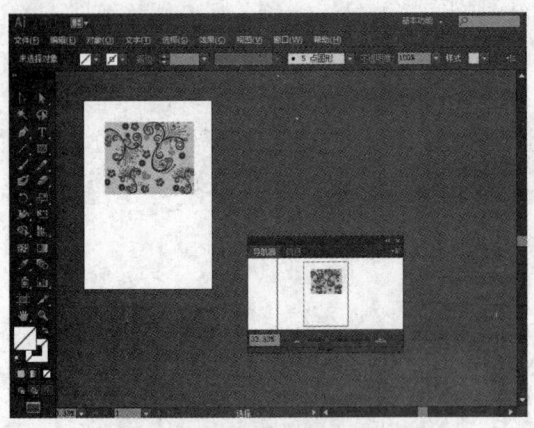

图 2-15 带有菜单栏的全屏模式　　　　　图 2-16 全屏模式

> **TIPS**：按 F 键可在 3 种屏幕显示模式之间进行切换。按 Tab 键可以显示/隐藏工具箱、【控制】选项栏与控制面板（包括控制面板与其缩览图按钮）。

2.2 使用参考线、网格与度量

Illustrator CC 提供了很多辅助绘制图形的工具，大多在【视图】菜单中。这些工具对图形不做任何修改，但是对用户绘制的图形有所参考。这些工具用于测量和定位图形，熟练应用可以提高绘制图形的效率。

2.2.1 参考线与标尺

为了精确绘制图形，Illustrator CC 提供了"参考线、标尺与网格"等功能，帮助用户在操作过程中迅速准确地定位坐标点，而且参考线可以设置成垂直的、水平的、斜向的以及默认值效果的，还可以在屏幕上任意移动以及改变它的方向。

> **TIPS**：通过"创建零点标尺"的方法可以重新设定标尺的零点位置。

创建零点标尺的操作方法：将光标移至"水平"与"垂直"标尺栏的交点位置处，按下左键不放，向页面中拖动，此时，在屏幕上拉出了两条相交垂直线，拖至适当位置处松开鼠标左键，标尺上的零点就将被设定于此处，其水平直线与垂直标尺的相交点便是垂直标尺的零点位置；垂直直线与水平标尺的交点便是水平标尺的零点位置了。

动手操作　设置参考线

1 在菜单中执行【编辑】→【首选项】→【参考线与网格】命令，弹出如图 2-17 所示的【首选项】对话框。

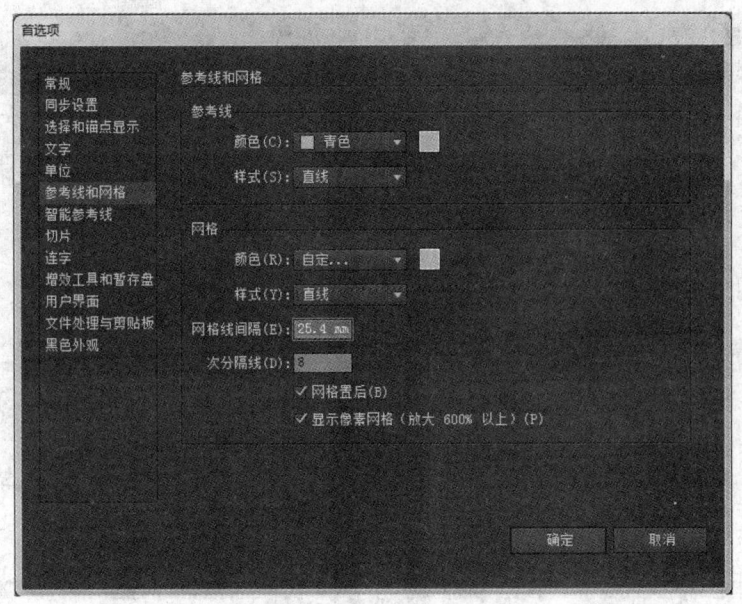

图 2-17 【首选项】对话框

2 在【首选项】对话框中双击【参考线】栏中的颜色块,弹出如图 2-18 所示的【颜色】对话框,在其右上角的颜色区域中单击蓝色,然后单击【确定】按钮,返回到【首选项】对话框中,单击【确定】按钮。

> 可以直接在【首选项】对话框中【参考线】栏的【颜色】下拉列表中选择所需的颜色。还可以根据需要在【样式】下拉列表中选择所需的选项(如直线或点线)。

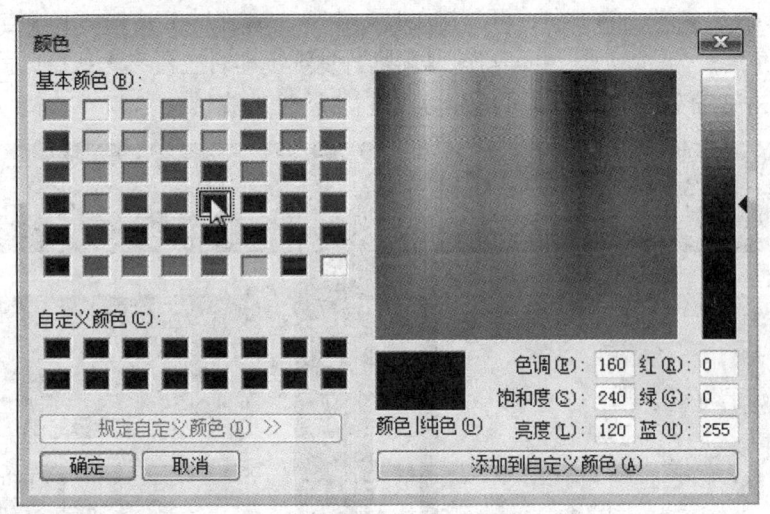

图 2-18 【颜色】对话框

3 按 Ctrl+R 键显示标尺栏,按 Tab 键隐藏工具箱、【控制】选项栏和控制面板,然后将指针移到水平标尺栏上,按下左键向画面拖出一条直线到适当位置,如图 2-19 所示,松开鼠标左键即可得到一条水平参考线,如图 2-20 所示。

图 2-19　拖出参考线　　　　　　　　　图 2-20　创建好的参考线

4 参考线是可以被移动的，按 Tab 键显示工具箱、【控制】选项栏与控制面板，接着在工具箱中点选 选择工具，再移动指针到参考线上按下左键向上拖动，将参考线拖至适当的位置，如图 2-21 所示，松开鼠标左键即可。

> **TIPS**　如果要锁定参考线，可以将指针移到参考线上右击，在弹出的快捷菜单中单击【锁定参考线】命令，即可将参考线锁定，这样，参考线就不会被随意移动了。

5 如果要改变参考线的方向，可以在工具箱中双击 旋转工具，弹出【旋转】对话框，在其中设定【角度】为 45 度，也可勾选【预览】复选框即时查看参考线旋转的角度，如图 2-22 所示，单击【确定】按钮，就可将参考线进行 45 度的旋转。

图 2-21　移动参考线　　　　　　　　　图 2-22　旋转参考线

6 如果要复制参考线，只需要在【旋转】对话框中单击【复制】按钮，就可将参考线在旋转的同时复制一条参考线，如图 2-23 所示。

图 2-23 复制参考线

2.2.2 网格

动手操作 显示与更改网格颜色与间隔

1 在菜单中执行【视图】→【显示网格】命令，在绘图窗口中就会显示如图 2-24 所示的网格。如果要隐藏网格可以在菜单中执行【视图】→【隐藏网格】命令。

图 2-24 显示网格

2 如果要对网格进行设置，可以在菜单中执行【编辑】→【首选项】→【参考线与网

格】命令，弹出【首选项】对话框，在其中设定网格【颜色】为"淡红色"，【网格线间隔】为"25.4mm"，【次分隔线】为"8"，如图 2-25 所示，单击【确定】按钮，在窗口中的网格线也就相应地发生了变化，如图 2-26 所示。

> 可根据需要设置网格颜色、样式、网格线间隔、次分隔线等选项。

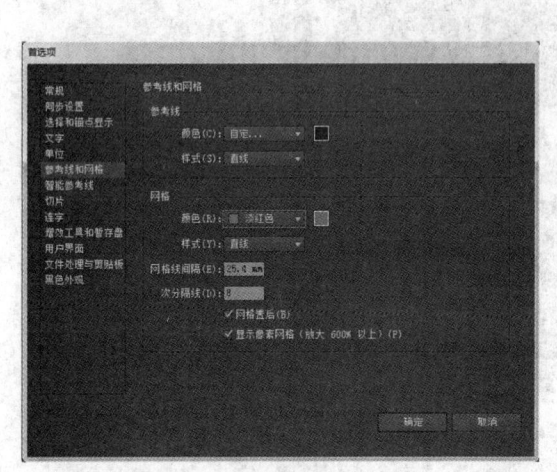

图 2-25 【首选项】对话框　　　　　图 2-26 改变网格颜色

> 可以按 Ctrl+' 键来显示/隐藏网格。按 Ctrl+; 键来显示/隐藏参考线。

2.2.3 度量工具

度量工具可以测量图形中任何两点之间的距离、宽度、高度和角度。

动手操作　使用度量工具测量图形

1 从配套光盘的素材库中打开一个需测量的图形，如图 2-27 所示。

图 2-27 打开的图形

2　在菜单中执行【窗口】→【信息】命令或按 Ctrl+F8 键，显示【信息】面板，接着在工具箱中点选 度量工具，如图 2-28 所示，再移动指针到需要测量对象的起点处按下左键向终点处拖动，在拖动的同时【信息】面板中随时记录下指针移动时的信息，如图 2-29 所示，到达适当位置后松开鼠标左键，即可在【信息】面板中查看相关信息。如宽度为 33.034mm，高度为–7.512mm，距离为 33.878，角度为 12.811 度。

图 2-28　选择度量工具

图 2-29　测量对象

2.3　在对象之间复制属性

在 Illustrator 中，可以从一个档案中的任何对象中，使用吸管工具复制外观和颜色属性，包括透明度、动态特效和其他属性。然后利用实时上色工具，将复制的属性套用至对象。

根据默认值，吸管工具和实时上色工具会影响 z 对象的所有属性。可以使用工具的选项对话框来设置它所影响的程度，也可以使用吸管工具和实时上色工具来复制和粘贴文字属性。

2.3.1　吸管工具

利用吸管工具可以从其他已经存在文档中的图形内吸取颜色，以给该文档中所选的图形对象填充颜色。同时也可利用它复制对象的属性。

动手操作　使用吸管工具调整图形属性

1　从配套光盘的素材库中打开一个图形文件，如图 2-30 所示。

2　在工具箱中点选 直接选择工具，如图 2-31 所示，再移动指针到画面中要选择的叶片上单击，以选择它，如图 2-32 所示，然后按着 Shift 键单击另一个要应用同一种样式的对象，如图 2-33 所示。

3　在工具箱中点选 吸管工具，再移动指针到要应用的颜色对象上单击，即可将前面选择的对象改为用吸管工具单击对象的属性，如图 2-34 所示。

图 2-30　打开的图形

图 2-31　选择直接选择工具　　图 2-32　点击对象以选择它　　图 2-33　选择对象　　图 2-34　吸取颜色

2.3.2　实时上色工具

利用实时上色工具可以对图形进行填色，也可以利用它复制对象的属性。

动手操作　使用实时上色工具填充颜色

1 接着上面的例子进行讲解，先按 Ctrl 键在画面的空白处单击取消对象的选择，再用吸管工具在画面中一瓣花瓣上单击以吸取该对象的属性，如图 2-35 所示。

2 从工具箱中点选 实时上色工具，按 Ctrl 键在一个心形对象上单击，以选择它，如图 2-36 所示，然后松开 Ctrl 键用实时上色工具在心形对象内单击，即已将其轮廓色改为用吸管工具吸取的属性，如图 2-37 所示。

图 2-35　吸取颜色　　　　　图 2-36　选择对象　　　　图 2-37　用实时上色工具上色

2.4　创建新窗口

在 Illustrator 中，可以为一个图形创建多个窗口，从而在不同的视图窗口中查看文档的不同部分。

动手操作　创建新窗口

1 接着上节进行讲解，在菜单中执行【窗口】→【新建窗口】命令，即可创建一个新窗口，如图 2-38 所示。

2. 在菜单中执行【窗口】→【排列】→【平铺】命令，即可将程序窗口的多个绘图窗口进行平铺，如图2-39所示。

图2-38 创建新窗口　　　　　　　图2-39 平铺窗口

3. 在"08.ai:2"窗口的左下角【显示比例】下拉列表中选择300%，即可将该窗口的显示比例设定为300%，再按住空格键拖动图形到适当位置，而"08.ai:1"窗口中的图形则没有发生变化，如图2-40所示。

图2-40 放大一个窗口的显示比例

2.5 本章小结

本章通过简单的实例介绍了抓手工具、缩放工具、【导航器】面板、切换屏幕显示模式等图形查看工具，以及标尺、参考线、网格、度量工具、吸管工具、实时上色工具等辅助工具的操作方法与功能。

2.6 习题

一、填空题

1. Illustrator CC 提供了＿＿＿＿、＿＿＿＿、＿＿＿＿和【导航器】面板等多种方式，使用户可以方便地按照不同的放大倍数查看图形的不同区域。

2. 用户可从一个 Illustrator 档案中的任何对象，使用＿＿＿＿复制外观和颜色属性——包括透明度、动态特效和其他属性。用户可以利用＿＿＿＿，将复制的属性套用至对象。

3. Illustrator CC 中有 4 种不同的屏幕显示模式，分别为＿＿＿＿、＿＿＿＿、＿＿＿＿和＿＿＿＿。

二、选择题

1. 按以下哪组快捷键可以以图形的当前显示区域为中心放大比例？（　　）
　　A. 按 Ctrl+ +键　　B. 按 Ctrl+ -键　　C. 按 Ctrl+ *键　　D. 按 Ctrl+ \键

2. 按以下哪组快捷键可以以图形的当前显示区域为中心缩小比例？（　　）
　　A. 按 Ctrl+ +键　　B. 按 Ctrl+ -键　　C. 按 Ctrl+ *键　　D. 按 Ctrl+ \键

3. 按以下哪组快捷键可以显示或隐藏标尺栏？（　　）
　　A. 按 Ctrl+T 键　　B. 按 Ctrl+R 键　　C. 按 Ctrl+G 键　　D. 按 Ctrl+C 键

4. 按以下哪组快捷键可以显示或隐藏参考线？（　　）
　　A. 按 Ctrl+；键　　B. 按 Ctrl+'键　　C. 按 Ctrl+\键　　D. 按 Ctrl+R 键

第 3 章　图形的选择

教学要点

本章结合简单的实例对 Illustrator 中所有的选择工具与选择命令进行讲解。通过学习本章，可以掌握各种选择工具与命令的作用与操作方法及其应用，进一步熟悉 Illustrator 中"工具箱"的各种工具。

学习重点与难点

- 使用各种选择工具
- 使用菜单命令选择对象

在 Illustrator 中，为了能够快速准确地选择所需的对象进行修改与编辑，提供了选择工具、直接选择工具、编组选择工具、魔棒工具和套索工具等选择工具和选择命令。

3.1 选择工具

利用选择工具可以选择整个路径，也可以选取成组的图形或文字块，还可以拖出一个虚框框选出图形的一部分或全部，来选取整个图形或多个图形。

3.1.1 选择对象与【控制】选项栏

可以用选择工具直接单击某个对象以选择对象，也可以框选一个或多个对象，也或按着 Shift 键单击多个不连续的对象，以选择多个对象。

动手操作　使用选择工具选择对象

1　从配套光盘中打开一个图形文件，如图 3-1 所示。

2　在工具箱中单击选择工具，以选择它，如图 3-2 所示，在【控制】选项栏中会显示一些相关的选项，如图 3-3 所示，此时的【控制】选项栏是在画面中没有选择任何对象的选项栏，可以根据需要预先在其中设置一些参数。

图 3-1　打开的图形

图 3-2　【控制】选项栏

3　在修改对象时，首先需要选择该对象，再对其进行修改。移动指针到画面中单击要修改的对象，即可在所单击的对象周围出现一个调整框（也称选框），如图 3-3 所示，表示该对象已经被选择，此时的【控制】选项栏如图 3-4 所示。

图 3-3　选择对象

图 3-4 【控制】选项栏

【控制】选项栏说明如下：

- ■：单击该按钮，会弹出如图 3-5 所示的【色板】面板，可以在其中选择所需的填充颜色、样式或渐变（包括预设与自定的颜色、样式或渐变），也可以按 Shift 键单击■按钮，弹出如图 3-6 所示的【颜色】面板，在其中选择所需的填充颜色。
- ■：单击该按钮，弹出如图 3-7 所示的【色板】面板，可以在其中选择所需的描边颜色、样式或渐变，也可以按 Shift 键单击■按钮，弹出如图 3-8 所示的【颜色】面板，在其中选择所需的描边颜色。

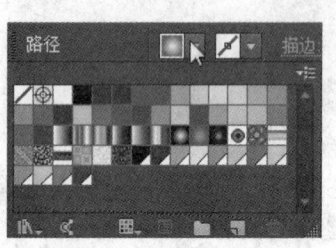

图 3-5 【色板】面板 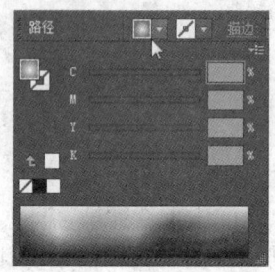　　图 3-6 【颜色】面板 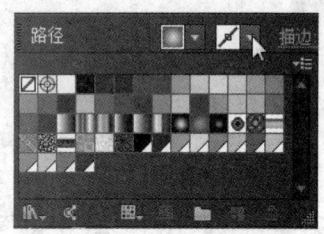　　图 3-7 【色板】面板

- ■：在【控制】选项栏中单击■链接文字，会弹出如图 3-9 所示的【描边】面板，可以在其中设置路径的粗细、斜接限制、对齐描边等选项。单击■按钮，会弹出如图 3-10 所示的下拉列表，可以直接在其中选择路径所需的粗细。

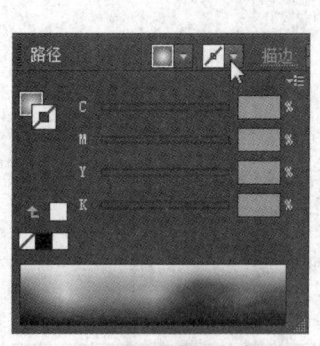

图 3-8 【颜色】面板 　　图 3-9 【描边】面板 　　图 3-10 描边粗细列表

- ■：在【控制】选项栏中单击该按钮，会弹出如图 3-11 所示的画笔面板，可以在其中选择所需的画笔笔画。在描边文本框中输入 3pt，在变量宽度设置文件列表选择所需的宽度类型，如图 3-12 所示。
- ■：在【控制】选项栏中单击该按钮，会弹出如图 3-13 所示的【图形样式】面板，可以在其中选择所需的样式。

第 3 章 图形的选择 *41*

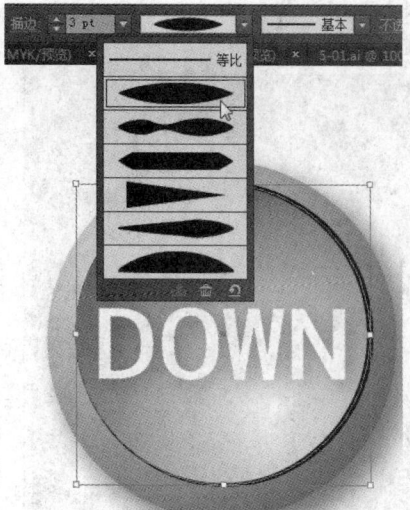

图 3-11 画笔面板　　图 3-12 选择与应用笔触　　图 3-13 【图形样式】面板

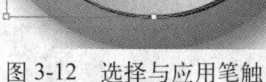

- ■不透明度■：在【控制】选项栏中单击该按钮，会弹出如图 3-14 所示的【透明度】面板，可以在其中设置选择对象的混合模式、不透明度与是否隔离混合、是否挖空组等。在 ■100%■ 文本框中输入所需的数值或拖动滑杆上的滑块可以设置选择对象的不透明度。
- ■：单击该按钮，弹出如图 3-15 所示的菜单，可以在其中根据需要选择相似选项，如果选择"填充颜色"选项，则在画面中会选择与所选对象的填充颜色相似的对象。
- ■：单击该按钮，会弹出【重新着色图案】对话框，如图 3-16 所示，可以在其中编辑与更改选择对象的颜色。单击【编辑】按钮，便会显示如图 3-17 所示的相关内容，可以直接拖动色谱中的小圆圈来选择所需的颜色，拖动多个圆圈到所需的位置，画面效果达到要求后单击【确定】按钮，以得到如图 3-18 所示的效果。

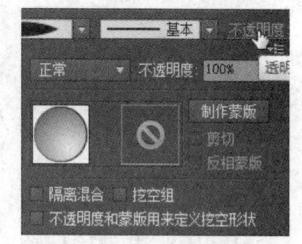

图 3-14 【透明度】面板

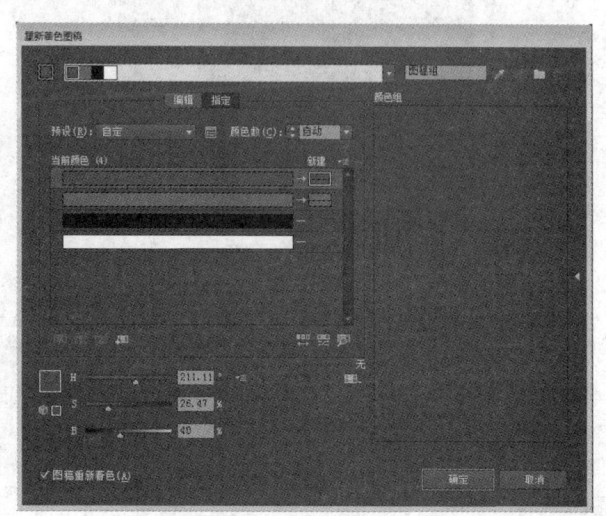

图 3-15 选择相似的对象　　图 3-16 【重新着色图案】对话框

图 3-17 【重新着色图案】对话框　　　　　图 3-18 填充颜色后的效果

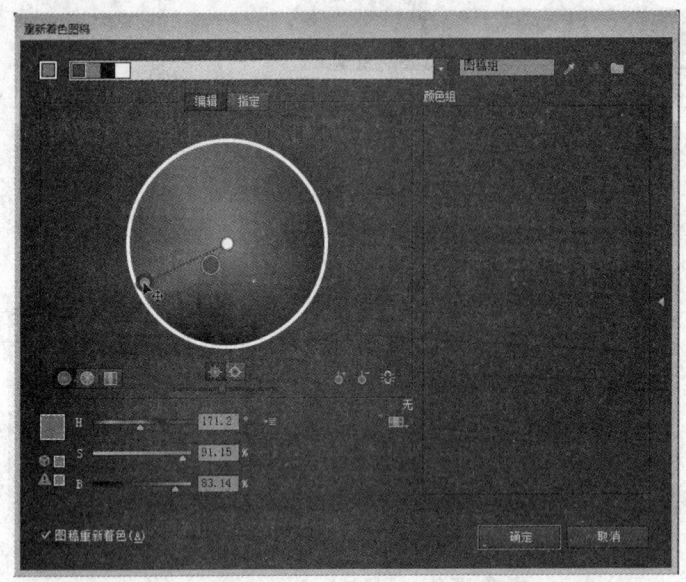

- ■：在【控制】选项栏中单击该文字链接，弹出如图 3-19 所示的面板，可以在其中选择对齐与分布方式，以及设置分布的间距。
- ■：单击该按钮，可以将选择的对象向画板的左边框对齐。
- ■：单击该按钮，可以将选择的对象向画板的水平方向中点对齐。
- ■：单击该按钮，可以将选择的对象向画板的右边框对齐。
- ■：单击该按钮，可以将选择的对象向画板的顶边框对齐。
- ■：单击该按钮，可以将选择的对象向画板的垂直方向中点对齐。
- ■：单击该按钮，可以将选择的对象向画板的底边框对齐。
- ■：单击该链接文字，会弹出如图 3-20 所示的【变换】面板，可以在其中设置选择对象的位置、宽度与高度、旋转角度与倾斜角度等。

图 3-19 【对齐】面板　　　　　图 3-20 【变换】面板

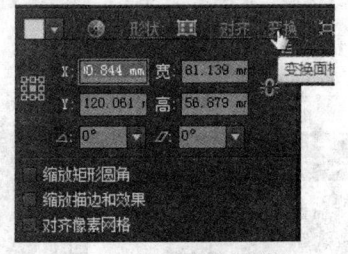

1. 按 Ctrl+Z 键还原到最初打开时的状态，再用选择工具在画面中选择文字，如图 3-21 所示，在【控制】选项栏中单击 ■ 描边颜色按钮，弹出【色板】面板，在其中选择蓝色，如图 3-22 所示，此时选择对象的填充颜色已更改为蓝色。

第3章 图形的选择 **43**

图 3-21 选择文字 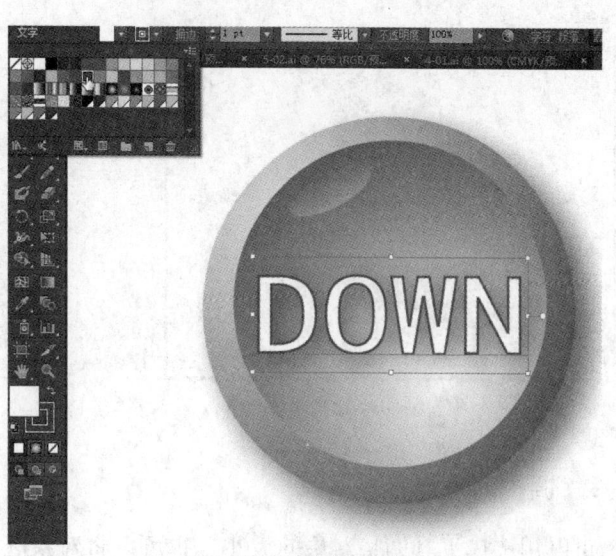　　　　　　　　　　图 3-22 改变描边颜色

2. 在【控制】选项栏中设定【描边】为 0.5pt,【不透明度】为 50%, 即可将选择对象的描边粗细与不透明度进行更改, 如图 3-23 所示。

3. 如果要同时选择多个图形对象, 可以拖出一个虚框框选出这些图形对象的一部分, 如图 3-24 所示; 松开鼠标左键后即可选择这些图形对象, 如图 3-25 所示。

图 3-23 改变描边粗细与不透明度后的效果 　　图 3-24 选择对象 　　图 3-25 选择对象

> **TIPS** 如果要选择不连续的对象, 可以先在画面中单击一个对象以选择它, 再按下 Shift 键单击另一(或两或多)个要选择的对象, 即可将这两个或多个不连续的对象选择。

3.1.2 复制对象

可以用选择工具结合 Alt 键移动并复制对象。

在选择的对象上按下鼠标左键向右上角拖移, 在拖移的同时按下 Alt 键指针呈 状, 如图 3-26 所示; 到达适当位置后松开鼠标左键和 Alt 键, 即可复制一个对象, 如图 3-27 所示。

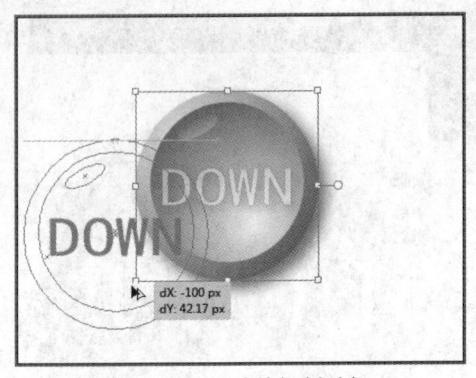

图 3-26　拖动并复制对象　　　　　　　　　图 3-27　拖动并复制对象

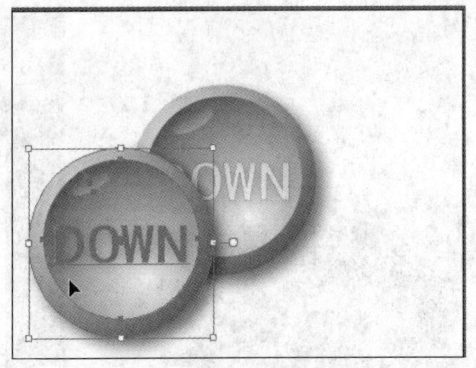

3.1.3　调整对象

可以用选择工具调整对象的大小，也可以将对象进行任一角度的旋转。

动手操作　使用选择工具调整对象

1　在画面中选择要调整大小的图形对象，将指针指向调整框的任一控制点，当指针呈 ⬚、⬚、⬚或⬚等任一形状时，按下左键向内或向外或向左或向右或向上或向下拖动，都可调整图形的大小，这里是向左下角拖动到适当位置后松开鼠标左键的结果，如图 3-28 所示。

提示：按 Shift 键可等比缩小或放大。

2　对图形对象进行任一角度的旋转。将指针指向调整框的任一控制点旁边，当指针呈⬚状或⬚状时，按下鼠标左键进行拖动，如图 3-29 所示，到达一定角度后松开左键，即可将图形对象进行一定角度的旋转，如图 3-30 所示。

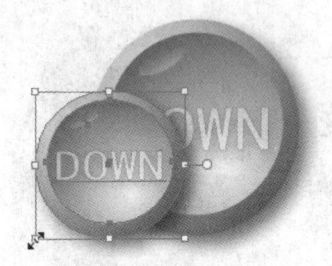

图 3-28　调整对象大小　　　　图 3-29　旋转对象　　　　图 3-30　旋转对象

> 取消选择后，又想选择某对象，则需要将指针指向图形对象的轮廓线上，当指针呈⬚状时单击，即可选择某一对象。

按 Shift 键的同时用选择工具拖动选框，可以将对象进行 45 度旋转。

3.1.4　移动选择对象

可以用选择工具移动选择的对象。

接着上节进行操作，将指针指向调整框内，当指针呈▶状时，按下鼠标左键可向所需的方向拖移，如图 3-31 所示，松开鼠标左键后，即可将选择的图形移动到松开鼠标左键的位置，如图 3-32 所示。

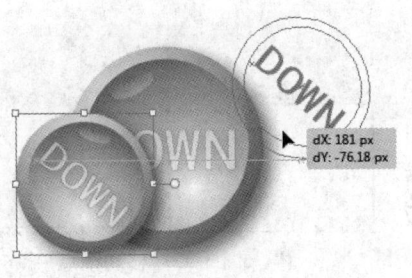

图 3-31 移动对象　　　　　　　　　图 3-32 移动对象

> 可以移动指针到要移动的对象上，按下左键向所需的方向拖动。

3.2 直接选择工具

利用直接选择工具，可以选取单个节点或某段路径做单独修改，也可以选取组合图形内的节点或路径做单独修改。在 Illustrator 程序中该工具的使用频率较高。

3.2.1 选择节点

可以用直接选择工具选择单个或多个节点（也称为"锚"点）。

动手操作　使用直接选择工具选择节点

1　从工具箱中点选 ▢ 矩形工具，接着移动指针到画板的适当位置，按下左键向对角拖出一个矩形框，达到所需的大小，如图 3-33 所示，松开左键即可绘制出一个矩形，如图 3-34 所示。

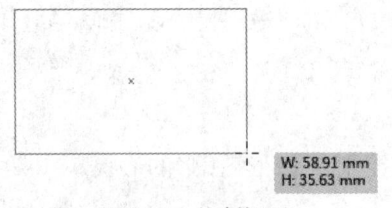

图 3-33 绘制矩形　　　　　　　　　图 3-34 绘制矩形

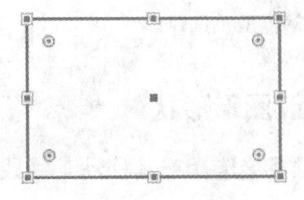

2　在工具箱中点选 ▶ 直接选择工具，从图形对象的右上方向左下方拖出一个选框，框选出一个节点，如图 3-35 所示，松开鼠标左键后即可选择这个节点，如图 3-36 所示。

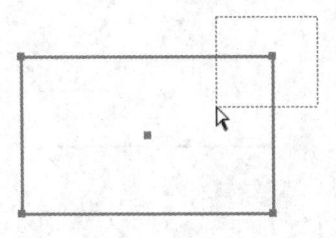

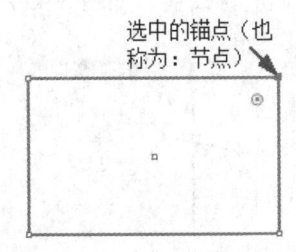

图 3-35 选择锚点　　　　　　　　　图 3-36 选择好的锚点

3.2.2 移动节点

可以用直接选择工具移动节点。

将指针指向节点,当指针呈▶状时按下左键向左移动节点,如图 3-37 左所示,到达适当位置后松开鼠标左键,即可将矩形改变为梯形,如图 3-37(右)所示。

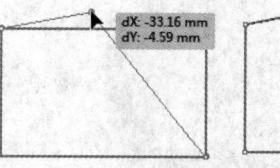

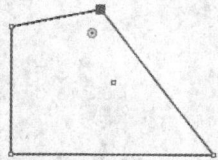

图 3-37 移动锚点

3.2.3 删除节点或线段

可以用直接选择工具删除选中节点和连结该节点的两条或一条线段,也可以删除选中的线段。

动手操作 使用直接选择工具删除节点或线段

1 在键盘上按 Delete 键即可清除选中节点和连结该节点的两条线段,如图 3-38 所示。

2 按 Ctrl+Z 键撤销前面一步的删除,再在梯形旁边的空白处单击取消选择,如图 3-39 所示,如果要删除某线段,则需将指针移到图形的轮廓线(也称"路径")上,当指针呈▶状时单击,如图 3-40 所示,即可在选取该对象的同时选择指针所指的直线段,按 Delete 键即可将该直线段删除,如图 3-41 所示。

图 3-38 删除锚点后的结果

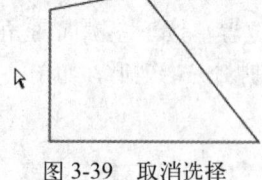

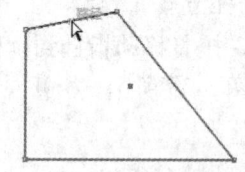

图 3-39 取消选择   图 3-40 选择一段线段   图 3-41 删除一段线段

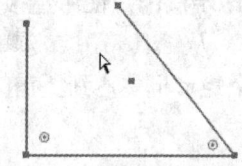

3.2.4 修改图形形状

可以用直接选择工具移动某线段或移动曲线上的控制点来改变图形的形状。

1. 改变图形形状

接着上节往下讲:按 Ctrl+Z 键撤销前面一步的删除,再选中要移动的线段(如梯形的下底),然后按下鼠标左键向上拖移,如图 3-42 所示,得到所需的形状后松开鼠标左键,即可将梯形的形状进行改变,如图 3-43 所示。

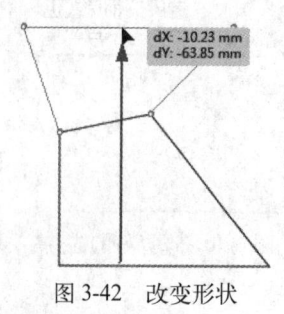

图 3-42 改变形状   图 3-43 改变形状

> 可以用直接选择工具移动图形对象。只需将指针移到没有选择的图形对象内，当指针呈 ▶ 状时单击以选择所有节点，然后按下鼠标左键向所需的方向移动即可。

2. 改变曲线段形状

动手操作　使用直接选择工具改变曲线段形状

1 在工具箱中点选 ▣ 弧形工具，在前面绘制的梯形右下角顶点上按下左键向左下方拖动，绘制出一条弧线，如图3-44所示。

2 在工具箱中点选 ▶ 直接选择工具，先在空白处单击取消图形的选择，再移动指针到弧线上单击，即可在弧线上出现两条控制杆和两个控制点，如图3-45所示。

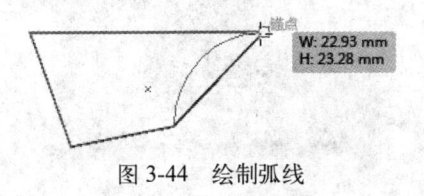

图3-44　绘制弧线　　　　　　　　图3-45　选择弧线段

3 在画面中将指针指向弧线控制杆的控制点上，当指针呈 ▶ 状时按下左键向上拖动，到达一定形状后，如图3-46所示，松开鼠标左键，即可完成对弧线的调整，如图3-47所示。

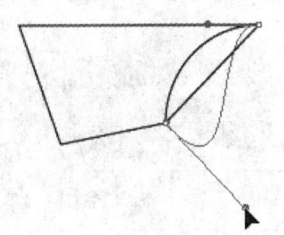

图3-46　改变形状　　　　　　　　图3-47　改变形状

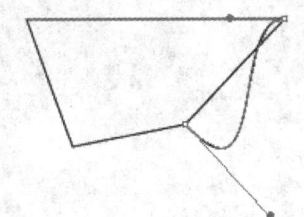

> 在选取某个或多个节点时，如果图形上所有的节点呈被选中状态，可用直接选择工具框选要选择的某个或多个节点，也可先取消选择，再单击要选择的节点。如果图形上所有的节点呈未选中状态，可用直接选择工具框选多个节点或单击某个节点。

3.3　编组选择工具

利用编组选择工具，可以选定一个组内的对象、一个复合组内的一个组或一个线稿中的一个组集。在组集中每单击一次，都会将这个组集中下一个组或对象添加到选区内。也可以将所选的对象移动到其他任何一个地方，也可用于取消图形的选择。

3.3.1　创建组

将一些对象群组在一起便创建了组，以便于一起移动、调整、编辑和管理。将一个组与另一个对象或组进行群组便创建了组集，同样便于编辑、调整和管理。

动手操作　创建组

1 从配套光盘的素材库中打开如图 3-48 所示的图形文件。

2 在工具箱中点选 选择工具，接着在画面的下方按下鼠标左键向左拖出一个虚框框住要选择的对象，如图 3-49 所示，松开鼠标左键后即可将框选住的所有对象选择，如图 3-50 所示。

3 在菜单中执行【对象】→【编组】命令或按 Ctrl+G 键，将选择的对象创建成一个组集，即可以将所选组置于上层，其他的对象置于下层，结果如图 3-51 所示。

图 3-48　打开的图形　　　　　　　　图 3-49　框选对象

图 3-50　框选的对象　　　　　　　　图 3-51　编组对象

3.3.2 使用编组选择工具

使用编组选择工具可以选择对象或组。

在工具箱中点选 编组选择工具，并在画面中图形旁边空白处单击取消对图形的选择，然后在编组图形中单击某一朵花，即可选择这朵花，如图 3-52 所示；如果再次在该花瓣上单击一次，则会将这片花瓣所在的组选择，如图 3-53 所示。

图 3-52　选择对象　　　　　　　　图 3-53　选择编组对象

3.4 魔棒工具

利用魔棒工具可以选取具有相同（相似）填充颜色、描边颜色、描边粗细及混合模式的图形对象。

动手操作 使用魔棒工具选择图形

1 在工具箱中双击 魔棒工具，弹出【魔棒】面板，用户可以在其中决定是否选择填充颜色与设置所需的容差值，如图3-54所示。

2 在【魔棒】面板中取消填充颜色选项的勾选，再勾选【不透明度】选项，然后移动指针到画面中单击某一对象，即可同时选择不透明度相同或相似的对象，如图3-55所示。

图3-54 【魔棒】面板

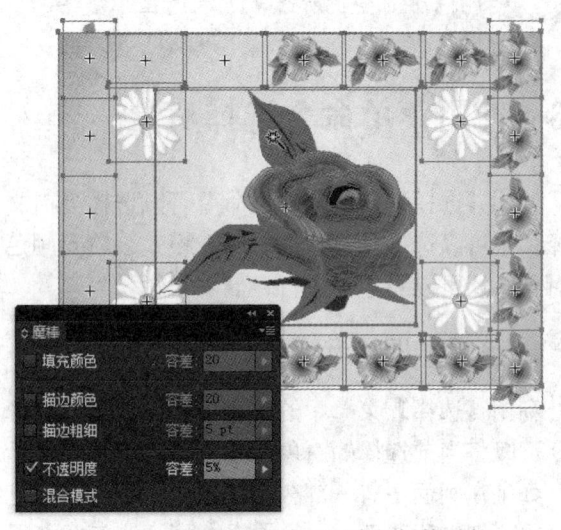

图3-55 选择不透明度相同或相似的对象

【魔棒】面板中心选项说明如下：
- 【容差】：是用来控制选定的颜色范围，值越大，颜色区域越广。
- 【填充颜色】：勾选该选项，可以选取出填充颜色相同（或相似）的图形。
- 【描边颜色】：勾选该选项，可以选取出描边颜色相同（或相似）的图形。
- 【描边粗细】：勾选该选项，可以选取出描边粗细相同（或相似）的图形。
- 【不透明度】：勾选该选项，可以选取出不透明度相同（或相似）的图形。
- 【混合模式】：勾选该选项，可以选取出混合模式相同（或相似）的图形。

3.5 套索工具

利用套索工具可以框选出所需的节点、对象或某一段路径，也可以用于取消对图形对象的选择。按下左键拖动时，在套索工具拖动轨迹上经过的所有路径段将被同时选中。

从工具箱中点选 套索工具，先在画面的空白处单击取消图形的选择，再在图形上按下鼠标左键拖动，如图3-56所示；松开鼠标左键后即可把套索工具经过的路径所在的对象选择，如图3-57所示。

图 3-56　选择对象　　　　　　　　　　　　图 3-57　选择对象

> 如果按 Shift 键在图形上拖动，即可把其他对象添加到选区。如果按 Alt 键在选区内拖动则会把所选节点从选区中减去。

3.6 使用菜单命令选择对象

使用【选择】菜单中的各命令可以选择当前文档中的全部对象、取消对象的选择或反向选择，也可以选择具有相同的混合模式、填充颜色、不透明度、描边颜色、描边宽度、样式等对象，还可以将选择进行存储与编辑。

3.6.1 选择和取消选择

利用【选择】菜单中的【全部】命令可以选择当前文档中的所有对象，用【取消选择】命令可以将当前选择的对象取消选择，取消选择后还可利用【重新选择】命令重新选择。

如果在画面中有一部分对象（把它称为 A）已经被选择，但是又想对该选择部分外的所有对象（把它称为 B）进行编辑，那又该怎么办呢？

此时可以利用【选择】菜单中的【反向】命令来将另一部分对象（B）选择，同时取消 A 的选择，这样就可以对 B 进行编辑了。

动手操作　使用反向命令选择对象

1 按 Ctrl+O 键从配套光盘的素材库中打开如图 3-58 所示的文件，然后在菜单中执行【选择】→【全部】命令或按 Ctrl+A 键，即可将画面中所有对象选择，如图 3-59 所示。

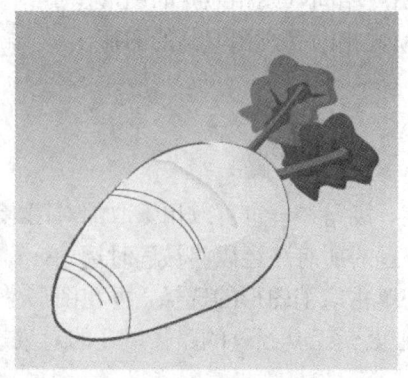

图 3-58　打开的图片　　　　　　　　　　　图 3-59　全部选择

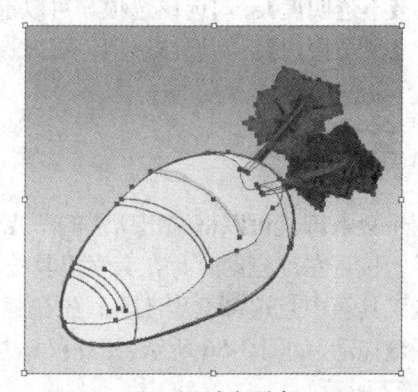

2　在菜单中执行【选择】→【取消选择】命令（或按 Ctrl+Shift+A 键），即可将所有对象取消选择。

3　在工具箱中点选 选择工具，接着在画面单击要选择的对象以选择它，如图 3-60 所示，然后在菜单中执行【选择】→【反向】命令，即可将另外一部分对象选择，同时取消先选择的对象，如图 3-61 所示。

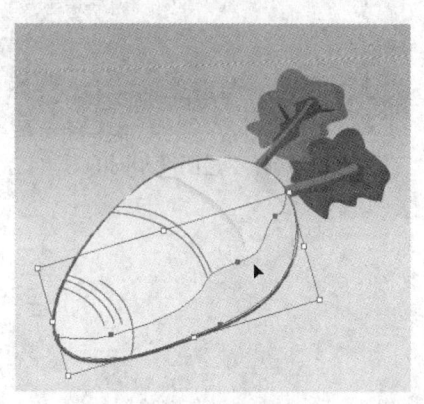

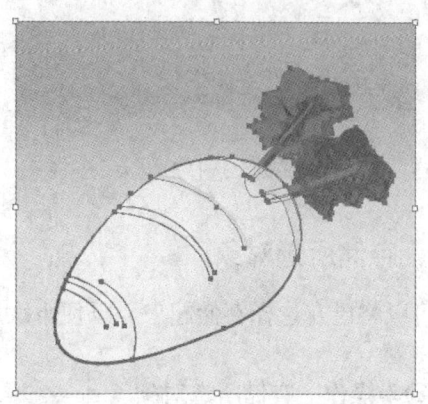

图 3-60　选择对象　　　　　　　图 3-61　反向选择对象

3.6.2　选择相同属性的对象

利用【选择】菜单下【相同】子菜单中的各命令可以选择具有相同属性的对象，包括相同混合模式、填色和描边、不透明度、描边粗细、样式、符号实例或链接块系列的对象。

动手操作　选择相同属性的对象

1　先用选择工具在画面的空白处单击取消选择，再在画面中选择一个有描边颜色的对象，如图 3-62 所示，可在菜单中执行【选择】→【相同】→【描边颜色】命令，即可将画面中所有相同描边颜色的对象选择，如图 3-63 所示。

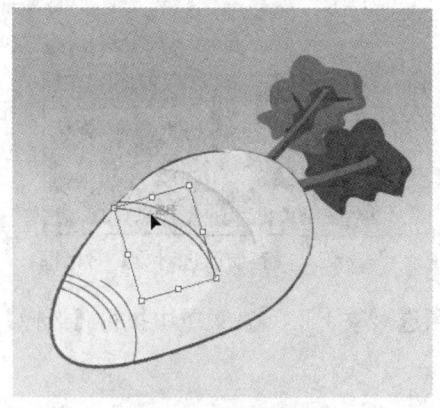

图 3-62　选择对象　　　　　　　图 3-63　选择对象

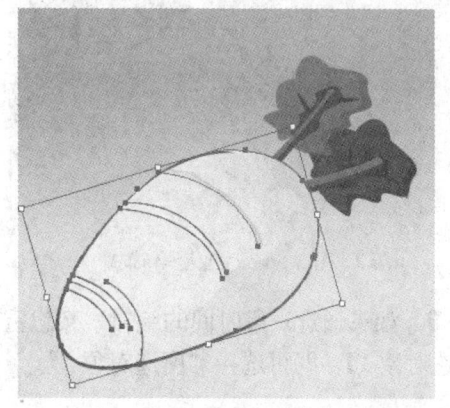

2　使用选择工具在画面的空白处单击取消选择，再在画面中单击一个设定了不透明度的对象，如图 3-64 所示，再在菜单中执行【选择】→【相同】→【不透明度】命令，即可选择不透明度相同的所有对象，如图 3-65 所示。

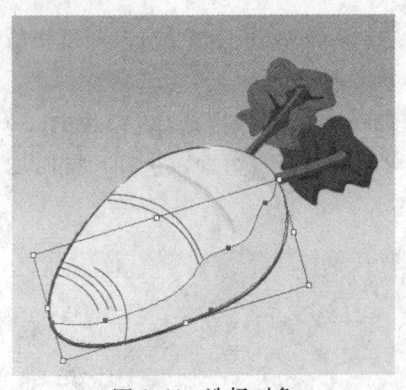

图 3-64　选择对象　　　　　　　　　　　　图 3-65　选择不透明度相同的对象

3.6.3　存储所选对象

可以将已有选择存储起来，以便下次应用与编辑。

动手操作　存储所选对象

1　在菜单中执行【窗口】→【透明度】命令，显示【透明度】面板，在其中设定选择对象的【混合模式】为颜色加深，即可将选择对象的混合模式进行更改，同时画面效果也发生了变化，如图 3-66 所示。

2　如果要将该选择存储起来，可以在菜单中执行【选择】→【存储所选对象】命令，弹出【存储所选对象】对话框，并在其中的【名称】文本框中给该选择对象进行命名，如图 3-67 所示，命好名后单击【确定】按钮，即可将该选择对象存储起来。

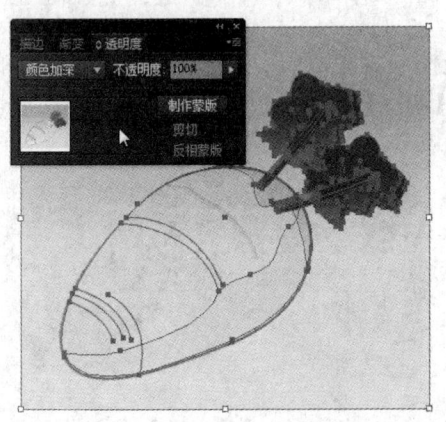

图 3-66　改变混合模式　　　　　　　　　　图 3-67　【存储所选对象】对话框

3　如果通过一段时间的编辑，又想重新选择"所选对象 1"，可在菜单中执行【选择】→【所选对象 1】，即可选择"所选对象 1"。

3.7　本章小结

本章主要结合了简单的实例对选择工具（包括选择工具、直接选择工具、编组选择工具、魔棒工具和套索工具）与相关选择命令（包括选择、取消选择、选择相同的属性对象与存储所选对象等命令）的操作方法与作用进行了详细的讲解，同时还讲解了一些高级操作技巧，如移动对象、复制对象、调整对象、缩放对象、编组对象等。通过本章的学习，可以利用选择工具、直接选择工具、编组选择工具、魔棒工具或套索工具在文件中选择一个对象、多个对象、对象的一部分、对象的某个节点或多个节点等，并且还可以利用【选择】菜单进行选择对象、存储所选对象、重新选择等操作。

快速准确地选择所需的对象，对于图形的编辑处理是至关重要的。熟练掌握本章的内容可以使读者在编辑处理图形的过程中提高工作效率。

3.8 习题

一、填空题

1. 在 Illustrator 中为了能够快速准确地选择所需的对象进行修改与编辑，提供了多种选择工具（其中包括：选择工具、_____、_____、_____和套索工具）和选择命令。

2. 将一些对象编组在一起便创建了组，这样以便于一起_____、_____、_____和管理。

二、选择题

1. 利用【选择】菜单中的哪个命令可以选择当前文档中的所有对象？（　　）
   A.【全部】命令　　　　　　　　B.【取消选择】命令
   C.【重新选择】命令　　　　　　D.【反向】命令

2. 利用以下哪个工具可以选取具有相同（相似）填充色或笔画色或笔画宽度或混合模式的图形对象？（　　）
   A. 选择工具　　B. 直接选择工具　　C. 魔棒工具　　D. 编组选择工具

3. 按以下哪个组合键可将所有选择的对象取消选择。（　　）
   A. 按 Shift+A 键　　　　　　　　B. 按 Ctrl+Alt+A 键
   C. 按 Ctrl+A 键　　　　　　　　D. 按 Ctrl+Shift+A 键

4. 按以下哪个键用选择工具拖动选框可以将对象进行 45 度旋转？（　　）
   A. 按 Shift 键　　　　　　　　　B. 按 Ctrl 键
   C. 按 Ctrl+Shift 键　　　　　　 D. 按 Ctrl+Alt 键

第 4 章 基础绘图

教学要点

本章先用简单明了的实例重点介绍使用钢笔工具与铅笔工具绘制路径及一些图形的方法，然后详细介绍了基本图形工具（直线段工具、弧形工具、螺旋线工具、矩形网格工具、极坐标网格工具、矩形工具、圆角矩形工具、多边形工具、椭圆工具、星形工具等）的操作方法及其应用。通过学习本章，读者可以掌握各种绘图工具的作用与操作方法。

学习重点与难点

- 绘制路径
- 调整路径
- 绘制基本图形
- 描绘图形
- 用钢笔工具与铅笔工具绘图

4.1 关于路径

路径由一条或多条线段或曲线组成。节点（锚点）是定义路径中每条线段的开始和结束的点，通过它们来固定路径。通过移动节点，可以修改路径段，以及改变路径的形状。路径既可以是开放的，也可以是封闭的。封闭的路径是一条连续的、没有起点或终点的路径。开放的路径具有不同的端点，如一条直线线条。

一条开放路径的开始节点和最后节点叫做端点。如果要填充一条开放路径，则程序将会在两个端点之间绘制一条假想的线长并且填充该路径。

路径可以有两种锚点，即转角控制点和平滑控制点。在转角控制点上，路径会突然地改变方向。在平滑控制点上，路径段会连接为一条连续曲线。可以使用转角控制点和平滑控制点的任意组合，绘制一条路径。如果绘制出错误的控制点，随时都可以更改。一个转角控制点可连接直线段或曲线段。

在 Adobe Illustrator 中，使用绘图工具绘制所需的所有对象，无论是孤立的直线、曲线，还是规则的、不规则的几何形状，甚至使用文字工具所创建的文字，它们的轮廓均可以称为路径。绘制一条路径之后，可改变它的大小、形状、位置和颜色，并对它进行编辑。

4.2 用钢笔工具绘制精确路径

利用钢笔工具可以绘制各种各样的图形和路径。钢笔工具可以让用户建立直线和相当精确的平滑、流畅曲线。

1. 用钢笔工具绘制直线

从工具箱中点选 ✎钢笔工具，在画面中单击一点作为起点，然后移动指针到第二点处单击，如图 4-1 所示，按着 Ctrl 键在路径以外的空白处单击取消选择，即可得到一条直线，如图 4-2 所示。

起点 ——→ 第二点

图 4-1 绘制直线   图 4-2 绘制直线

> TIPS: 如果设置的描边颜色为无，则不会看到刚绘制的直线。

2. 用钢笔工具绘制曲线

使用钢笔工具在画面中先单击一点作为起点，然后在第二点处按下左键并向所需的方向拖动，即可得到一条平滑的曲线，如图 4-3 所示。在第三点处按下左键并向所需的方向拖动，同样得到一条曲线段，如图 4-4 所示，按 Ctrl 键在空白处单击即可完成曲线的绘制，如图 4-5 所示。

图 4-3 绘制曲线   图 4-4 绘制曲线   图 4-5 绘制曲线

动手操作 用钢笔工具绘制封闭图形——一条鱼

1 在【颜色】面板中设置填色为无，描边为黑色，如图 4-6 所示。

2 在工具箱中点选 ✎钢笔工具，接着在画板中的适当位置单击一点作为起点，再移动指针到第 2 点处按下左键进行拖动，以绘制出鱼的嘴巴，接着移动指针绘制鱼的腹部、尾巴与背部，直到绘制好后返回到起点处，当指针呈 ♦ 状时单击，完成封闭式路径的绘制，如图 4-7 所示。

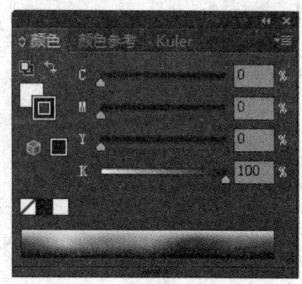

图 4-6 【颜色】面板

> TIPS:
> （1）在绘制路径时，如果用户要删除末端控制杆，按下 Alt 键，当指针呈 ↖ 状时单击即可将末端控制杆删除。如果要绘制封闭图形，可以在绘制好形状后返回到起点，当指针呈 ♦ 状时单击，即可得到一个封闭的路径。
> （2）使用钢笔工具将指针移到选择路径上的路径段上，当指针呈 ✎+ 状时单击可添加一个锚点；当移动指针指向节点呈 - 状时单击，可删除该锚点。
> （3）可以用直接选择工具对绘制好的路径进行调整。

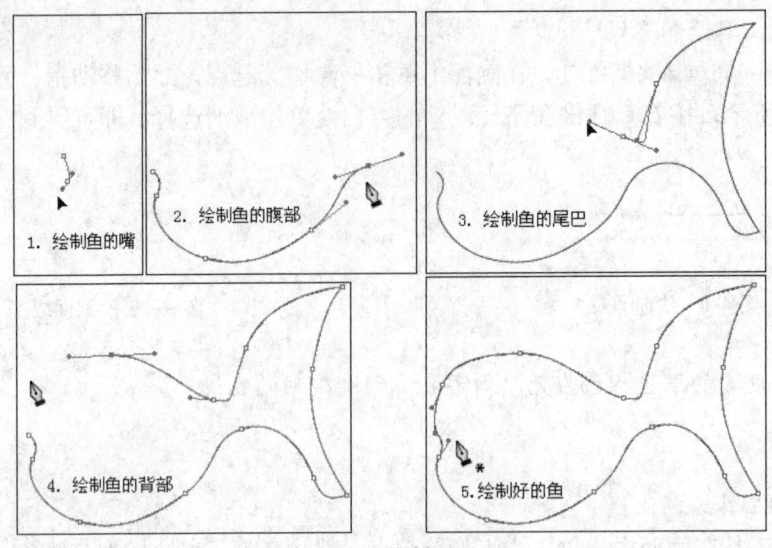

图 4-7 绘制图形

4.3 用铅笔工具绘制任意形状的路径

使用铅笔工具可以绘制开放和封闭路径，就如同在纸上用铅笔绘图一样。这对速写或建立手绘外观很有帮助。当用户完成绘制路径后，如果需要对路径进行修改，可立刻进行。

锚点是用铅笔工具绘制时所设定的，用户不用决定锚点的位置。但是在路径绘制完成时，可以对其做调整。锚点的数目是由路径的长度和复杂度，以及【铅笔工具首选项】对话框的保真度设置所决定的。这些设置可控制鼠标或绘图板上数字笔移动铅笔工具的敏感度。

4.3.1 绘制开放式路径

从工具箱中点选 铅笔工具，移动指针到画面中适当位置，当指针呈 状时按下左键拖移，达到所需的形状后，如图 4-8 所示，松开鼠标左键，即可得到一条开放式的线条，如图 4-9 所示。

图 4-8 用铅笔工具绘制曲线   图 4-9 绘制好的曲线

4.3.2 更改曲线（路径）形状

如果将指针移到曲线上，当指针呈 状时，按下左键向所需的方向拖移，达到所需的形状后，如图 4-10 所示，松开左键即可对曲线的形状进行修改，如图 4-11 所示。

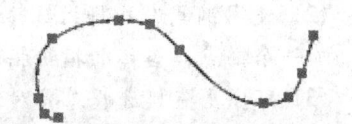

图 4-10 修改曲线   图 4-11 修改后的曲线

在不需要改变其形状，而是需要从曲线上直接绘制另一条曲线时，可以：

在工具箱中双击 铅笔工具，弹出如图4-12所示的【铅笔工具首选项】对话框，在其中取消【编辑所选路径】选项的勾选，单击【确定】按钮。再在刚绘制并选择的曲线上进行绘制，这样就不会修改曲线而是另绘制一条曲线了，如图4-13所示。

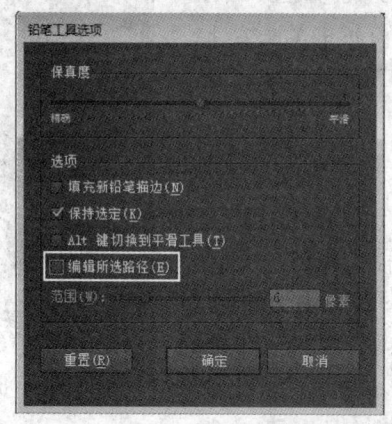

图4-12 【铅笔工具首选项】对话框　　　　图4-13 绘制曲线

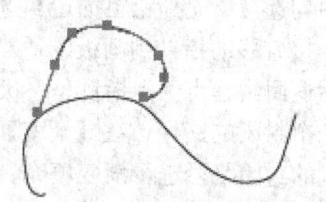

【铅笔工具选项】对话框中的选项说明如下：
- 保真度：用来控制鼠标或数字笔必须移动的距离，让 Illustrator 将新的锚点加入路径中。"保真度"的范围从 0.5～20 像素；数值越高，路径越平滑且越简单。
- 保持选定：用来决定 Illustrator 是否要保留绘制好后对路径的选取。
- 编辑所选路径：决定是否可使用铅笔工具来改变（修改）现有（当前选择）的路径。
- 范围：决定如果要使用铅笔工具来编辑现有路径时，用户的鼠标或数字笔与该路径之间的接近程度。只有在选取【编辑所选路径】选项时才能使用此选项。

4.3.3 用铅笔工具绘制封闭路径

在工具箱中点选 铅笔工具，移动指针到适当位置后按下左键拖动，如图4-14所示，当路径大小和形状符合所需，返回到起点当指针成 状时松开左键，即可得到一个封闭的路径，如图4-15所示。

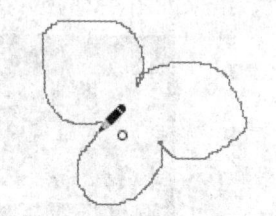

图4-14 用铅笔工具绘制图形　　　　图4-15 绘制好的图形

4.3.4 用铅笔工具绘制一朵云

动手操作　用铅笔工具绘制一朵云

1 按 Ctrl+N 键新建一个文件，显示【渐变】与【颜色】面板，并在【渐变】面板中设定【类型】为"线性"，再选择左边渐变滑块（也称：色标），在【颜色】面板中设定其颜色

为 C40-M0-Y0-K0，然后选择右边的渐变滑块，在【颜色】面板中设定其颜色为白色，如图 4-16 所示。

> **TIPS** 在【渐变】面板中单击黑白渐变滑块时，在【颜色】面板中就会以灰度颜色模式显示，如果要以 RGB 颜色或 CMYK 颜色模式等编辑渐变时，则需在【颜色】面板中单击右上角的小三角形按钮，再根据需要在弹出的下拉菜单中选择颜色模式。

2 在工具箱中双击铅笔工具，弹出【铅笔工具选项】对话框，在其中勾选【填充新铅笔描边】选项，如图 4-17 所示，单击【确定】按钮；接着移动指针到画板的适当位置按下左键拖移，拖出一朵云的形状后返回到起点，当指针呈状时松开左键，如图 4-18 所示，即可得到一个封闭的路径；在【渐变】面板中单击任一渐变滑块，即可为刚绘制的封闭路径进行渐变填充，结果如图 4-19 所示。

图 4-16 设置渐变颜色

图 4-17 【铅笔工具选项】对话框　　图 4-18 用铅笔工具绘图　　图 4-19 渐变填充颜色

3 按 Ctrl+C 键进行复制，再按 Ctrl+V 键进行粘贴，以复制一个副本，结果如图 4-20 所示。

4 在【渐变】面板中设定【角度】为-90 度，在渐变条下方单击添加一个色标，在【颜色】面板中设定其颜色为 C46-M0-Y0-K0，再在渐变条的下方单击添加一个渐变滑块并设定其【位置】为 41.4%，这样就将副本的渐变颜色进行了更改，结果如图 4-21 所示。

图 4-20 复制对象　　图 4-21 改变颜色

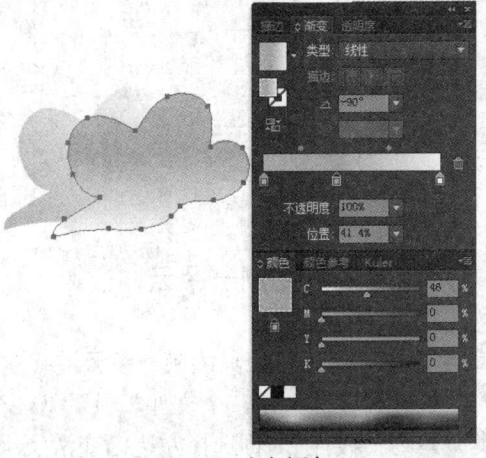

第4章 基础绘图

5 在工具箱中点选 选择工具,将副本移动到原对象的适当位置上,如图4-22所示,再移动指针到右上角的控制柄上,当指针呈 状时按下左键向左下方拖动,以缩小副本,如图4-23所示,然后移动指针到左下角的控制柄上,当指针呈 状时按下左键向右上方拖动,以缩小副本,如图4-24所示。

6 按Ctrl+C键进行复制,再按Ctrl+V键进行粘贴,以复制一个副本,然后将副本移至原对象上,如图4-25所示。

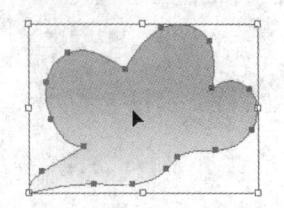

图4-22 移动对象 　　　　　　图4-23 缩小对象

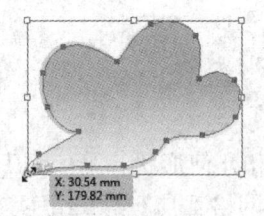

图4-24 缩小对象 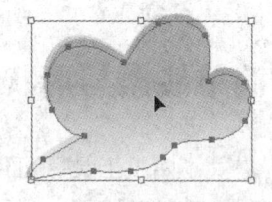　　　　　　图4-25 复制对象

7 在工具箱中双击 铅笔工具,弹出【铅笔工具首选项】对话框,在其中选择【编辑所选路径】复选框,如图4-26所示,单击【确定】按钮,将指针移到在刚复制的副本右边轮廓线上,当指针呈 状时按下左键向左边轮廓线上拖移,如图4-27所示,以改变其形状,修改好后的形状如图4-28所示。

图4-26 【铅笔工具首选项】对话框 　　图4-27 编辑路径 　　图4-28 改变形状后的结果

8 在【渐变】面板中设定【角度】为–75度,在渐变条的下方将左边的渐变滑块拖出面板,以将其删除,然后选择中间的渐变滑块,将其移动到左边,如图4-29所示,这样就将副本的渐变颜色进行了更改,结果如图4-30所示。一朵云彩就绘制完成。

> **TIPS** 可以使用缩放工具在画面中单击(或按Ctrl++键)来放大画面,也可按Alt键在画面中单击(或按Ctrl+-键)来缩小画面,以调整局部。

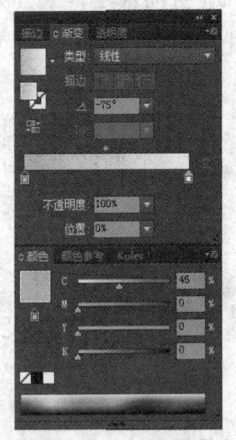

图 4-29　改变渐变角度　　　　　　　　　　图 4-30　改变渐变角度后的效果

4.4　绘制简单线条与形状

Illustrator 提供了两组工具，可用来建立简单的线条和几何形状。第一组工具包括直线段工具、弧形工具、螺旋线工具、矩形网格工具和极坐标网格工具。第二组工具包括矩形工具、圆角矩形工具、椭圆工具、多边形工具和星形工具。

4.4.1　绘制直线

利用直线段工具，可以绘制出任一长度或角度的直线、围绕某点旋转的多条直线段及以某点为中心向两端延伸的直线段。可以在画面中拖动鼠标来绘制任一角度或任一长度的直线，也可以利用【直线段工具选项】对话框来绘制确定长度或角度的直线段。

动手操作　绘制直线

1　在画面的空白处单击取消选择，在工具箱中将描边置于当前颜色设置，并在【颜色】面板中单击黑色，使描边为黑色，再点选直线段工具，然后在画面中适当位置确定要绘制直线的起点，在该起点处按下鼠标左键向直线延伸的方向拖动，到达一定长度后松开左键即可得到一条直线段，如图 4-31 所示，按 Ctrl 键在空白处单击可取消对直线段的选择，如图 4-32 所示。

图 4-31　绘制直线段　　　　　　　　　　图 4-32　绘制好的线段

2　按着 Shift 键的同时使用直线工具可以绘制 45 度的整数倍方向的直线段，如图 4-33 所示。

3 按下 Alt 键的同时使用直线工具可以绘制以某一点为中心向两端延伸的直线段。例如，移动指针到上两步绘制两条直线的相交点处按下 Alt 键和鼠标左键向下方拖动，即可得到一条以该点为中点的直线，如图 4-34 所示。

4 在按下～键的同时使用直线工具并在画面的适当位置以逆时针或顺时针拖动鼠标，可以绘制多条直线段，如图 4-35 所示。

图 4-33　绘制直线段　　　　图 4-34　绘制直线段　　　　图 4-35　绘制多条直线段

> 按下 Alt+～键的同时使用直线工具可以绘制多条通过同一点并向两端延伸的直线段。

利用【直线段工具选项】对话框也可以直接绘制直线段：

在画板内单击一点，以确定起点，接着弹出如图 4-36 所示的【直线段工具选项】对话框，在其中的【长度】文本框中输入 50mm，在【角度】文本框中输入 180°（也可以在圆圈内拖动鼠标来改变角度），单击【确定】按钮，即可得到一条长 50mm 的水平直线，如图 4-37 所示。

图 4-36　【直线段工具选项】对话框　　　　图 4-37　绘制好的直线段

【直线段工具选项】对话框中的选项说明如下：
- 长度：用来指定线条的总长度。
- 角度：指定从线条的参考点起算的角度。
- 线段填色：指定是否使用目前的填色颜色来填色线条。

1. 改变直线的颜色

在【颜色】面板设定描边颜色为 C0、M83.53、Y93.73、K0，如图 4-38 所示，即可将直线的颜色改为所需设置的颜色，如图 4-39 所示。

> **TIPS** 如果【颜色】面板没有显示在程序窗口中，可以在菜单中执行【窗口】→【颜色】命令或按 F6 键，或在右边的缩览图中单击 ■（颜色）按钮。

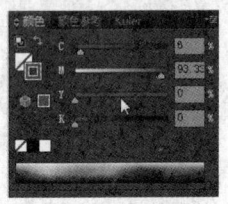

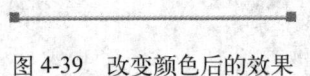

图 4-38　【颜色】面板　　　　　　　　　　图 4-39　改变颜色后的效果

2. 改变直线的粗细

在【控制】选项栏的【描边】下拉列表选择 10pt，即可将直线的粗细进行更改，如图 4-40 所示。也可以在【描边】面板中设置直线的粗细与其他属性。

图 4-40　改变描边粗细后的效果

4.4.2　绘制弧线和弧形

利用弧线段工具可以绘制任意的弧形和弧线。它的绘制方法与绘制直线段相同。

动手操作　使用弧线段工具绘制弧线和弧形

1　在工具箱中点选 ■ 弧线段工具，在画面中确定所需绘制弧线的起点后，在该起点处按下左键向所需的方向拖动，到达一定长度后松开左键即可得到一条弧线，由于上节刚设置了描边的粗细，因此现在所绘制的弧线的粗细为前面设置的 10pt，如图 4-41 所示。

2　在【控制】选项栏中设定描边颜色为 CMYK 绿色，如图 4-42 所示，再设定【描边】为 1pt，将弧线的粗细与颜色进行更改，如图 4-43 所示，然后按 Alt+~ 键在画面中拖动鼠标，得到所需的线条后松开鼠标左键，即可得到多条弧线，如图 4-44 所示。

图 4-41　绘制弧线

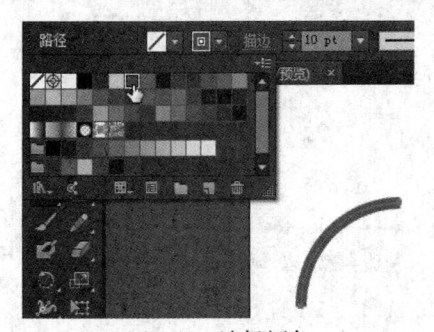

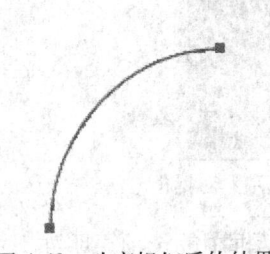

图 4-42　选择颜色　　　　图 4-43　改变粗细后的结果　　　　图 4-44　绘制多条弧线

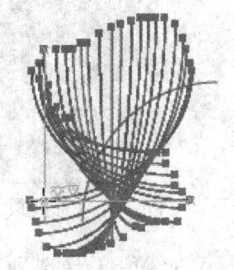

> **TIPS** 按 Alt 键在画面中拖动可以绘制以参考点为中心向两边延伸的弧形或弧线。在绘制弧形或弧线时按下空格键可以移动弧形或弧线。按~键可以创建多条弧线和多个弧形。用弧形工具在绘制图形时按 C 键可以在开启和封闭弧形间切换，按 F 键可以翻转弧形，使原点维持不动，按↑向上键或↓向下键，可以增加或减少弧形角度。

3 如果在画面中单击,则会弹出【弧线段工具选项】对话框,在其中设置【X 轴长度】为 50mm,【Y 轴长度】为 50mm,在【类型】下拉列表中选择闭合,如图 4-45 所示,单击【确定】按钮,即可得到如图 4-46 所示的封闭图形。

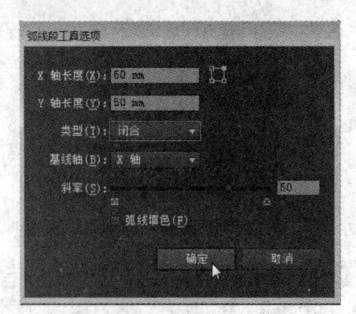

图 4-45　【弧线段工具选项】对话框　　　图 4-46　绘制好的弧形

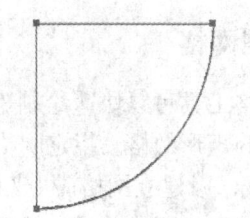

【弧线段工具选项】对话框说明如下:

- X 轴长度:用来指定弧形的 x 坐标轴的长度。
- Y 轴长度:用来指定弧形的 y 坐标轴的长度。
- 类型:用来指定对象拥有开放路径或封闭路径。
- 基线轴:用来指定弧形的方向。选择"X 轴"或"Y 轴",取决于用户要沿水平(x)坐标轴或垂直(y)坐标轴绘制弧形的基线而定。
- 斜率:用来指定弧形斜度的方向。如果为凹入斜面,请输入负值。如果为凸斜面,请输入正值。斜率为 0 时会建立一条直线。
- 弧线填色:使用目前的填色颜色来给弧形填色。

4.4.3　绘制螺旋形

使用螺旋线工具可以用所给的半径和圈数——开始到完成螺旋形状所需转动的数目,来建立螺旋形对象。

动手操作　绘制螺旋形

1 从工具箱中点选 螺旋线工具,接在画面中的扇形顶点上按下左键拖出一条螺旋线,如图 4-47 所示。

2 在扇形右上边端点上单击,以该端点为螺旋线的中心点,弹出【螺旋线】对话框,在其中设置【半径】为 20mm,【衰减】为 80,【段数】为 10,如图 4-48 所示,单击【确定】按钮,即可得到如图 4-49 所示的螺旋线。

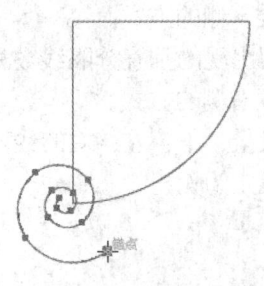

图 4-47　绘制螺旋线　　　图 4-48　【螺旋线】对话框　　　图 4-49　绘制螺旋线

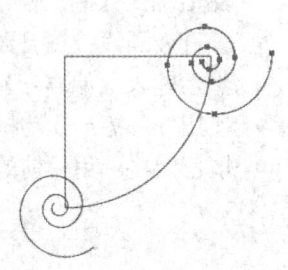

【螺旋线】对话框的选项说明如下：
- 半径：用来指定螺旋线中心点至最外侧点的距离。
- 衰减：用来指定螺旋线的每一圈与前一圈相比之下，必须减少的数量。
- 段数：用来指定螺旋线拥有的区段数。螺旋形状的每一整圈包含四个区段。
- 样式：用来指定螺旋线的方向。

4.4.4 绘制网格

使用网格工具可以快速绘制矩形或极坐标网格。矩形网格工具可以建立尺寸和分隔线数量都已指定的矩形网格。指定网格尺寸和分隔线数目，然后在画板上任意拖动（即按下鼠标左键移动鼠标）以建立网格。极坐标网格工具可以建立尺寸和分隔线数量都已指定的同心圆。指定网格尺寸和分隔线数目，然后在画板上任意拖动以建立网格。

1. 矩形网格工具

技巧：
- 按 Shift 键用网格工具在画面中拖动可以绘制出正方形或圆形极坐标网格。
- 按 Alt 键用网格工具可以绘制出以参考点向两边延伸的网格。
- 按 Shift+Alt 键用网格工具可以绘制出从参考点向两边延伸的网格，同时将网格限制为正方形或圆形极坐标。
- 用矩形网格工具绘制图形时按下空格键可以移动网格。
- 用矩形网格工具绘制图形时按↑向上键或↓向下键，可用来增加或删除水平线段。
- 用矩形网格工具绘制图形时按→向右键或←向左键，可用来增加或移除垂直线段。
- 用矩形网格工具绘制图形时按下 F 键可以让水平分隔线的对数偏斜值减少 10%。按下 V 键可以让水平分隔线的对数偏斜值增加 10%。按下 X 键可以让垂直分隔线的对数偏斜值减少 10%。按下 C 键可以让垂直分隔线的对数偏斜值增加 10%。

动手操作 使用矩形网格工具绘制网格

1 新建一个文档，在工具箱中点选▦矩形网格工具，接着在画板的适当位置单击，弹出如图 4-50 所示的【矩形网格工具选项】对话框，在其中设定【宽度】为 120mm，【高度】为 60mm，水平分割线的【数量】为 5，垂直分割线的【数量】为 3，其他不变，单击【确定】按钮，即可得到一个指定大小，以及指定行与列的矩形网格，如图 4-51 所示。

【矩形网格工具选项】对话框说明如下：
- 宽度和高度：【宽度】用来指定整个网格的宽度。【高度】用来指定整个网格的高度。
- 水平分隔线：在【数量】文本框中输入希望在网格上下之间出现的水平分隔线数目，然后输入【偏离量】数值，可以决定水平分隔线偏向上侧或下侧的方式。
- 垂直分隔线：在【数量】文本框中输入希望在网格左右之间出现的垂直分隔线数目，然后输入【偏离量】数值，可以决定垂直分隔线偏向左侧或右侧的方式。
- 使用外部矩形作为框架：可以决定是否用一个矩形对象取代上、下、左、右的线段。
- 填色网格：用目前的填色填满网格线（否则填充色就会被设定为无）。

图 4-50 【矩形网格工具选项】对话框　　　　图 4-51 绘制好的网格

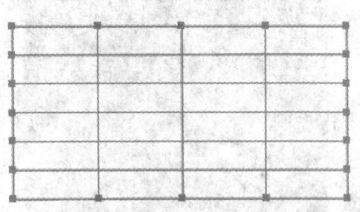

2 也可以直接在画板中拖出一个矩形网格,其大小可随时调整,但是矩形网格的行与列需在【矩形网格工具选项】对话框中先设定。

3 如果想要得到一个填充颜色固定的矩形网格,先取消上一个图形的选择,再在【颜色】面板中设定【填色】为黄色,【描边】为绿色,如图 4-52 所示;同样在画面中单击,弹出【矩形网格工具选项】对话框,在其中设定【宽度】为 120mm,【高度】为 60mm,水平分割线的【数量】为 5,垂直分割线的【数量】为 3,其他不变,勾选【填色网格】选项,如图 4-53 所示,单击【确定】按钮,即可得到大小为 120mm×60mm 的矩形网格,如图 4-54 所示。

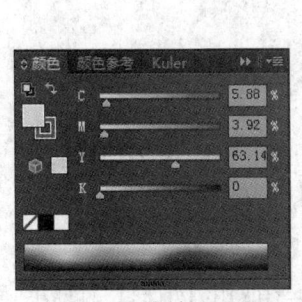

图 4-52 【颜色】面板　　　图 4-53 【矩形网格工具选项】对话框　　　图 4-54 绘制好的网格

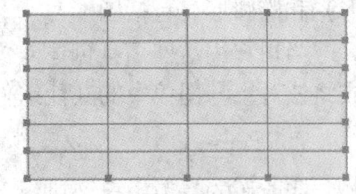

2. 极坐标网格工具

极坐标网格工具的操作方法与矩形网格工具相同。

在工具箱中点选极坐标网格工具,在画板的适当位置单击,弹出如图 4-55 所示的对话框，在其中设置【宽度】为80mm，【高度】为60mm，同心圆分隔线的【数量】为8，【内倾斜】为30%，径向分隔线的【数量】为5，其他不变，单击【确定】按钮，即可得到如图4-56所示的极坐标网格。

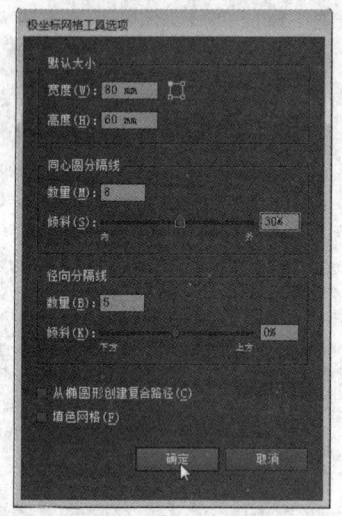

图4-55 【极坐标网格工具选项】对话框

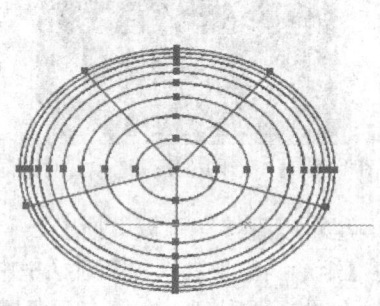

图4-56 绘制好的极坐标网格

【极坐标网格工具选项】对话框说明如下：
- 宽度和高度：【宽度】用来指定极坐标网格的宽度。【高度】用来指定极坐标网格的高度。
- 同心圆分隔线：在【数量】文本框中输入希望在网格中出现的同心圆分隔线数目，然后输入向内或向外偏离的数值，可以决定同心圆分隔线偏向网格内侧或外侧的方式。
- 径向分隔线：在【数量】文本框中输入希望在网格圆心和圆周之间出现的放射状分隔线数目，然后输入向下或向上偏离的数值，可以决定放射状分隔线偏向网格的顺时针或逆时针方向的方式。
- 从椭圆形创建复合路径：可以将同心圆转换为单独的复合路径，而且每隔一个圆就填色。
- 填色网格，用目前的填色颜色填满网格（否则填充色就会被设定为无）。

4.4.5 绘制矩形和椭圆形

Illustrator 提供了矩形工具、圆角矩形工具和椭圆工具，可以快速建立矩形（包括正方形）和椭圆形（包括圆形）。

当用户用这些工具创建对象时，一个中心点会出现在对象中。可利用此点来拖动对象，或将该对象与图稿中的其他组件对齐。可显示或隐藏中心点，但无法将其删除。

1. 矩形工具

在前面的章节中已经讲解了用鼠标拖动来绘制矩形，这里就只介绍使用【矩形】对话框来绘制固定大小的正方形（或矩形）和按组合键来绘制一个正方形的方法。

动手操作 绘制矩形

1 按 Ctrl+N 键新建一个文档，再从工具箱中点选■矩形工具，在画板中的适当位置单击,弹出如图 4-57 所示的对话框,在其中设置【宽度】为 50mm,【高度】为 50mm,单击【确定】按钮,即可得到一个正方形,如图 4-58 所示。

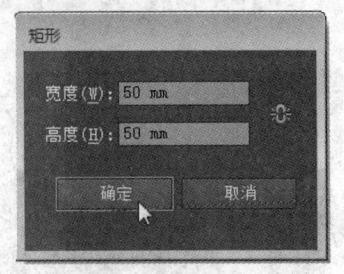

图 4-57 【矩形】对话框

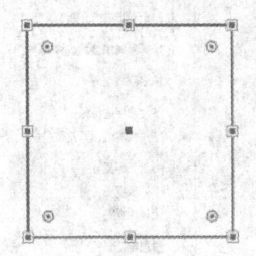

图 4-58 绘制的正方形

【矩形】对话框选项说明如下:
- 宽度:用来指定矩形或正方形的宽度。
- 高度:用来指定矩形或正方形的高度。

(1) 如果要限制工具往 45 度角的倍数移动,并用矩形工具绘制正方形和用椭圆工具绘制圆形,可以按住 Shift 键时拖动鼠标。
(2) 如果要在绘制时移动一个矩形或椭圆形,可以按住空格键。
(3) 在绘制图形时按住 Alt 键和拖动鼠标可以从中心向外绘制图形。

2 按 Alt+Shift 键从正方形的中心点上按下左键向外拖动,到达适当大小后,即可绘制一个同心正方形,如图 4-59 所示。

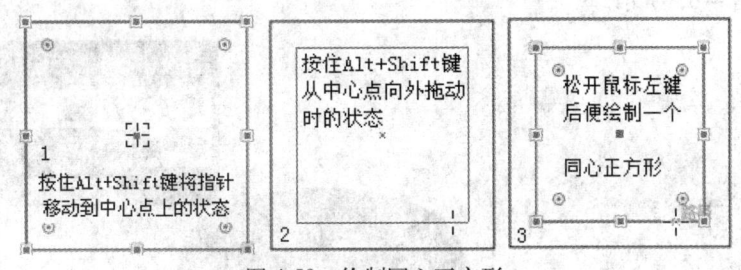

图 4-59 绘制同心正方形

2. 圆角矩形工具

利用圆角矩形工具可以绘制圆角矩形。

动手操作 绘制圆角矩形

1 从工具箱中点选 圆角矩形工具,在画板的适当位置按下左键向对角拖移,到一定大小后松开鼠标左键,即可得到一个圆角矩形,如图 4-60 所示。

2 显示【图形样式】面板,在其中单击右上角的 按钮,再在弹出的下拉菜单中选择【打开图形样式库】下的【3D 效果】命令,如图 4-61 所示,然后在【3D 效果】面板中单击所需的效果(如:3D 效果 20),如图 4-62 所示,即可为刚绘制的图形添加样式,结果如图 4-63 所示。

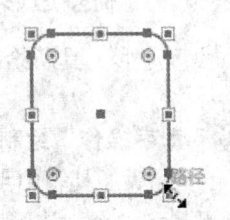

图 4-60 绘制圆角矩形

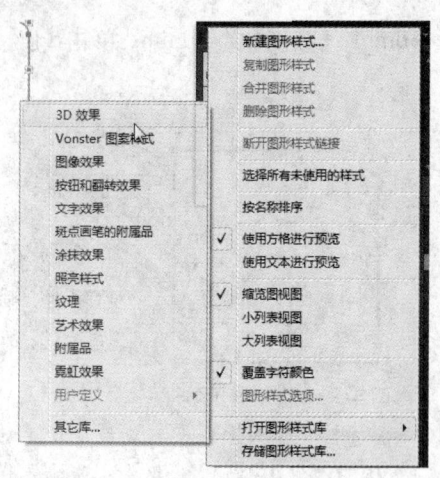

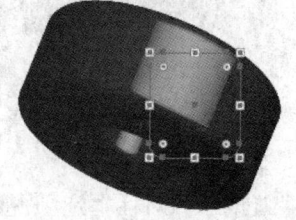

图 4-61　选择【3D 效果】命令　　图 4-62　【3D 效果】面板　　图 4-63　应用 3D 效果后的效果

3. 椭圆工具

利用椭圆工具可以绘制椭圆或圆。

动手操作　绘制圆形

1　从工具箱中点选 椭圆工具，在画面中所需的位置按下左键向另一个点拖动，到达适当大小后松开左键，即可得到与圆角矩形同心的圆形，如图 4-64 所示。

2　在【3D 效果】面板中单击所需的效果（如：3D 效果 21），即可为刚绘制的图形添加样式，结果如图 4-65 所示。

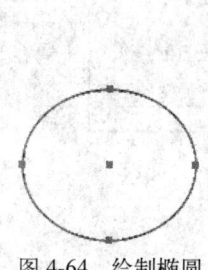

图 4-64　绘制椭圆　　图 4-65　应用 3D 效果后的效果

4.4.6　绘制多边形

多边形工具所绘制的对象，有指定数目的等长边，且每边与对象中心的距离都相等。

动手操作　绘制多边形

1　从工具箱中点选 多边形工具，在画面中拖动鼠标，到一定大小后松开鼠标左键，即可得到一个六边形，如图 4-66 所示。

2　如果要绘制固定边数的多边形，则在画面中单击，弹出如图 4-67 所示的对话框，在其中设置所需的半径和边数，设置好后单击【确定】按钮，即可得到所需的多边形，如图 4-68 所示。

图 4-66 绘制好的多边形　　　图 4-67 【多边形】对话框　　　图 4-68 绘制好的多边形

【多边形】对话框选项说明如下：
- 半径：用来指定中心点与每条线条结束点之间的距离。
- 边数：用来指定多边形的边数量。

4.4.7 绘制星形

利用星形工具可以绘制出已给定的点数和大小的星形对象。

动手操作　绘制星形

1　从工具箱中点选☆星形工具，在画面中拖动鼠标，到一定大小后松开左键，得到如图 4-69 所示的图形，在【控制】选项栏中设定填充颜色为黄色，如图 4-70 所示，即可将星形填充为黄色，结果如图 4-71 所示。

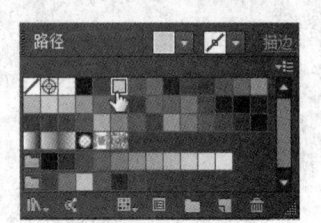

图 4-69 绘制好的星形　　　图 4-70 选择颜色　　　图 4-71 改变颜色后的效果

2　在画面中单击会弹出如图 4-72 所示的对话框，在其中设置【半径 1】为 21mm，【半径 2】为 5mm，【角点数】为 3，单击【确定】按钮，即可得到如图 4-73 所示的图形。

【星形】对话框选项说明如下：
- 半径 1：用来指定中心点至最内侧控制点的距离。
- 半径 2：用来指定中心点至最外侧控制点的距离。
- 角点数：用来指定星形拥有的点数。

3　在【3D 效果】面板中单击所需的图形样式，即可为刚绘制的图形添加样式，结果如图 4-74 所示。

图 4-72 【星形】对话框　　　图 4-73 绘制好的星形　　　图 4-74 应用 3D 效果

4.4.8 斑点画笔工具

使用斑点画笔工具可以绘制已经填充颜色的形状，以便与具有相同颜色的其他形状进行交叉和合并，从而可以由几次绘制的形状合并成一个图形。

动手操作　使用斑点画笔工具绘制图形

1 从工具箱中双击 斑点画笔工具，弹出【斑点画笔工具选项】对话框，在其中根据需要设置所需的选项，如图 4-75 所示。

【斑点画笔工具选项】对话框选项说明如下：
- 保持选定：选择该选项时可以在绘制路径时，路径总是保持选中状态。
- 仅与选区合并：选择该选项则绘制的路径只与画面中选中的路径进行合并，也就是说它不会与未选中的路径进行合并。
- 保真度：该选项控制鼠标或光笔必须移动多大距离，Illustrator 才会向路径添加新锚点。例如，保真度值为 2.5，则表示小于 2.5 像素的工具移动将不生成锚点。保真度的范围可介于 0.5～20 像素之间；值越大，路径越平滑，复杂程度越小。
- 大小：可以设置画笔的大小，在其后的列表中可以选择所需的选项，如随机、固定等。
- 角度：在角度后的文本框中可以设置画笔旋转的角度。也可以拖动预览区中的箭头来设置角度。
- 圆度：它决定画笔的圆度。可以在文本框中直接输入所需的百分比来设置圆度，该值越大，圆度就越大。也可以直接在预览中拖动黑点朝向或背离中心方向来设置圆度。

2 在【颜色】面板中设置所需的描边颜色，如图 4-76 所示，在画面中绘制一条开放式路径，如图 4-77 所示。

3 在绘制的对象上再绘制一条开放式路径，便会发现它已与前面绘制的对象合并为一个对象了，画面效果如图 4-78 所示。

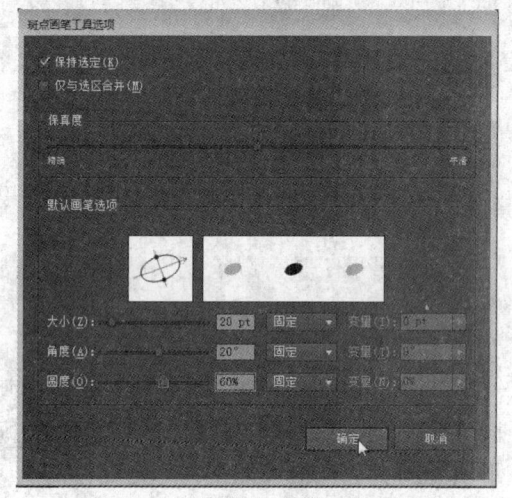

图 4-75　【斑点画笔工具选项】对话框

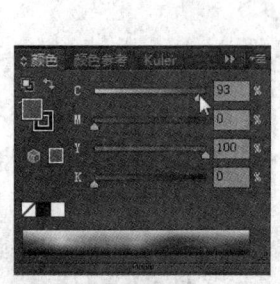

图 4-76　【颜色】面板　　　　图 4-77　绘制图形　　　　图 4-78　绘制图形

4.5 绘制光晕对象

光晕工具使用明亮的中心点、光晕、放射线和光环来创建光晕对象，这些对象具有一个明亮的中心、晕轮、射线和光圈。使用此工具可以创建类似相片中透镜眩光的特效。

光晕包含中心控制点和末端控制点。使用控制点可以放置反光和其光环，中心控制点位于反光的明亮中心，反光路径即由此点开始。

动手操作　绘制光晕对象

1　新建一个文档，从工具箱中点选■矩形工具，在画板中绘制出一个矩形，在【控制】选项栏的填色【色板】面板中单击"沙漠日落"色块，如图4-79所示，将矩形填充为沙漠日落颜色，画面效果如图4-80所示。

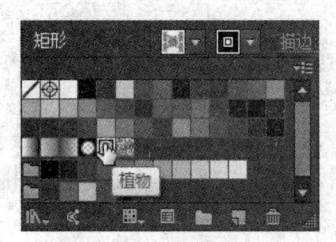

图4-79　【色板】面板

图4-80　渐变填充后的效果

2　从工具箱中点选■光晕工具，在画面中确定一点作为光晕中心，并在中心点上按下左键向外拖移，如图4-81所示；松开鼠标左键后移动指针到一定距离时再按下左键拖动来确定镜头眩光方向和距离，如图4-82所示，达到所需的要求后松开鼠标左键，即可得到如图4-83所示的效果。

图4-81　确定光晕中心

图4-82　拖移鼠标确定镜头眩光方向和距离

图4-83　绘制好的光晕对象

3　在图形对象的右上方单击，弹出【光晕工具选项】对话框，在其中设置【不透明度】为38%，【亮度】为67%，【方向】为270°，其他不变，如图4-84所示，设置好后单击【确定】按钮，即可得到如图4-85所示的效果。

图 4-84 【光晕工具选项】对话框　　　图 4-85 绘制光晕对象

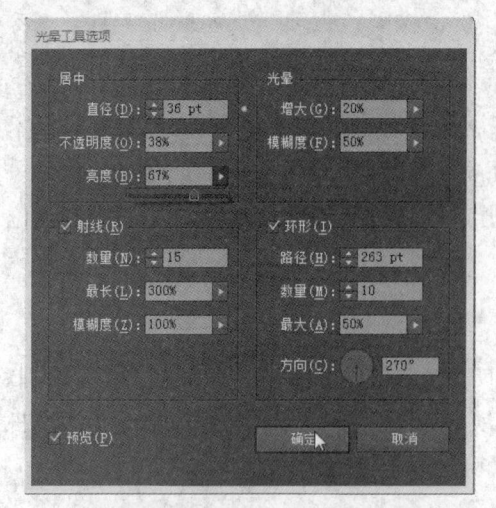

【光晕工具选项】对话框选项说明：
- 居中：在该栏中可指定光晕中心点的整体直径、不透明度和亮度。
- 光晕：在该栏中可指定光晕的扩张度以作为整体大小的百分比，并指定光晕的模糊度（0 是锐利，100 是模糊）。
- 环形：如果希望光晕包含光圈，可以勾选【环形】选项，并在【环形】栏中指定光圈的数量、路径、范围与方向。
- 射线：如果希望光晕包含射线，可以勾选【射线】选项，并指定射线的数量、最长的射线（作为射线平均长度的百分比）和射线的模糊度（0 为锐利，100 为模糊）。

4.6 调整路径

一般情况下，调整路径的第一步是选取一个或多个路径线段或锚点，然后再对其进行调整。可以使用下列任意方法来更改路径的形状：

(1) 增加和删除锚点。
(2) 用平滑工具来平滑路径中的线段。
(3) 用路径橡皮擦工具来擦除路径中的线段。
(4) 使用转换锚点工具，在平滑锚点和转角锚点之间转换。
(5) 移动曲线段所连接的方向控制点。
(6) 用改变形状工具来整体调整选取的控制点和路径。
(7) 使用【简化】命令以移除路径上多余的锚点，而不改变该路径的形状。
(8) 用剪刀工具分割路径。
(9) 用【平均】命令将锚点移到一个位置，该位置是锚点的目前位置的平均值。
(10) 连接一个开放路径的结束点以建立一个封闭路径，或合并两个开放路径的结束点。
(11) 使用铅笔工具来调整路径。

4.6.1 调整路径工具

利用调整路径工具可以对绘制的路径进行调整，即可以把直线路径调为曲线路径，也可以在路径上添加锚点或减去锚点，还可以把尖角曲线调整为平滑曲线。调整路径工具包括添加锚点工具、删除锚点工具和转换锚点工具，如图4-86所示。

图4-86 工具组

1. 添加锚点工具

添加锚点工具用于在线段上添加锚点，在工具箱中点选 添加锚点工具或 钢笔工具时，只要将指针移到线段上的非锚点处，当指针呈 状时单击就可添加一个新的锚点，从而把一条线段一分为二。

2. 删除锚点工具

删除锚点工具用于删除一个不需要的锚点，在工具箱中点选 删除锚点工具或 钢笔工具时，只要将指针移到线段上的锚点处，当指针呈 状时单击就可将该锚点删除，如果该锚点为中间锚点，则原来与它相邻的两个锚点将连成一条新的线段。

3. 转换锚点工具

转换锚点工具用于平滑点与角点之间的转换，从而实现平滑曲线与锐角曲线或直线段之间的转换。

动手操作 使用转换锚点工具调整路径

1 用矩形工具在画面中绘制一个矩形，如图4-87所示，再在工具箱中点选 添加锚点工具，移动指针到矩形上边适当位置，当指针呈 状时单击，添加一个锚点，如图4-88所示。

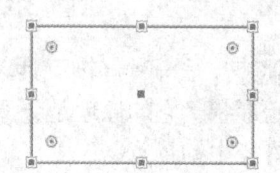

图4-87 用矩形工具绘制的矩形　　　　　图4-88 添加锚点

2 在工具箱中点选 转换锚点工具，移动指针到矩形上边的锚点上按下左键向下拖动，如图4-89所示，松开鼠标左键后即可将直线段改变为曲线段，如图4-90所示。

图4-89 改变形状　　　　　图4-90 改变形状

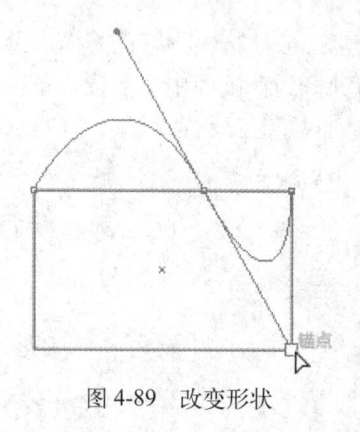

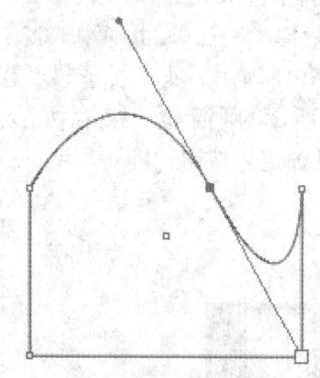

3 在工具箱中点选 删除锚点工具，再移动指针到左下角的锚点上，当指针呈 状（如图4-91所示）时单击，即可将该锚点删除，结果如图4-92所示。

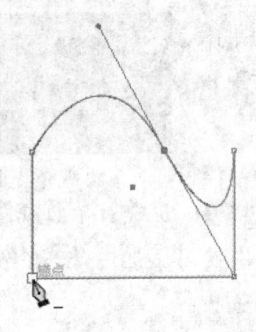

图 4-91　删除锚点　　　　　　　　　　　图 4-92　删除锚点

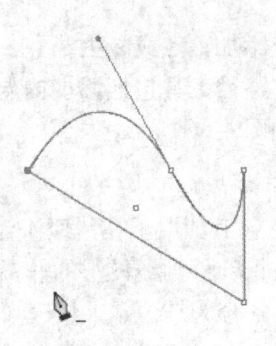

4 在【3D 效果】面板中单击所需的图形样式（如 3D 效果 13），如图 4-93 所示，即可为绘制的图形添加效果，结果如图 4-94 所示。

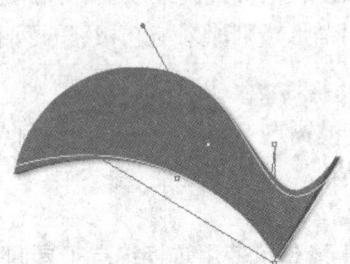

图 4-93　【3D 效果】面板　　　　　　　图 4-94　应用 3D 效果后的效果

4.6.2　平滑工具

利用平滑工具可以将直线或曲线变得更平滑，平滑工具其实是一种修饰工具。

使用平滑工具可平滑路径的线段，同时保留路径的原始形状。它的原理是让原始路径更接近使用工具所拖动的新路径，且视需要删除或增加原始路径中的锚点。

可以使用多个回合来应用平滑工具，使路径慢慢变得平滑。平滑量是由【平滑工具首选项】对话框中的平滑度设定所决定的。

动手操作　使用平滑工具调整路径

1 按 Ctrl 键在画面的空白处单击取消图形的选择，在工具箱中将填色与描边设为默认值，如图 4-95 所示。从工具箱中点选 星形工具，将指针移到在画面中适当位置单击，弹出如图 4-96 所示的对话框，在其中设定【半径 1】为 30mm，【半径 2】为 10mm，【角点数】为 3，单击【确定】按钮，即可得到一个星形，如图 4-97 所示。

图 4-95　设置颜色　　　　图 4-96　【星形】对话框　　　　图 4-97　绘制星形

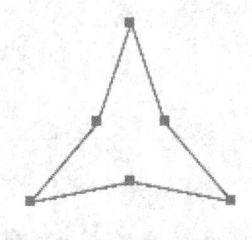

2 在工具箱中双击 平滑工具，弹出【平滑工具选项】对话框，在其中根据需要设定参

数，如图 4-98 所示，设置好后单击【确定】按钮，然后将指针移到图形需要平滑的尖角上按下左键拖动，如图 4-99 所示，松开鼠标左键后即可将尖角直线段进行平滑，如图 4-100 所示。

图 4-98 【平滑工具选项】对话框 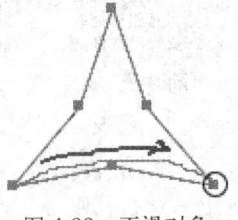　　图 4-99 平滑对象 　　图 4-100 平滑后的效果

【平滑工具选项】对话框选项说明：
- 保真度：用来控制鼠标或数字笔必须移动的距离，使 Illustrator 将新的锚点加入路径中。【保真度】的范围为 0.5～20 像素；数值越高，路径越平滑且越简单。
- 平滑：使用工具时，【平滑】可控制所套用的平滑量。【平滑】的范围为 0%～100%，数值越高，路径越平滑。

4.6.3　路径橡皮擦工具

利用路径橡皮擦工具能够擦除现有路径的全部或者其中的一部分，也可以将一条线段分为多条线段。可以在绝大多数路径上使用路径橡皮擦工具（包括画笔路径），但是无法用在文字或网格上。

动手操作　使用路径橡皮擦工具调整路径

1　在工具箱中点选 路径橡皮擦工具，将指针移到需要擦除的线段上，然后按下左键向需要擦除的地方拖动，如图 4-101 所示；到所需的位置时松开左键，即可将拖动时路径起点与终点之间的线段擦除，如图 4-102 所示。

图 4-101　擦除线段 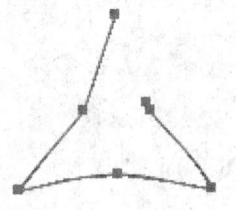　　　　　　　　　图 4-102　擦除线段

2　也可以在开放式路径的中间单击，将路径分为两条开放式的路径。从工具箱中点选 直接选择工具，在空白处单击先取消选择，再单击右边的路径，即可看到只选择了右边的路径，而左边的路径并没有被选中，如图 4-103 所示。

3　将指针移到这条路径的端点上并按下左键向下拖动，如图 4-104 所示，即可看到它们完全是独立体。

> TIPS　如果在封闭的路径上单击，即可将整条路径清除。

图 4-103　打断线段

图 4-104　移动锚点

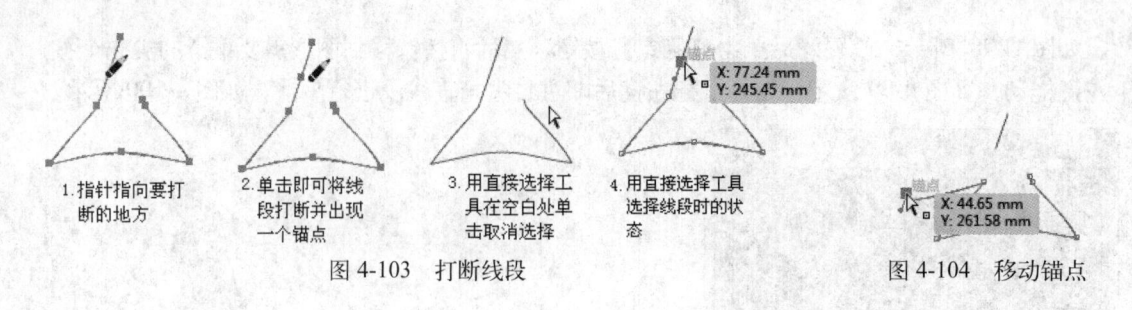

4.6.4　整形工具

整形工具可以更改路径的形状。如果一个路径已经被选择就可用整形工具来选择一个或数个锚点以及部分路径，然后调整选取的控制点和路径。但如果是封闭的路径则需用直接选择工具来选择路径，并且路径上所有的或绝大多数节点成未被选择状（即节点成空白方框）。

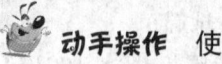

动手操作　使用整形工具调整路径

1　从工具箱中点选 铅笔工具，在画面中绘制一条开放式路径，如图 4-105 所示。

2　从工具箱中点选 整形工具，将指针移到路径上要移动的节点上单击，以选择该节点，如图 4-106 所示，接着按下左键向右拖动，如图 4-107 所示；得到所需的形状后松开左键即可将路径的形状进行更改，如图 4-108 所示。

图 4-105　用铅笔工具绘制曲线

图 4-106　改变形状

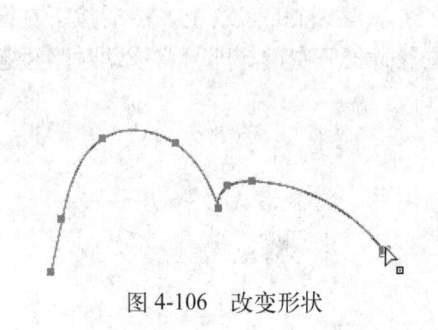

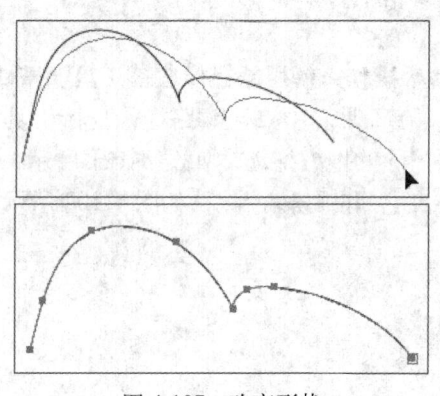

图 4-107　改变形状

3　将指针移到路径线段上单击可添加一个节点，如图 4-108 所示，同样可移动该节点到所需的地方以达到改变形状的目的，改变形状后的结果如图 4-109 所示。

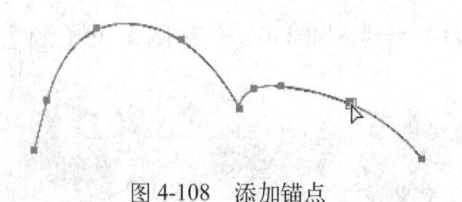

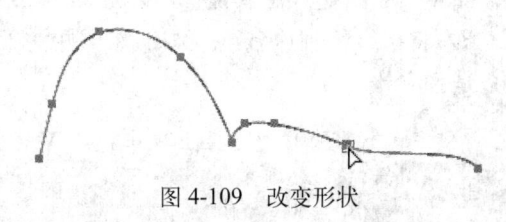

图 4-108　添加锚点

图 4-109　改变形状

> 整形工具的用法与直接选择工具相似。

4.6.5 分割路径

利用剪刀工具可以从一个路径中选定点的位置将一条路径分割为两条或多条路径，也可以将封闭的路径剪成开放的路径。通过在路径线段上或锚点上单击，可将路径剪成两条或多条路径。

利用美工刀工具可以将一个封闭的路径（区域）裁开为两个独立的封闭路径；也可以将一个封闭的路径部分裁开，但它还是一个封闭的路径。可以使用直接选择工具来调整这个路径的形状。

使用美工刀工具和剪刀工具无法分割一个文字路径。

1. 剪刀工具

动手操作 使用剪刀工具分割路径

1 按 Ctrl 键在画面的空白处单击取消图形的选择，在工具箱中将填色与描边设为默认值，再点选 铅笔工具，在画面中绘制一个开放式路径，如图 4-110 所示。

2 从工具箱中点选 剪刀工具，移动指针到路径上需要剪开的地方单击，即可将一端剪掉，但是它还存在，只是被取消了选择，如图 4-111 所示。

图 4-110 绘制线条　　　图 4-111 剪段线条

2. 美工刀工具

动手操作 使用美工刀工具分割路径

1 按 Ctrl+N 键新建一个图形文件，在工具箱中点选 椭圆工具，在画板的适当位置绘制一个椭圆，如图 4-112 所示。在工具箱中点选 美工刀工具，在椭圆轮廓的左边适当位置按下左键进行拖移，绘制出一条裂痕，如图 4-113 所示，松开左键后将椭圆分割为两部分，如图 4-114 所示。

图 4-112 绘制椭圆　　　图 4-113 分割椭圆

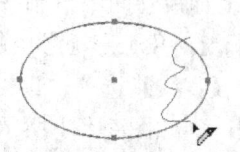

2 在工具箱中点选选择工具，在画面的空白处单击取消选择，再在右边部分上单击，以选择它，然后将其向右拖出，即可看到它已经从椭圆中分割出来了，如图 4-115 所示。

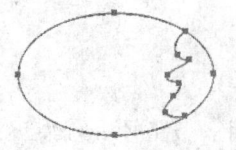

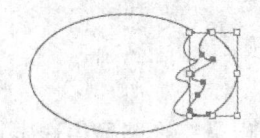

图 4-114　分割后的效果　　　　图 4-115　移动分割后的对象

4.6.6　连接端点

利用【连接】命令可以连接开放路径的两个端点，以建立一个封闭路径，或合并两个开放路径的端点（终始点）。

如果要连接两个重叠（一个在另一个上方）的端点，它们会被取代为一个单一的锚点。如果要连接两个非重叠的端点，则会在两个控制点之间绘制一条路径。

动手操作　连接端点

1　在工具箱中点选铅笔工具，接着在画面中绘制一条开放式路径，如图 4-116 所示。

2　如果要将开放路径的两个端点连接起来，可以先用直接选择工具框选这两个节点，如图 4-117 所示。

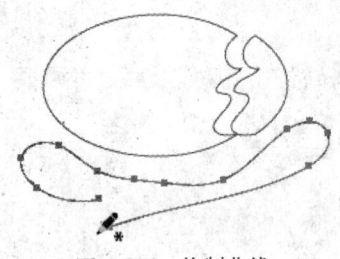

图 4-116　绘制曲线　　　　图 4-117　选择节点

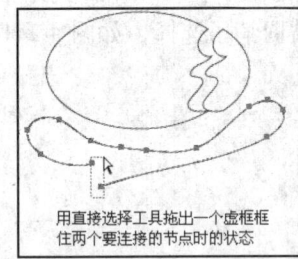

3　在菜单中执行【对象】→【路径】→【连接】命令，即可将两个端点连接起来，如图 4-118 所示。

4.6.7　简化路径

利用【简化】命令可以将路径上多余的锚点移除，而不会改变该路径的形状。移除不必要的锚点可简化用户的图稿，减少档案大小，并更快地显示和打印它。

图 4-118　连接节点

动手操作　简化路径

1　使用铅笔工具在画面中绘制一个封闭的图形，如图 4-119 所示。

2　在菜单中执行【对象】→【路径】→【简化】命令，弹出【简化】对话框，如图 4-120 所示，在其中先勾选【直线】选项，再设定【角度阈值】为 73 度，勾选【预览】选项，单击【确定】按钮，则得到如图 4-121 所示的结果，可看到已经移除了许多锚点。

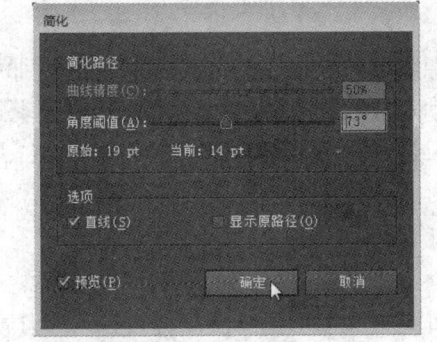

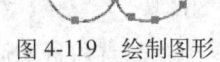

图 4-119 绘制图形　　　图 4-120 【简化】对话框　　　图 4-121 简化后的对象

【简化】对话框选项说明如下：
- 【曲线精度】：在【曲线精度】文本框中输入一个介于 0~100% 之间的数值，可以设定简化后的路径与原始路径的相近程度。较高的百分比会建立较多的控制点，外观更相近。除了曲线的结束点（端点）和转角控制点之外（除非在【角度阈值】中输入数值），任何既有的锚点都会被忽略。
- 【角度阈值】：在【角度阈值】文本框中输入一个介于 0°~180°度之间的数值，可以控制转角的平滑度。如果一个转角控制点的角度小于角度阈值，则该转角控制点不会改变。此选项有助于保持角度鲜明的转角，即使【曲线精度】的数值较低。
- 【直线】：如果选取【直线】将在对象的原始锚点之间建立直线。如果转角控制点的角度大于【角度阈值】中所设定的数值，则转角控制点会被移除。
- 【显示原路径】：如果选取【显示原路径】将在简化的路径后显示原始路径。
- 【预览】：勾选【预览】选项将在画面中显示简化路径的效果。

4.6.8 平均锚点

利用【平均】命令可将两个或更多锚点（在同一路径或不同路径上）移动至某位置，该位置是由其目前位置平均后所得的。

在菜单中执行【对象】→【路径】→【平均】命令，弹出【平均】对话框，在其中选择【水平】选项，如图 4-122 所示，单击【确定】按钮，即可得到如图 4-123 所示的结果。

图 4-122 【平均】对话框　　　图 4-123 平均后的效果

4.7 描图

有时需要将图稿中已有的部分作为新绘图的基础。此时应先将该图形放入到 Illustrator 中，再用实时描摹、钢笔工具或铅笔工具对其描图。可以先建立一个图层，作为一个模板来使用。

根据要做描图的图稿来源和要对其描图的方式，可使用下列方法对图稿描图：

（1）使用实时描摹，自动对放入到 Illustrator 中的任何点阵图做描图。

（2）将任何 EPS、PDF 或点阵图档案置入到 Illustrator 中，并将其作为一个模板图层，然后使用钢笔或铅笔工具，对其进行手动描图。

4.7.1 实时描摹

使用【实时描摹】命令可以自动地描绘输入到 Illustrator 的任何位图图像。

先选取要描绘的对象，再在【控制】选项栏中单击【实时描摹】按钮，它就会自动描绘出封闭路径。

动手操作　实时描摹图像

1 按 Ctrl+O 键，弹出【打开】对话框，在其中，选择需要进行描摹的图像文件，如图 4-124 所示，单击【打开】按钮，即可将选择的文件打开到程序窗口中，如图 4-125 所示。

图 4-124　【打开】对话框　　　　　图 4-125　打开的图形

2 在【控制】选项栏中就会显示相关图像的一些选项，如图 4-126 所示，在其中单击【图像描摹】后的三角形按钮，便会弹出下拉菜单，在其中选择线稿图，即可将打开的图像转成线稿图，结果如图 4-127 所示。

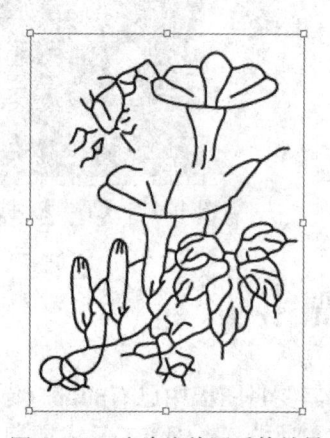

图 4-126　选择【线稿图】命令　　　　　图 4-127　改为线稿图后的效果

3 在【控制】选项栏中单击【扩展】按钮,将选择的描摹对象转换为单独的路径,以便对其进行编辑,如图4-128所示。

4 显示【渐变】面板,使描边为当前颜色设置,然后在类型下拉列表中选择径向,如图4-129所示,即可对描摹对象进行描边,在空白处单击取消选择,结果如图4-130所示。

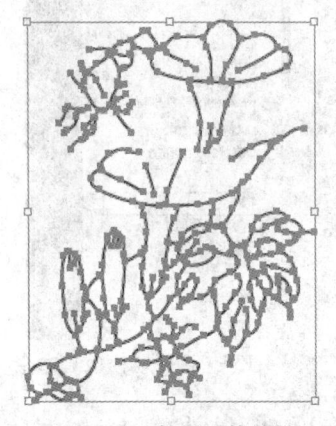

图4-128 扩展后的效果 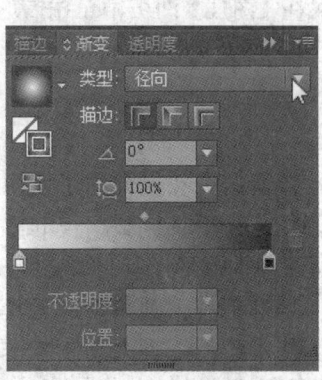　　图4-129 【渐变】面板 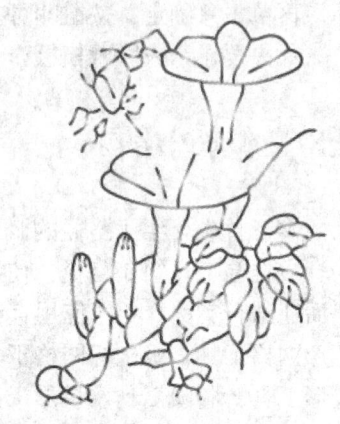　　图4-130 填充渐变颜色后的效果

4.7.2 创建模板图层

如果要以现成图稿为基础来制作新图稿,如对其描图或由其建立插图,可先创建一个模板图层。

制作好模板图层后,可以在【图层】面板的弹出菜单中执行【模板】命令来显示或隐藏它。

创建模板图层的方法如下:

方法1:按Ctrl+O键从配套光盘的素材库中打开如图4-131所示的图稿,再显示【图层】面板,在【图层】面板中双击现成图稿所在的图层(如图层1),弹出【图层选项】对话框,在其中勾选【模板】选项,如图4-132所示,单击【确定】按钮,即可将该图层改为模板图层,同时该图层前显示了两个图标,如图4-133所示。

图4-131 打开的图稿

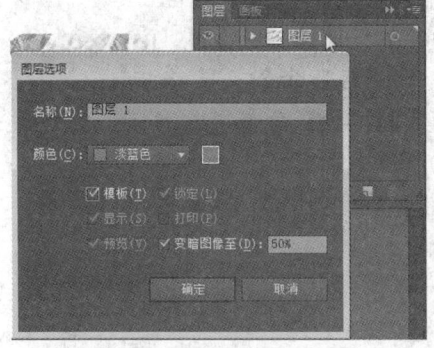

图4-132 【图层选项】对话框 　　图4-133 改为模板图层后的结果

方法2:在【图层】面板中选择要作为模板的图层,然后在【图层】面板的右上角单击

按钮弹出式下拉菜单,在其中选择【模板】命令,如图 4-134 所示,同样可将选择的图层改为模板图层。

如果要将模板图层转为一般图层,可以在【图层】面板中双击模板图层,在弹出的【图层选项】对话框中取消【模板】的选择,再单击【确定】按钮即可。

如果要显示或隐藏模板,可以在【图层】面板中单击 图标。

4.8 本章小结

本章首先介绍了路径的概念,接着结合实例介绍了使用钢笔工具或铅笔工具绘制路径、使用调整路径工具调整路径的方法,然后还结合实例介绍了使用直线段工具、弧形工具、螺旋线工具、矩形网格工具、极坐标网格工具、矩形工具、圆角矩形工具、多边形工具、椭圆工具、星形工具等基本绘图工具来绘制基本图形的方法。熟练掌握这些工具的操作方法与作用对今后的绘图起着举足轻重的作用。

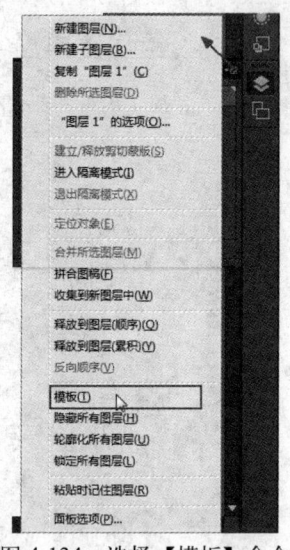

图 4-134 选择【模板】命令

4.9 习题

一、填空题

1. 可使用_____和_____的任意组合,绘制一条路径。如果在绘制时绘制出错误的控制点,随时都可以更改。

2. 使用铅笔工具可以绘制_____和_____路径,就如同在纸上用铅笔绘图一样。

3. Illustrator 提供了两组工具,可用来建立简单的线条和几何形状。第一组工具包括_____、弧形工具、螺旋线工具、_____和极坐标网格工具。第二组工具包括_____、圆角矩形工具、_____、多边形工具和_____。这些工具都很容易使用,而且可帮助用户快速的绘制基本对象。

二、选择题

1. 以下哪个工具可以让用户建立直线和相当精确的平滑、流畅曲线?(   )
   A. 笔刷工具　　　B. 铅笔工具　　　C. 直线段工具　　　D. 钢笔工具
2. 使用以下哪个命令自动地描绘输入到 Illustrator 的任何位图图像?(   )
   A.【实时描摹】命令　　　　　B.【实时上色】命令
   C.【实时描写】命令　　　　　D.【实时描绘】命令
3. 调整路径工具包括以下哪几个工具?(   )
   A. 添加锚点工具　　　　　　B. 删除锚点工具
   C. 转换锚点工具　　　　　　D. 钢笔工具

第 5 章　图形填色及艺术效果处理

教学要点

在用 Illustrator 绘制图形时，通常需要对图形进行填充颜色和艺术效果处理。熟练运用渐变工具、网格工具、混合工具，可以绘制出各种各样具有特殊效果的图形，熟练运用画笔、符号、画笔库、符号库、画笔工具、符号工具，可以快速地绘制各种各样的画笔和符号。种类繁多的画笔与符号使我们在设计与制作中能够节省时间、提高效益和激发创作灵感。熟练运用网格工具可以绘制出逼真的三维图形。

学习重点与难点

- 使用画笔与符号
- 创建与编辑画笔
- 创建与编辑符号
- 绘制闪耀对象
- 在图形对象上应用渐变色与渐变网格
- 混合对象

5.1　使用画笔

Illustrator 提供了多种不同的画笔，可以建立各种路径外观的风格。可以将画笔应用到现有的路径，或使用画笔工具绘制路径，并同时应用画笔。

5.1.1　关于画笔类型

在 Illustrator 中有 4 种画笔类型，即书法、笔刷、散点、艺术和图案。使用这些画笔可以达成下列的效果：

（1）【书法】画笔建立的笔画，类似用笔尖呈某个角度的沾水笔，沿着路径的中心绘制出来，如图 5-1 所示。

（2）【毛刷】画笔沿着路径绘制许多条细线，并明暗相间相互融合，如图 5-2 所示。

图 5-1　书法画笔　　　　　　　　图 5-2　笔刷画笔

(3)【散点】画笔会将一个对象(如一个星形或一个圆圈)的拷贝沿着路径散布,如图5-3(左)所示;【艺术】画笔会沿着路径的长度,平均地拉长画笔形状(如干墨笔)或对象形状,如图5-3(右)所示。

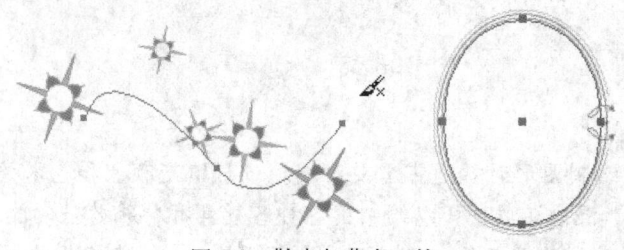

图 5-3 散点与艺术画笔

(4)【图案】画笔沿着路径重复绘出一个由个别的拼贴所组成的图案。"图案"画笔最多可以包含五种拼贴,即外缘、内部转角、外部转角、图案起点和终点等拼贴,如图5-4所示。

图 5-4 图案画笔

5.1.2 使用【画笔】面板和画笔库

可以使用【画笔】面板来管理文件的画笔。在预设情况下,【画笔】面板会包含每一种类型的数个画笔。可以建立新画笔、修改现有的画笔,以及删除不再使用的画笔。

用户所建立和储存在【画笔】面板中的画笔,只会与目前的档案相关联。每个 Illustrator 档案在其【画笔】面板中,可以有不同组的画笔。

Illustrator 中附有各种多变化的预设画笔。这些画笔都整理于称为画笔库的集合中。可以开启多个画笔库以便在其中进行浏览并选取画笔,也可以建立新的画笔库。

当开启画笔库时,它会出现在新面板中。用法与在【画笔】面板中一样,可以选取、排序、检视在画笔库中的画笔。

1. 打开画笔库

方法 1:在菜单中执行【窗口】→【画笔】命令,可以显示或隐藏【画笔】面板,在【画笔】面板中单击右上角的 按钮弹出下拉菜单,如图 5-5 所示,接着移动指针到【打开画笔库】,再弹出一个菜单,如图 5-6 所示,在其中预置了许多画笔库,只需用鼠标单击所需打开的画笔库(如边框下的边框_装饰),即可将选择的画笔库打开到程序窗口中,如图 5-7 所示。

方法 2:在菜单中执行【窗口】→【画笔库】命令,然后在弹出的子菜单中选择所需的画笔库即可。

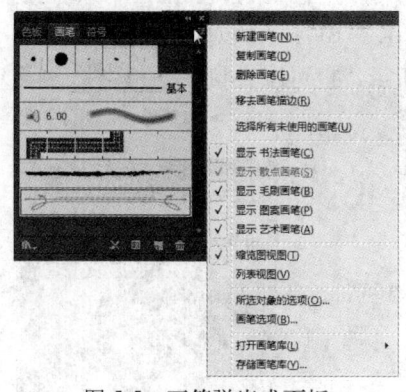

图 5-5 画笔弹出式面板 　　　图 5-6 选择命令 　　　图 5-7 【边框_装饰】画笔库

2. 选择画笔

如果只需选择一个画笔，在【画笔】面板或画笔库中单击所需的画笔即可。

如果要选择相邻的画笔，可以先在【画笔】面板或画笔库中单击所在范围中的第一个画笔，然后按 Shift 键再单击最后一个画笔。如果要选择不相邻的数个画笔，则需按 Ctrl 键在每个要选择的画笔上单击。

如果要选择未在文件中使用的所有画笔，需在【画笔】面板的弹出式菜单中选择【选择所有未使用的画笔】命令。

3. 显示或隐藏画笔

可以查看所有的画笔，或者只查看某几种类型的画笔。如果要显示或隐藏画笔类型，可以在面板的弹出式菜单中选择下列任何一项：【显示书法画笔】、【显示散点画笔】、【显示艺术画笔】、【显示图案画笔】。

4. 改变画笔顺序

在【画笔】面板中，可以将画笔拖动到新位置。画笔只能在其所属的画笔类型中移动，如图 5-8 所示。

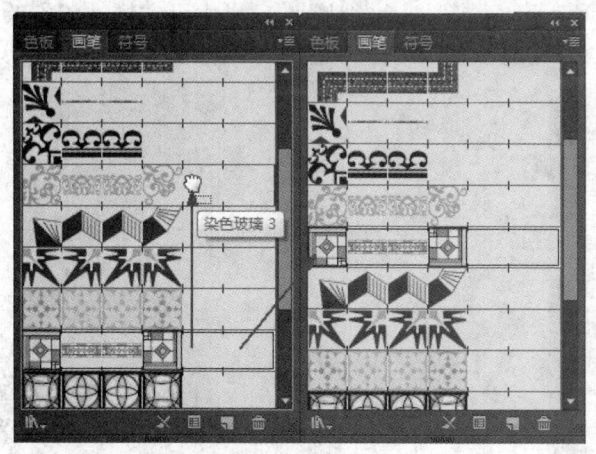

图 5-8 【画笔】面板

5. 删除画笔

如果一个或一些画笔不再需要了，可以先在【画笔】面板中选取要删除的画笔，如图 5-9

所示，然后在面板的底部单击 按钮，弹出如图 5-10 所示的对话框，在其中单击【删除描边】按钮，即可将选择的画笔删除，如图 5-11 所示。也可以直接在面板中拖动要删除的画笔到 按钮上，将其删除。

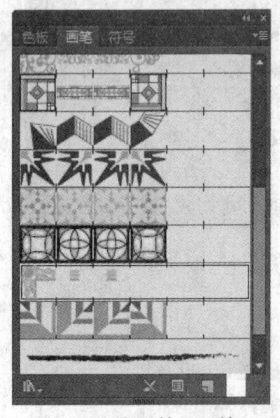

图 5-9 【画笔】面板　　　　图 5-10 警告对话框　　　　图 5-11 【画笔】面板

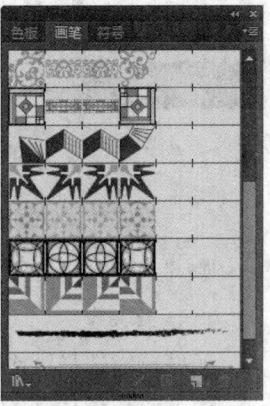

5.1.3 使用画笔工具绘制画笔路径

利用画笔工具并结合【画笔】面板和画笔库可以绘制出多种预设的图形，也可以绘制自定的图形，从而减小绘制同种图形所花费的时间。

使用画笔工具可以同时绘制路径和应用画笔。Illustrator 会在绘制时设定锚点，不需要决定锚点要放置在哪里。在路径完成时可以对其进行调整。

在路径上出现锚点的数量取决于路径的长度和复杂度，以及【画笔工具选项】对话框中的保真度。这些设定可控制鼠标或绘图板上数字笔移动画笔工具的敏感度。

动手操作　使用画笔工具绘制画笔路径

1　先取消画面中对象的选择，在打开的【画笔】面板中选择所需的画笔，如图 5-12 所示，从工具箱中点选 ![] 画笔工具，在【控制】选项栏中设定描边粗细为 2pt，然后在画面中适当位置绘制一条折线，如图 5-13 所示，松开左键后即可应用选择的边框，如图 5-14 所示。

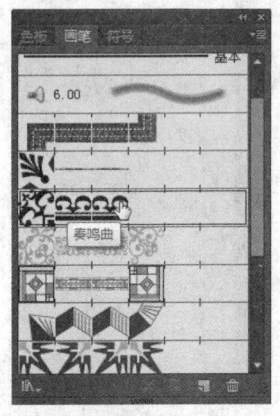

图 5-12 【画笔】面板　　　　图 5-13 绘制时的状态　　　　图 5-14 绘制好的画笔

2　按住 Ctrl 键在空白处单击取消选择，在【画笔】面板中选择所需的画笔，然后在画

面中绘制一条曲线,即可应用该画笔,如图 5-15 所示。

3 在工具箱中双击 ✐ 画笔工具,弹出如图 5-16 所示的【画笔工具选项】对话框,可在其中根据需要设置选项。

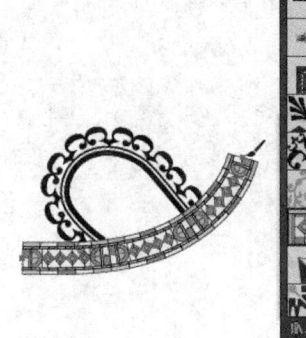

图 5-15 绘制画笔    图 5-16 【画笔工具选项】对话框

【画笔工具选项】对话框选项说明如下:

- 【填充新画笔描边】:如果勾选【填充新画笔描边】选项,则每次使用画笔工具绘制图形时,系统都会自动以默认颜色来填充对象的轮廓线。如果不勾选,则不填充轮廓线。
- 【保持选定】:如果勾选【保持选定】选项,则每绘制一条曲线,绘制出的曲线都将处于选中状态。如果不勾选则所绘制出的曲线不被选中。
- 【编辑所选路径】:如果勾选【编辑所选路径】选项,可使用画笔工具来变更现有的路径,否则就不能。
- 【范围:_像素】:决定如果要使用画笔工具来编辑现有路径时,鼠标或数字笔与该路径之间的接近程度。只有在选取【编辑所选路径】选项时才能使用此选项。

4 在【画笔工具选项】对话框中取消【保持选定】的勾选,单击【确定】按钮。打开【装饰_横幅和封条】面笔库,在其中选择所需的画笔,如图 5-17 所示,然后在【控制】选项栏中设定描边粗细为"1.5pt",再在画面中拖出一条曲线,如图 5-18 所示,松开左键后即可绘制出所需的横幅,如图 5-19 所示。

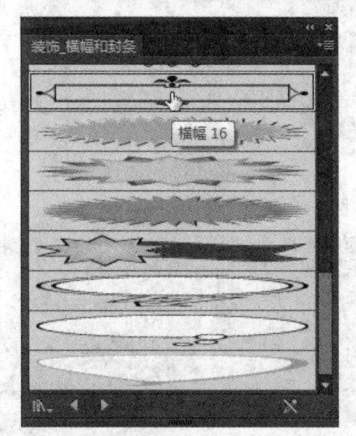

图 5-17 【装饰_横幅和封条】面笔库   图 5-18 绘制时的状态    图 5-19 绘制好的画笔

5.1.4 应用画笔到现有的路径

可以将画笔应用到使用任意 Illustrator 绘图工具（包括钢笔、铅笔工具或任何基本形状工具）建立的路径中。

动手操作 应用画笔到现有的路径

1 按 Ctrl+N 键新建一个文件，在【颜色】面板中设定填色为 C65、M0、Y100、K0，描边为黑色；接着在工具箱中点选 矩形工具，在画面中拖出一个矩形，如图 5-20 所示。

图 5-20 绘制矩形

2 在【边框_装饰】画笔库中单击所需的画笔，如图 5-21 所示，即可将画笔应用到矩形路径上，如图 5-22 所示。

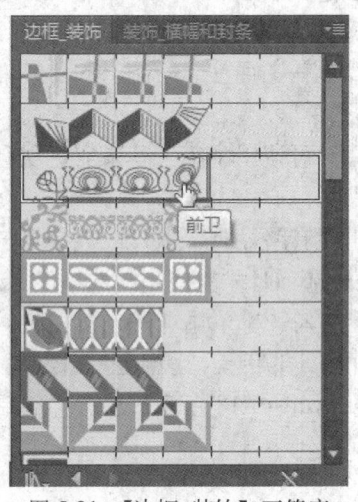

图 5-21 【边框_装饰】画笔库　　　　　图 5-22 应用的画笔

3 按 Alt 键从矩形的中心点再绘制出一个稍小一点的同心矩形，如图 5-23 所示。在【颜色】面板中设定填色为 C43、M0、Y48、K0，即可将小矩形的填充颜色进行更改，效果如图 5-24 所示。

图 5-23 绘制矩形　　　　　图 5-24 填充颜色

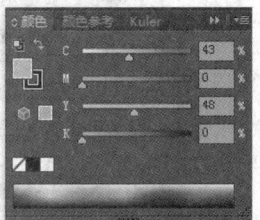

4　在【边框_装饰】画笔库中单击所需的画笔，如图 5-25 所示，即可将画笔应用到小矩形路径上，效果如图 5-26 所示。

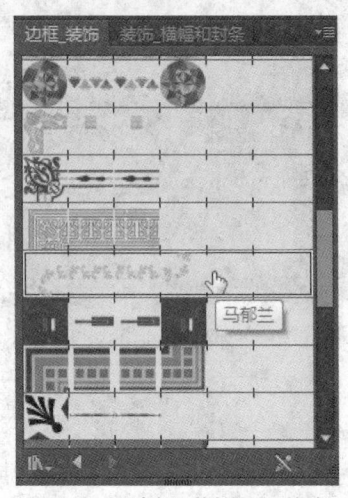

图 5-25　【边框_装饰】画笔库　　　　　　　图 5-26　应用画笔后的效果

5.1.5　替换路径上的画笔

用户在 Illustrator 中，在可以使用不同的画笔替换路径上的画笔描边。

在菜单中执行【窗口】→【画笔库】→【边框】→【边框_框架】命令，打开【边框_框架】画笔库，并在其中单击所需的画笔，如图 5-27 所示，即可将选择的矩形路径上的画笔替换，效果如图 5-28 所示。

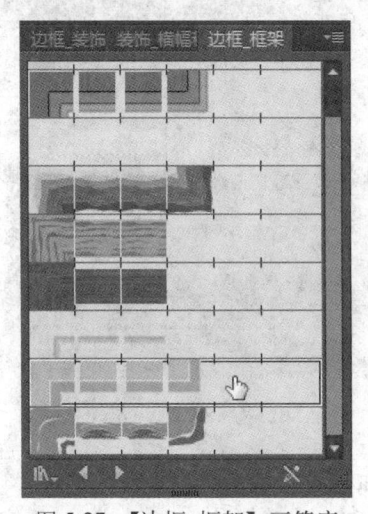

图 5-27　【边框_框架】画笔库　　　　　　　图 5-28　替换画笔

5.1.6　从路径上移除画笔

在 Illustrator 中，可以移除路径上的画笔，将画笔路径转换成为正常的路径。

如果不需要应用画笔描边效果，可以在【画笔】面板中单击 ✕（移去画笔描边）按钮，如图 5-29 所示，即可将选择的路径上的画笔移除，效果如图 5-30 所示。

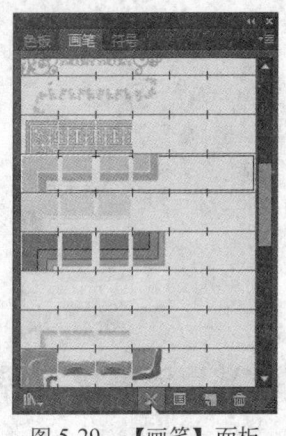

图 5-29 【画笔】面板　　　　　　　　图 5-30 移除画笔后的效果

5.1.7 将画笔描边转换成为外框

使用【扩展外观】命令可以将画笔描边转换为外框路径。当要编辑画笔路径的个别组件时，这个命令非常方便。

动手操作 将画笔描边转换成外框

1 按 Ctrl+Z 键撤销前一步的移去画笔描边操作，在菜单中执行【对象】→【扩展外观】命令，即可将画笔描边转换为外框路径，如图 5-31 所示。

2 在【颜色】面板中使描边为当前颜色设置，再设定描边为白色，如图 5-32 所示，即可将外框路径的颜色进行更改，在空白处单击以取消选择，即可查看到效果，如图 5-33 所示。

图 5-31 扩展外观后的效果

图 5-32 【颜色】面板　　　　　　　　图 5-33 改变颜色后的效果

> **TIPS** 还可以更改其填充颜色，但是需要将其取消编组。

5.2 创建和编辑画笔

Illustrator 可以让用户创建新画笔和修改现有（当前选择）的画笔。所有的画笔必须是由简单向量（矢量）对象所构成。画笔不能包含有图层、渐变、其他画笔描边、网格图形、点阵图、图表、置入的档案或遮色片。

艺术画笔和图案画笔不能包含文字。但如果要得到包含文字的画笔描边，需要创建文字的外框，然后使用该外框创建画笔。

5.2.1 创建图案画笔

如果要创建图案画笔，可以使用【色板】面板中的图案色样或插画中的图稿来定义画笔中的拼贴。利用色样定义图案画笔时，可使用预先加载的图案色样，或建立自己的图案色样。

可以更改图案画笔的大小、间距和方向。另外，还能将新的图稿应用至图案画笔中的任一个拼贴上，以重新定义该画笔。

动手操作 创建图案画笔

1 用选择工具框选矩形图案，如图 5-34 所示，显示【画笔】面板，在其中单击 （新建画笔）按钮，在弹出的【新建画笔】对话框中选择【图案画笔】选项，如图 5-35 所示，单击【确定】按钮。

图 5-34 框选矩形图案　　　　　　　　图 5-35 【新建画笔】对话框

2 在弹出的【图案画笔选项】对话框中设置【方法】为"淡色和暗色"，选择所需的拼贴类型，其他采用默认值，如图 5-36 所示，单击【确定】按钮，即可将该图形创建成图案画笔，如图 5-37 所示。

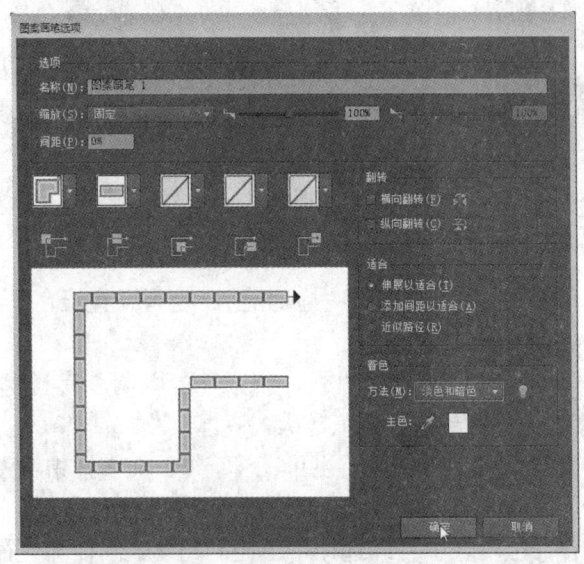

图 5-36 【图案画笔选项】对话框　　　　图 5-37 【画笔】面板

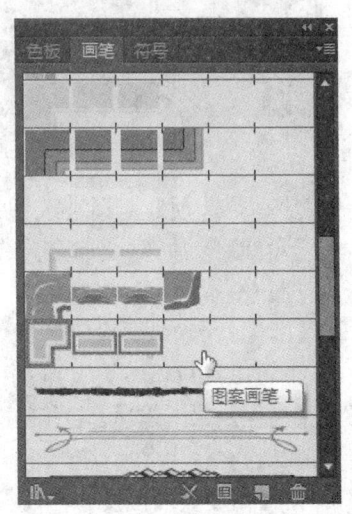

5.2.2 创建书法画笔

在 Illustrator 中，可以更改书法画笔绘制笔触时的角度、圆率和直径。

1. 打开一个已经绘制好的蘑菇，如图 5-38 所示，使用选择工具框选蘑菇，显示【画笔】面板，在其中单击 ![] （新建画笔）按钮，在弹出的【新建画笔】对话框中选择【书法画笔】选项，如图 5-39 所示，单击【确定】按钮。

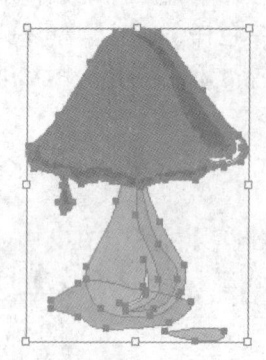

图 5-38 打开的蘑菇　　　　　图 5-39 【新建画笔】对话框

2. 在弹出的【书法画笔选项】对话框中可根据需要在其中的【名称】文本框输入该画笔的名称，设置【角度】为 33 度，【圆度】为 68%，【圆度】为随机，其他为默认值，如图 5-40 所示，单击【确定】按钮，即可创建了一个书法画笔，在【画笔】面板中可查看得到，如图 5-41 所示。

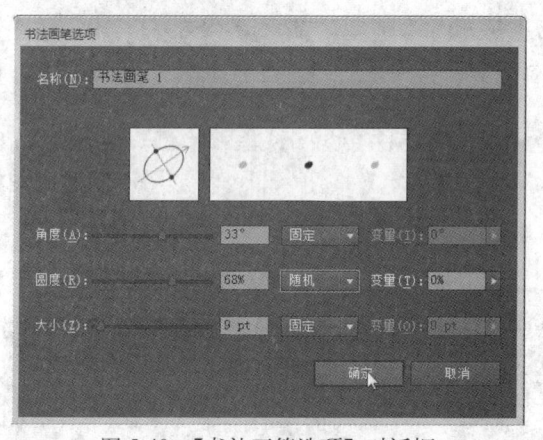

图 5-40 【书法画笔选项】对话框　　　　　图 5-41 【画笔】面板

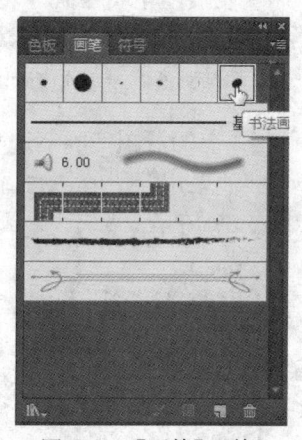

【书法画笔选项】对话框选项说明如下：

- 【角度】：如果要设定旋转的椭圆形角度，可在预览窗口中拖动箭头，也可以直接在【角度】文本框中输入数值。
- 【圆度】：如果要设定圆度，可在预览窗口中拖动黑点往中心点或往外以调整其圆度，也可以在【圆度】文本框中输入数值。数值越高，圆度越大。
- 【直径】：如果要设定直径，可拖动直径滑杆上的滑块，也可在【直径】文本框中输入数值。
- 在【角度】、【圆度】和【直径】后的下拉列表中可以选择希望控制角度、圆度和直径之变量的方式：
- 【固定】：如果选择【固定】则会使用相关文本框中的数值作为画笔直径。
- 【随机】：会使用指定范围内的数值。选择"随机"时，也需要在【变量】文本框中输入数值，指定画笔特性可以变化的范围。对每个笔触（也称笔画）而言，【随机】所使用的数值可以是画笔特性文本框中的数值加、减变量值后所得数值之间的任意数值。例如：如果【直径】值为15、【变量】值为5，则直径可以是10或20，或是其间的任意数值。
- 【压力】：只有在使用数字板时才可使用此选项,使用的数值是由数字笔的压力所决定。当选择【压力】时，也需要在【变量】文本框中输入数值。【压力】使用画笔特性文本框中的数值，减去【变量】值后所得的数值，当作为数字板上最轻的压力；画笔特性文字框中的数值，加上【变量】值后所得的数值则是最重的压力。例如，如果【圆度】为75%、【变量】为25%，则最轻的笔画为50%、最重的笔画为100%。压力越轻，则画笔描边的角度越明显。

5.2.3 创建散点画笔

在 Illustrator 中，可以使用一个 Illustrator 图稿来定义散点画笔，也可以变更用散点画笔所绘路径上对象的大小、间距、散点图案和旋转。

动手操作　创建散点画笔

1　用钢笔工具绘制一朵蘑菇，并填充相应的颜色，如图 5-42 所示。
2　在工具箱中点选选择工具并框选整朵蘑菇，然后在【画笔】面板中单击【新建画笔】按钮，弹出【新建画笔】对话框，在其中选择【新建 散点画笔】，如图 5-43 所示，选择好后单击【确定】按钮。

图 5-42　绘制好的蘑菇　　　　图 5-43　创建新画笔

3　在弹出的【散点画笔选项】对话框中设定【大小】为 30%，【间距】为 110%，【分布】为 0%至 55%，【分布】为随机，【旋转】为随机，旋转相对于路径，【方法】为色调，其他不变，如图 5-44 所示，单击【确定】按钮，即可将其定义为散点画笔，刚创建的画笔可以在【画笔】面板中查找到，如图 5-45 所示。

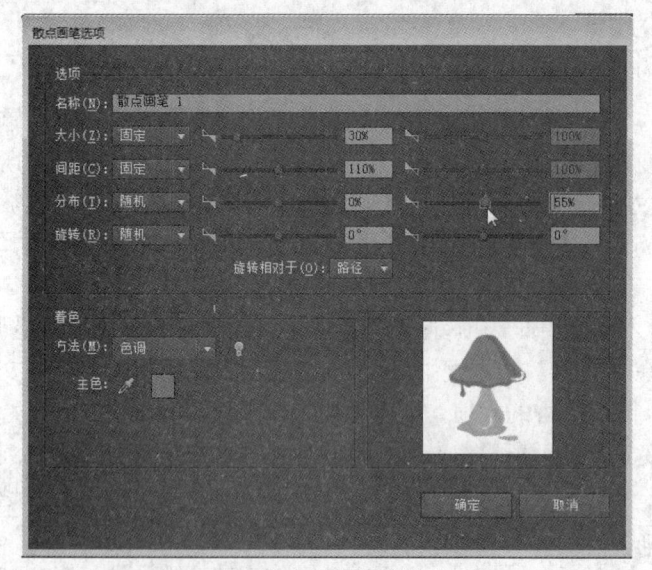

图 5-44 【散点画笔选项】对话框　　　　图 5-45 【画笔】面板

【散点画笔选项】对话框选项说明如下：
- 【大小】：控制对象的大小。
- 【间距】：控制对象之间的距离。
- 【分布】：控制路径两侧对象与路径之间接近的程度。数值越高，对象与路径之间的距离越远。
- 【旋转】：控制对象的旋转角度。
- 【着色】：可以在【方法】下拉列表中选择上色方式。
  - 选择【无】：可保持画笔的颜色与其在【画笔】面板中的颜色相同。
  - 【色调】：是用描边颜色的色调来显示画笔描边。
  - 【淡色和暗度】：会用描边颜色的淡色和暗度变化来显示画笔描边。"淡色和暗度"会保留黑色和白色，而其间的所有部分会变成描边从黑至白的渐变。
  - 【色相转换】：画笔使用多种颜色时，需选择"色相转换"。

4　在工具箱中点选 画笔工具，在画面中拖出一条曲线路径，如图 5-46 所示，松开左键后即可得到如图 5-47 所示的效果。

图 5-46　拖动时的状态　　　　图 5-47　绘制好的效果

5.2.4 创建艺术画笔

可以使用 Illustrator 图稿来定义艺术画笔。可以更改用艺术画笔沿着路径所绘对象的方向和大小，也可以沿着路径或跨越路径翻转对象。

动手操作　创建艺术画笔

1 同样以前面打开的蘑菇为例来创建艺术画笔，用选择工具在画面中框选蘑菇，再在【画笔】面板中单击 （新建画笔）按钮，在弹出的【新建画笔】对话框中选择【艺术画笔】选项，如图5-48所示，单击【确定】按钮，接着在弹出的【艺术画笔选项】对话框中设置【宽度】为固定，【比值】为121%，【方向】为从左向右描边，选择【按比例缩放】选项，【方法】为色相转换，【重叠】为 ，其他不变，如图5-49所示，单击【确定】按钮，即可将该图形创建成艺术画笔。

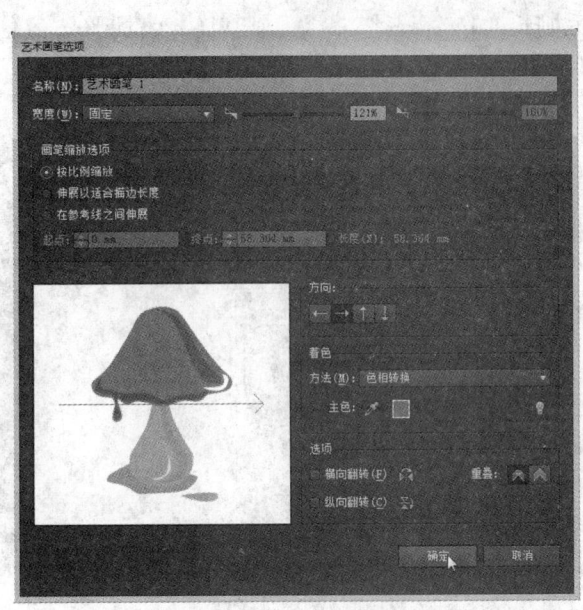

图5-48　创建艺术画笔　　　　图5-49　创建艺术画笔

> **TIPS**：可以根据需要在【艺术画笔选项】对话框中设置参数与选项，来创建所需的艺术画笔。

2 在【画笔】面板中可以查看到刚创建的艺术画笔，如图5-50所示，接着在画面的空白处单击取消选择，然后在工具箱中点选 画笔工具，在画面中拖出一条垂直方向的路径，如图5-51所示，松开左键后即可得到如图5-52所示的效果。

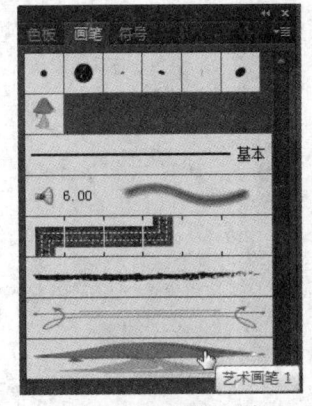

图5-50　【画笔】面板　　　　图5-51　绘制时的状态　　　　图5-52　绘制好的效果

5.2.5 创建毛刷画笔

在 Illustrator 中，可以不用选择任何对象直接创建毛刷画笔。

动手操作 创建毛刷画笔

1 按 Ctrl+N 键新建一个文件，在【画笔】面板中点击 （新建画笔）按钮，弹出【新建画笔】对话框，并在其中选择【毛刷画笔】选项，选择好后点击【确定】按钮，接着弹出如图 5-53 所示的【毛刷画笔选项】对话框，在其中设定【形状】为团扇，【大小】为 5.98，【毛刷长度】为 132%，【毛刷密度】为 54%，其他不变，如图 5-54 所示，点击【确定】按钮，即可创建一种毛刷画笔，在【画笔】面板中就可以看到，如图 5-55 所示。

图 5-53 【新建画笔】对话框

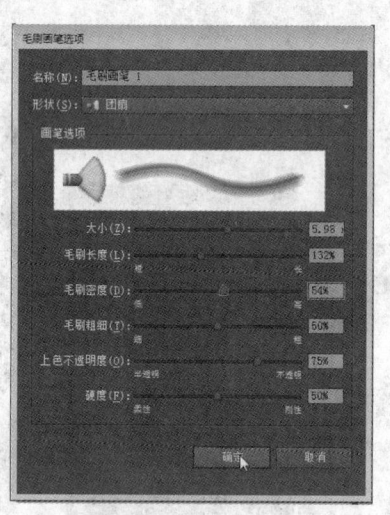

图 5-54 【毛刷画笔选项】对话框

2 在工具箱中点选画笔工具，并在【画笔】面板中选择刚创建的画笔，然后在画面中按下左键进行拖移，以绘制一条曲线，松开左键后即可得到一束发丝，如图 5-56 所示。

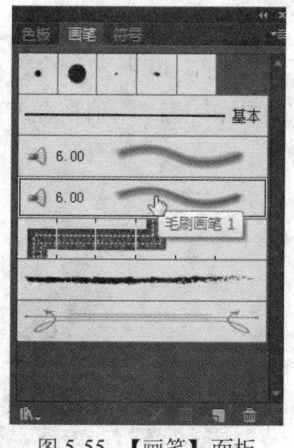

图 5-55 【画笔】面板

图 5-56 绘制好的画笔

5.2.6 复制与修改画笔

可以复制与修改【画笔】面板中的画笔。

动手操作　复制与修改画笔

1　在【画笔】面板中选择要复制的画笔，如图5-57所示，然后在面板的右上角单击 按钮，在弹出的菜单中执行【复制画笔】命令，如图5-58所示，即可复制一个画笔，如图5-59所示。

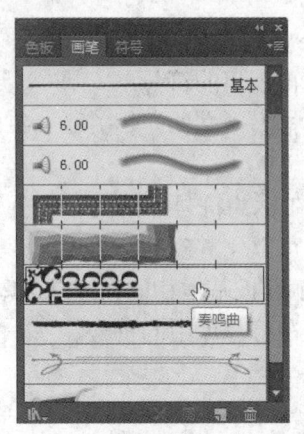

图5-57　【画笔】面板　　　图5-58　选择【复制画笔】命令　　　图5-59　【画笔】面板

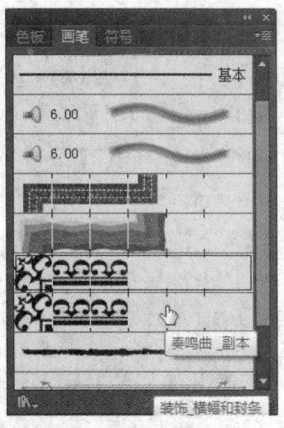

2　如果要对所选的画笔进行修改，可以在【画笔】面板中双击它，弹出【图案画笔选项】对话框，在其中选择所需拼贴类型，其他不变，如图5-60所示，单击【确定】按钮，即可将该图案画笔进行修改，结果如图5-61所示。

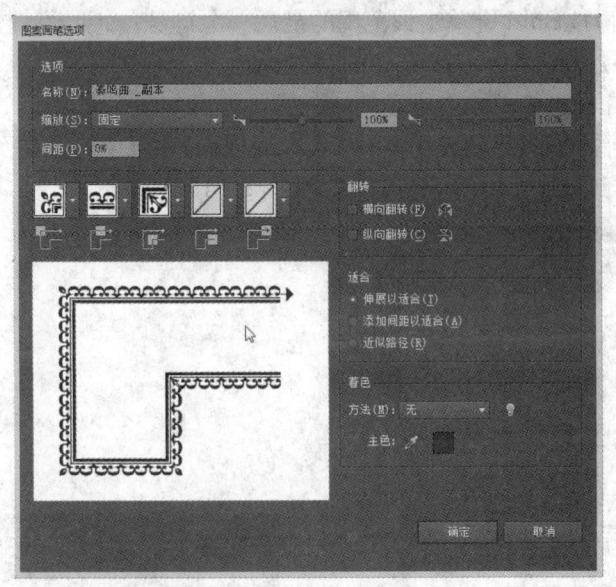

图5-60　【图案画笔选项】对话框　　　图5-61　【画笔】面板

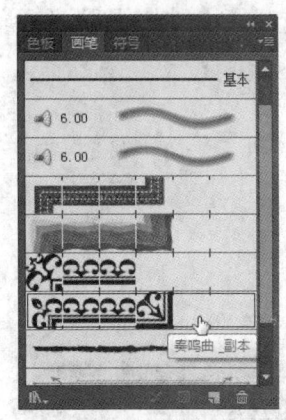

5.3　使用符号

符号是一种可以在文件中重复使用的艺术（线条图）对象。它最大的特点是可以方便、快捷地生成很多相似的图形实例，如一片树林、一群游鱼、水中的气泡等。同时还可以通过符号体系工具来灵活、快速地调整和修饰符号图形的大小、距离、色彩、样式等。这样，对于群体、簇类的物体就不必像以前的版本那样必须通过【拷贝】命令来一个一个地复制了，还可以有效地减小设计文件的大小。

5.3.1 【符号】面板与符号库

可以使用【符号】面板来管理文件的符号。在预设的情况下，【符号】面板包含各种不同的预设符号。还可以建立新符号、修改现有的符号以及删除不再使用的符号。

用户所建立和储存在【符号】面板中的符号，只会与目前的档案（文件）相关联。每个 Illustrator 档案在其【符号】面板中，可以有不同组的符号。

Illustrator 中附有各种多变化的预设符号。这些符号都整理在称为符号库的集合中。可以开启多个符号库，在它们的内容中查看并选取所需的符号，也可以建立新的符号库。

当开启符号库时，它会出现在新面板中。它的用法与【符号】面板基本相同，可以选取、排序、检视在符号数据库中的符号。只是不能新增、删除或编辑在符号库中的符号。

1. 使用【符号】面板

动手操作 使用符号面板管理符号

1 在菜单中执行【窗口】→【符号】命令，显示【符号】面板，如图 5-62 所示，可以在其中选择所需的符号。

2 如果要在面板中选择一个符号，需单击该符号；如果要选择连续的符号，需先单击要选择的符号范围中的第一个符号，再按 Shift 键单击该范围的最后一个符号；如果要选择不连续的符号，则需按 Ctrl 键在【符号】面板中单击要选择的符号。

3 可以更改面板的显示方式，在面板中单击右上角的 ■ 按钮，弹出如图 5-63 所示的下拉菜单，在其中可选以哪种方式查看包括【小列表视图】、【大列表视图】和【缩略图视图】，如选择【小列表视图】命令，即可在面板显示出图标与名称，如图 5-64 所示。

图 5-62 【符号】面板   图 5-63 面板菜单   图 5-64 【符号】面板

4 可以在【符号】面板中改变符号的排放顺序，先在面板中选择要移动的符号，再拖动该符号到所需的位置呈粗线条状（如图 5-65 所示）时松开左键，即可将该符号移至松开鼠

标左键处，如图 5-66 所示。

5 如果要将符号置入到画面中，需先选择要置入画面的符号，如图 5-67 所示，再在【符号】面板中单击 (置入符号实例) 按钮，即可将选择的符号置入到画面中，如图 5-68 所示。

图 5-65　改变符号排放顺序　　图 5-66 改变符号排放顺序　　图 5-67 【符号】面板　　图 5-68　置入的符号

> 可以在【符号】面板中创建新的符号、删除不再需要的符号与复制符号等，其用法与在【画笔】面板中创建新画笔、删除画笔与复制画笔的方法一样，在此就不重复了。

2. 符号库

动手操作　使用符号库管理符号

1 在菜单中执行【窗口】→【符号库】命令，即可在其子菜单中显示出许多预设的符号库，并在其中单击【自然】命令，如图 5-69 所示，即可打开【自然】符号库，如图 5-70 所示。

图 5-69　选择符号库　　　　图 5-70 【自然】符号库

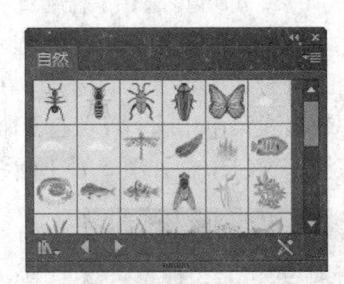

2 如果想将预设符号加入到【符号】面板中，需单击符号库中的符号，即可自动将其加入到【符号】面板中。如果要加入多个符号，则需先在符号库单击一个符号，再按 Shift 键单击另一个符号，以选择这两个符号之间的符号，然后将它们拖动到【符号】面板中，当指针呈 状时松开左键，如图 5-71 所示，即可将多个符号加入到【符号】面板中。

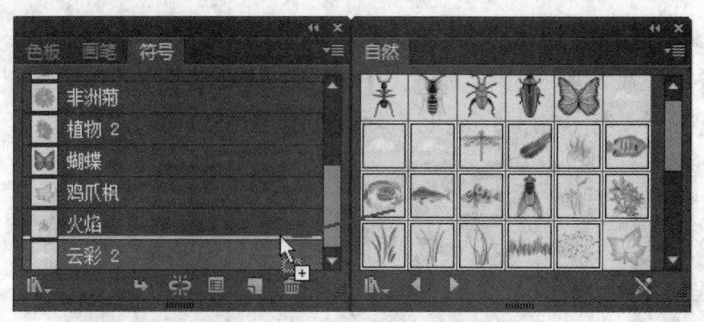

图 5-71 将符号库中的符号拖动到【符号】面板中

3 如果要创建新的符号库,可以先将【符号】面板的视图改为缩览图视图,再将所要的符号加入【符号】面板中并删除不再需要的符号;然后在【符号】面板的弹出式菜单中选择【存储符号库】命令,如图 5-72 所示,接着弹出【将符号存储为库】对话框,在【保存在】下拉列表中选择要保存的位置,在【文件名】文本框中输入所需的名称,如图 5-73 所示,单击【保存】按钮,即可将【符号】面板中的符号存储为新的符号库了。

图 5-72 存储符号库   图 5-73 存储符号库

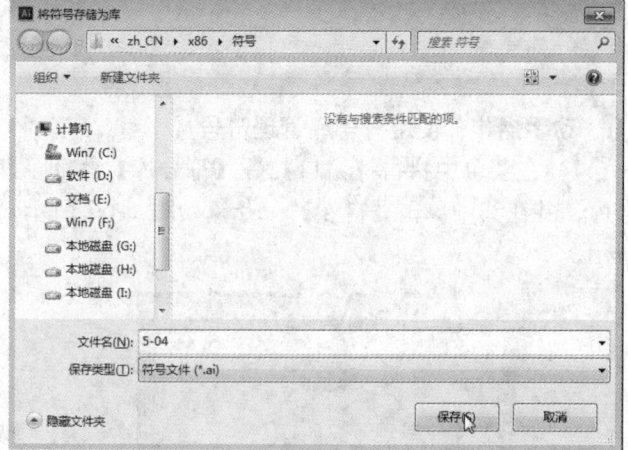

4 如果要打开自定的符号库,需在菜单中执行【窗口】→【符号库】→【用户定义】→【5-04】命令,即可将保存了符号库打开到程序窗口中,如图 5-74 所示。

5 在每一次开启 Illustrator 程序时,符号库都不会自动开启在程序窗口中。如果要使经常使用的符号库或自定的符号库,在开启 Illustrator 程序时自动开启的程序窗口中,就需在符号库的弹出式菜单中执行【保持】命令,这样每次在开启 Illustrator 程序时该符号库就会自动开启在程序窗口中,如图 5-75 所示。

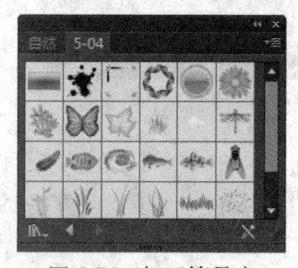

图 5-74 打开符号库   图 5-75 保持打开

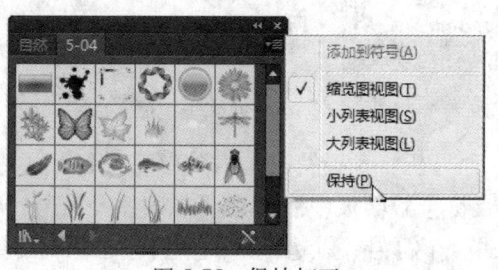

5.3.2 创建符号

可以从任何 Illustrator 图形对象创建符号，包含路径、复合路径、文字、点阵图、网格对象以及对象群组。但是，不能使用链接式置入的线条图当作符号，也不可以使用某些群组，如图表群组。符号也可能包含作用中的对象，如画笔笔画、渐变、特效或符号中的其他符号范例。

可以从现有的符号创建新符号、复制符号，并且进行编辑。也可以在创建符号后，对其重新命名或进行复制以创建新符号。

动手操作　创建符号

1　按 Ctrl+O 键从配套光盘的素材库中打开如图 5-76 所示的文件。

2　用选择工具框选所有对象，在【符号】面板中单击 (新建符号) 按钮，弹出如图 5-77 所示的【符号选项】对话框，可根据需要选择所需的选项，这里采用默认值，直接单击【确定】按钮，即可将其创建成符号，如图 5-78 所示。

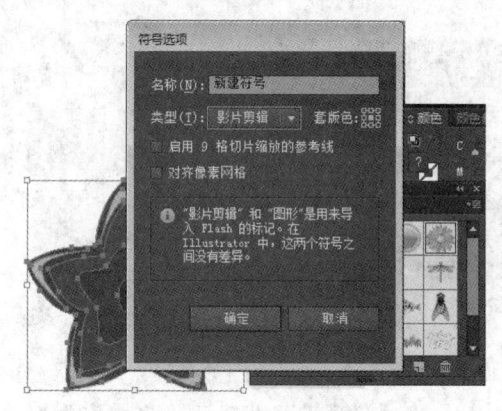

图 5-76　打开的图形　　　　图 5-77　新建符号　　　　图 5-78　【符号】面板

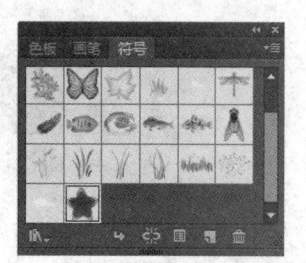

5.4　符号工具的应用

使用符号工具可以创建与修改符号范例组。可以使用符号喷枪工具来建立符号组，然后使用其他的符号工具来变更组合中范例的密度、颜色、位置、尺寸、旋转度、透明度与样式。

5.4.1　符号喷枪工具

利用符号喷枪工具可以将【符号】面板中的符号应用到文档中，还可以在文档中单击或拖动来应用符号。

动手操作　使用符号喷枪工具应用符号

1　按 Ctrl+N 键新建一个文件，在工具箱中点选 符号喷枪工具，显示自定的符号库，在其中点选所需的符号，如图 5-79 所示；然后在画板的适当位置拖动鼠标，即可绘制出多个图形符号，如图 5-80 所示。

图 5-79　自定符号库　　　　　　　　　　　图 5-80　绘制符号

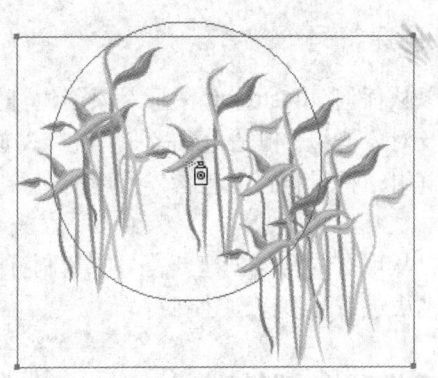

2　在 5-04 中选择另一个符号，然后在草的下方拖动鼠标，绘制出一些小草，结果如图 5-81 所示。

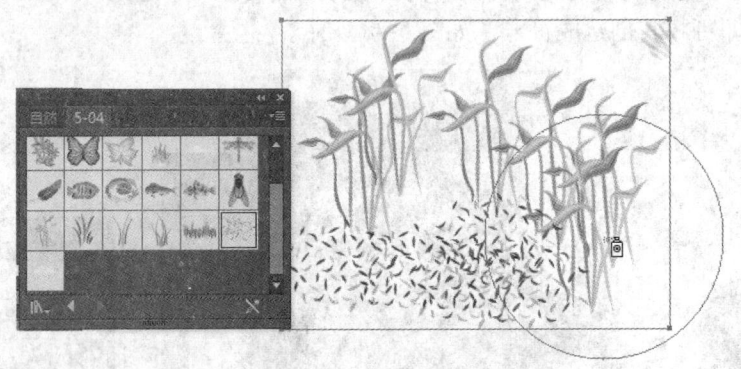

图 5-81　绘制符号

> 图形（符号）的多少和稀散程度是根据按下左键拖动时的快慢和按下左键不动的时间长短而定的，并且随机性也比较强。

3　在工具箱中双击符号喷枪工具，弹出如图 5-82 所示的对话框，在其中设定【符号组密度】为 20，其他不变，单击【确定】按钮，即可将选中符号的密度加大，即减小符号间的间距，如图 5-83 所示。

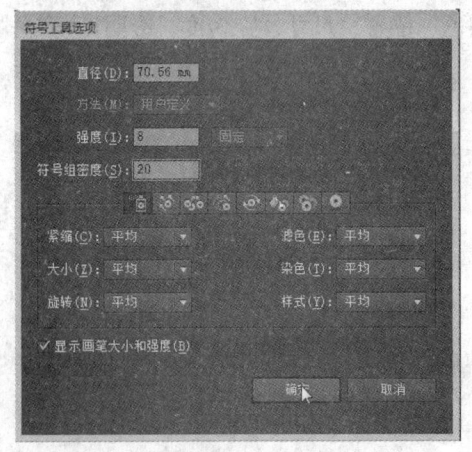

图 5-82　【符号工具选项】对话框　　　　　图 5-83　加大符号密度

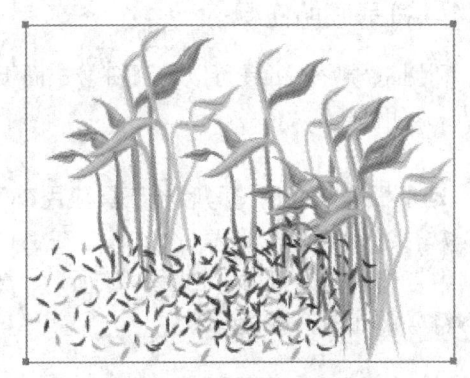

【符号工具选项】对话框选项说明如下：
- 【直径】：可指定工具的画笔大小。
- 【强度】：指定变更速度，值越高表示变更速度越快。
- 【符号组密度】：指定符号组的吸力值，值越高表示符号范例越密集。此设定会应用到整个符号组。选取符号组时，密度会改变符号组中的所有符号范例，而不只是新建的范例。

> 符号组是使用符号喷枪工具创建的符号范例群组。可以用符号喷枪工具创建一种符号，然后再创建另一种符号，最后创建混合的符号范例组。

- 【显示画笔大小和强度】：可以让在使用工具时观看其大小。

5.4.2 符号移位器工具

利用符号移位器工具可以移动应用到文档中的符号实例或符号组。

动手操作 使用符号移位信息移动符号工具

1 在工具箱中双击 符号移位器工具，弹出如图 5-84 所示的【符号工具选项】对话框，在其中设置【直径】为 50mm，其他不变，单击【确定】按钮。

2 在需要移动的符号组上按下左键拖动，如图 5-85 所示，松开左键即可得到如图 5-86 所示的效果。

图 5-84 【符号工具选项】对话框

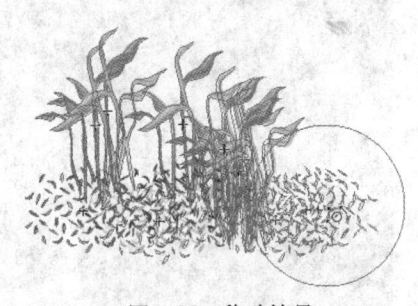

图 5-85 移动符号

图 5-86 移动后的效果

5.4.3 符号缩紧器工具

利用符号缩紧器工具可以将应用到文档中的符号缩紧。

动手操作 使用符号缩紧器工具缩紧符号

1 先取消其他对象的选择，在菜单中执行【窗口】→【符号库】→【原始动作】命令，打开【原始动作】符号库，在其中单击"鸟灯"符号，如图 5-87 所示，接着在工具箱中选择 符号喷枪工具，再双击它，并在弹出的对话框中设置【直径】为 60mm，【符号组密度】为 2，其他不变，如图 5-88 所示，单击【确定】按钮，然后在画板的适当位置按下左键拖动，即可得到如图 5-89 所示的图形。

图 5-87 符号库 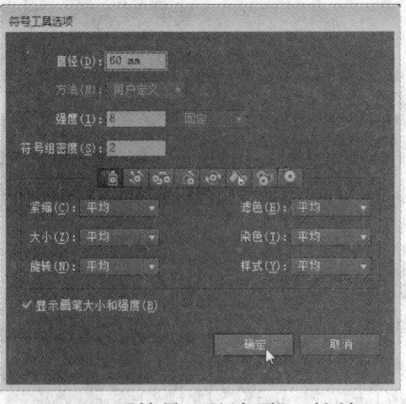　　图 5-88 【符号工具选项】对话框 　　图 5-89 绘制好的符号

2 从工具箱中点选 符号缩紧器工具，在图形中按下左键不放，至所需的密度时松开左键，如图 5-90 所示，即可将鸟与鸟之间的距离缩紧，如图 5-91 所示。

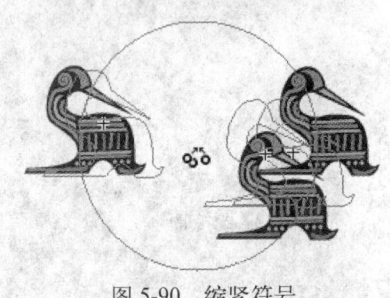

图 5-90 缩紧符号 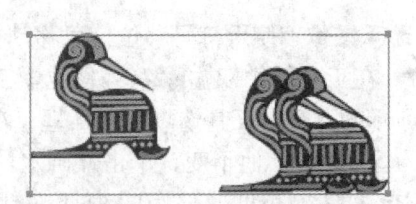　　图 5-91 缩紧后的结果

5.4.4 符号缩放器工具

利用符号缩放器工具可以将选中的符号放大或缩小。

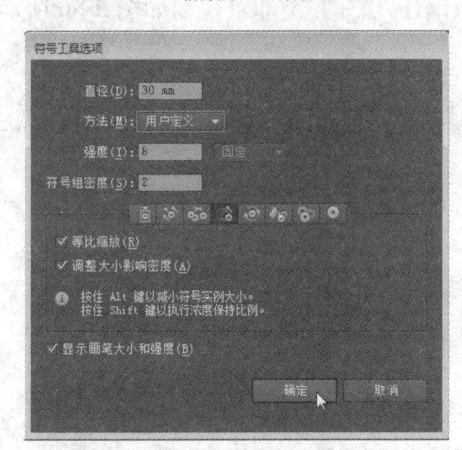

动手操作 使用符号缩紧器工具放大符号

1 在工具箱中双击 符号缩放器工具，弹出【符号工具选项】对话框，并在其中设定【方法】为用户定义，【直径】为 30mm，其他不变，如图 5-92 所示，单击【确定】按钮。

2 在符号上按下左键不放，拖动到如图 5-93 所示的状态时松开鼠标左键，即可得到如图 5-94 所示的效果。

图 5-92 【符号工具选项】对话框

图 5-93 放大符号 　　图 5-94 放大后的结果

> 根据按下左键不动的时间长短，符号缩紧器工具放大与缩小程度也不同，按下时间越久则放大或缩小（需按 Alt 键才能缩小）的程度就越大，否则反之。

5.4.5 符号旋转器工具

利用符号旋转器工具可以将文档中所选的符号进行任意角度旋转。

动手操作 使用符号旋转器工具旋转符号

1 在【自然】符号库中单击所需的符号，如图 5-95 所示，在工具箱中点选 符号喷枪工具，然后在文档中按下左键拖动，绘制出如图 5-96 所示的图形。

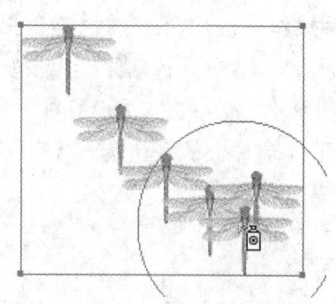

图 5-95 【自然】符号库　　　图 5-96 绘制好的符号

2 在工具箱中点选 符号旋转器工具，在右下角的蜻蜓上按下左键向右下角进行旋转，松开左键后，即可将选择的对象进行旋转，如图 5-97 所示。

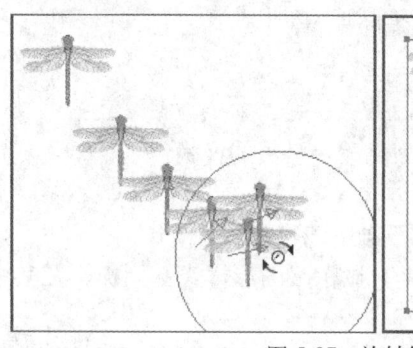

图 5-97 旋转符号

5.4.6 符号着色器工具

利用符号着色器工具可以将文档中所选的符号着色。根据单击的次数不同，其着色颜色的深浅也不同，单击次数越多颜色变化越大，如果按下 Alt 键的同时单击则会减小颜色变化。

动手操作 使用符号着色器工具为符号着色

1 显示【颜色】面板，在其中设置填色为红色，如图 5-98 所示。

2 从工具箱中点选 符号着色器工具，在中间的蜻蜓上单击，即可将单击的蜻蜓颜色进行更改，结果如图 5-99 所示。

图 5-98 【颜色】面板　　　　　图 5-99　改变符号颜色

5.4.7　符号滤色器工具

利用符号滤色器工具可以改变文档中所选符号的不透明度。

动手操作　使用符号滤色器工具改变符号的不透明度

1　从工具箱中点选　符号滤色器工具，在画面中最上面的蜻蜓上单击，即可将蜻蜓的不透明度降低，效果如图 5-100 所示。

2　在符号集上从左上方向右下方拖动，如图 5-101 所示，松开左键后即可得到如图 5-102 所示的效果。

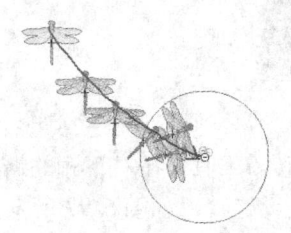

图 5-100　降低不透明度　　　图 5-101　降低不透明度　　　图 5-102　降低不透明度

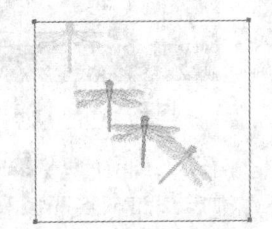

5.4.8　符号样式器工具

利用符号样式器工具可以以某种样式来更改符号中的样式。

动手操作　使用符号样式器工具更改符号中的样式

1　在工具箱中点选　符号样式器工具，显示【图形样式】面板，在其中点选样式，如图 5-103 所示。

2　在下方的蜻蜓上单击，即可将选择的图形样式应用到该蜻蜓上，结果如图 5-104 所示。

TIPS　可以在选择的符号上按下左键拖动，将拖动过的图形都应用所选择的样式。

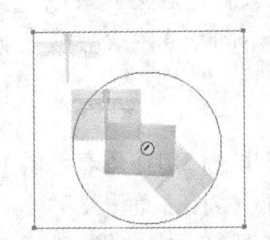

图 5-103　【图形样式】面板　　　　　图 5-104　应用样式后的结果

5.5 应用渐变色与渐变网格

如果想在对象上应用渐变效果,可以使用渐变工具、【渐变】面板与网格工具。利用网格工具和渐变工具可以对选择的图形对象进行渐变填充。

可以利用 网格工具给对象进行渐变填充,以达到立体效果。可以用网格工具绘制逼真的水果、花卉、玩具等三维物体和人物。

网格工具和渐变工具的不同之处在于:网格工具可以在图形内添加网格点,并结合【颜色】面板来填充颜色,而填充的颜色向周围渐层展开;渐变工具则需结合【渐变】面板,并在【渐变】和【颜色】面板中编辑所需的渐变颜色,然后在文档或图形内任意拖动鼠标来达到所需的渐变。

5.5.1 应用渐变工具与【渐变】面板

在使用渐变工具时通常需要使用【渐变】面板与【颜色】面板,并且是先在【渐变】与【颜色】面板中设定所需的渐变后,再用渐变工具在画面中拖动鼠标以给图形进行渐变填充。

动手操作　为图形进行渐变填充

1 从工具箱中点选 椭圆工具,在画板的适当位置单击,弹出【椭圆】对话框,在其中设定【宽度】与【高度】均为 50mm,如图 5-105 所示,单击【确定】按钮,即可得到一个直径为 50mm 的圆,如图 5-106 所示。

图 5-105 【椭圆】对话框　　　　图 5-106 绘制好的圆形

2 在菜单中执行【窗口】→【渐变】命令,显示【渐变】面板,在其中的【类型】下拉列表中选择径向,如图 5-107 所示,即可将椭圆进行渐变填充,如图 5-108 所示。

3 将【渐变】面板所在的组拖离工具缩览按钮组,如图 5-109 所示,再单击 按钮,展开面板;接着显示【颜色】面板,如图 5-110 所示;将【颜色】面板拖动到【渐变】面板的底部呈粗线条状,松开左键即可将【颜色】面板链接到【渐变】面板的下方,如图 5-111 所示。

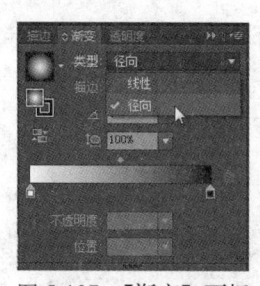

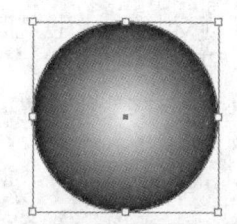

图 5-107 【渐变】面板　　　图 5-108 填充渐变颜色后的效果　　　图 5-109 将面板拖出组

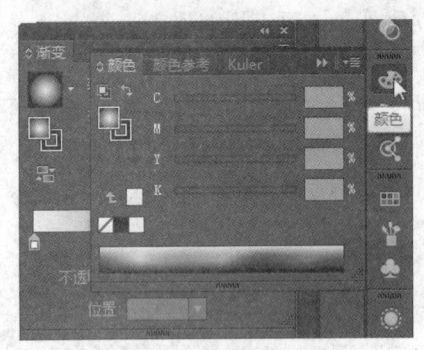

图 5-110　显示颜色面板　　　　　图 5-111　链接面板

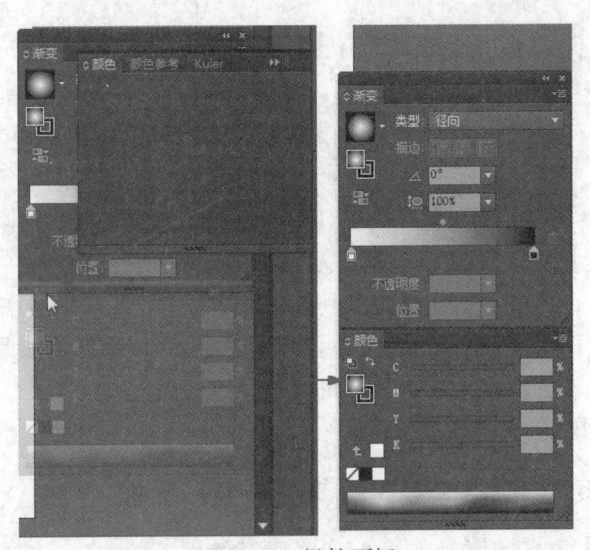

4　如果要改变渐变颜色，需单击渐变滑块（如右边的色标），其【颜色】面板中的光谱则改变灰阶曲线，如图 5-112 所示；如果要将灰阶曲线改变 CMYK 光谱，需在【颜色】面板的右上角单击 按钮，弹出下拉菜单，在其中选择 CMYK 命令，如图 5-113 所示，即可将灰阶曲线改为 CMYK 光谱，如图 5-114 所示。

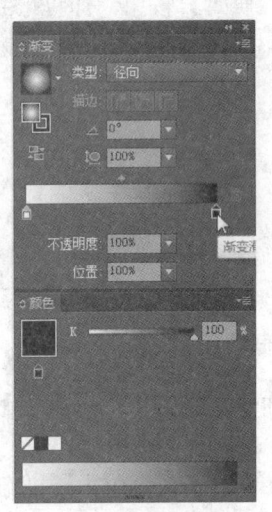

图 5-112　设置渐变颜色　　　　图 5-113　设置渐变颜色　　　　图 5-114　设置渐变颜色

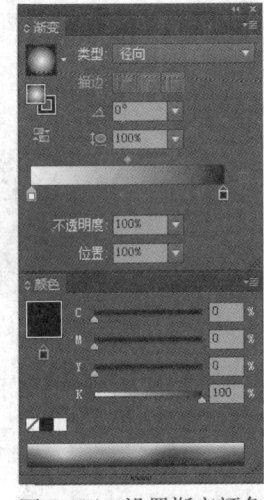

5　在 CMYK 光谱上吸取所需的颜色（或直接在 CMYK 后面的文本框中输入所需的数值），即可将右边色标的颜色进行更改，如图 5-115 所示。

6　在【渐变】面板的渐变条下方靠右边位置单击添加一个渐变滑块，然后在【颜色】面板中设定颜色为 C1.16、M37、Y60、K0，画面中的效果也就同时发生了变化，如图 5-116 所示。

提示：

可以调整每个渐变滑块（通常称为"色标"）的位置：

方法 1：拖动渐变滑块来改变位置。

方法 2：选择要移动的渐变滑块后直接在【位置】文本框中输入数字。

也可以拖动渐变滑杆上的渐变滑块来调整渐变的层次。

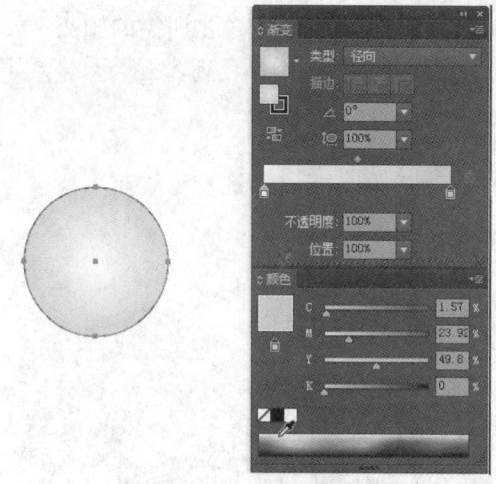

图 5-115 设置渐变颜色　　　　　图 5-116 设置渐变颜色

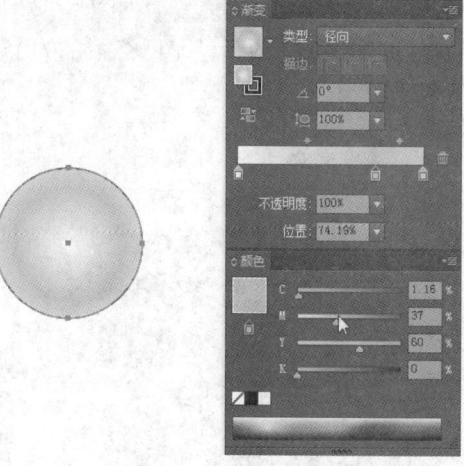

7　从工具箱中点选▇渐变工具，在椭圆内左上方按下左键向椭圆右下角边框拖动，为给椭圆进行渐变调整，如图 5-117 所示。

> 也可以在图形内任意拖动鼠标，以查看渐变效果。

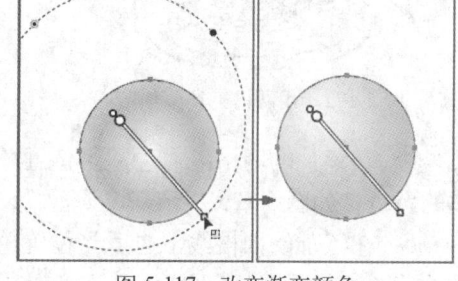

图 5-117 改变渐变颜色

5.5.2 为卡通电脑上色

动手操作　为卡通电脑上色

1　按 Ctrl+O 键打开一个用 Illustrator 绘制的轮廓图，如图 5-118 所示。

2　从工具箱中点选▇选择工具，在画面中单击显示屏的外轮廓线，以选择它，如图 5-119 所示；显示【色板】面板，在其中单击所需的颜色，如图 5-120 所示，即可将选择的图形进行颜色填充，结果如图 5-121 所示。

图 5-118 绘制好的轮廓图

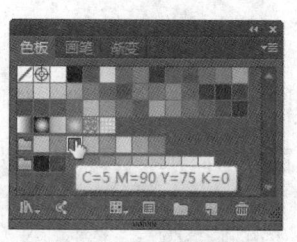

图 5-119 选择轮廓线　　　图 5-120 选择颜色　　　图 5-121 填充颜色

3　在工具箱中点选▇网格工具，并在显示屏的适当位置单击添加一个节点，同时添加

了两条穿过该节点的网格线，如图 5-122 所示，接着在【色板】面板中单击所需的颜色（如黄色），如图 5-123 所示，即可将添加的节点填充为黄色，同时与周围颜色逐步混合，结果如图 5-124 所示。

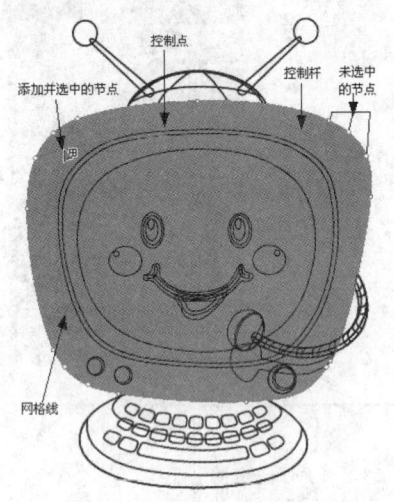

图 5-122　用网格工具添加节点 　　　　图 5-123　选择颜色 　　　　图 5-124　填充颜色

4 在添加的网格线右边适当位置单击添加一个节点和一条网格线，并同时应用前面选择的黄色，如图 5-125 所示。

5 在添加的网格线下边适当位置单击添加一个节点和一条网格线，并同时应用前面选择的黄色，如图 5-126 所示。

6 将指针移动到控制点上，当指针呈 状时按下左键向下拖动，如图 5-127 所示，松开左键后即可将该控制点移动到适当位置，以调整网格线的形状，从而达到调整网格中颜色的目的，调整后的效果如图 5-128 所示。

图 5-125　添加节点并填充颜色　　　　图 5-126　添加节点并填充颜色　　　　图 5-127　拖运控制点调整颜色

7 在显示屏左上角的适当位置单击添加一个节点，同时添加了两条穿过该节点的网格线，接着在【色板】面板中单击所需的颜色，即可将添加的节点填充为深一点的黄色，同时与周围颜色逐步混合，结果如图 5-129 所示。

第 5 章 图形填色及艺术效果处理 *111*

图 5-128 调整后的效果 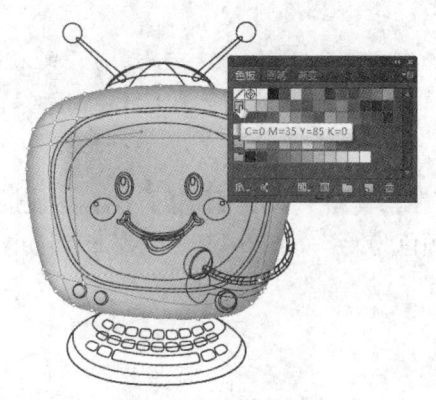　　　　　　　　图 5-129 选择颜色

8 使用前面同样的方法再添加两个节点，选择右下角的一个节点，并将其拖动到适当位置，结果如图 5-130 所示；接着在【色板】面板中单击黄色，即可将添加的节点填充为黄色，同时与周围颜色逐步混合，结果如图 5-131 所示。

9 在画面中选择一个要移动的节点，并将其移动到适当位置，结果如图 5-132 所示。

图 5-130 添加节点 　　　　图 5-131 填充颜色 　　　　图 5-132 移动节点

10 在工具箱中点选选择工具，在画面中选择要填充渐变颜色的显示屏轮廓线，如图 5-133 所示；接着显示【渐变】面板，在其中编辑渐变，如图 5-134 所示，然后在工具箱中点选 渐变工具，再在画面中进行拖动，给选择的对象进行渐变填充，填充后的效果如图 5-135 所示。

图 5-133 选择轮廓线 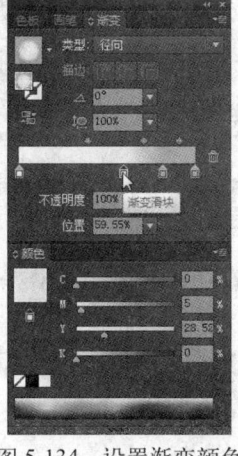　　　　图 5-134 设置渐变颜色 　　　　图 5-135 填充渐变颜色后的效果

渐变滑块（简称为"色标"）1的颜色为白色，色标2的颜色为C0、M5、Y28.52、K0，色标3的颜色为C50、M7、Y13、K0，色标4的颜色为C40、M16、Y25、K0。

11 在工具箱中单击【描边】图标，使描边为当前颜色设置，然后再单击【无】按钮，使描边颜色为无，如图 5-136 所示，得到如图 5-137 所示的效果。

图 5-136 将描边设置为无

图 5-137 设置描边为无的效果

12 按 Ctrl 键选择要进行渐变填充的图形，在【渐变】面板中单击【类型】前面的渐变图标，使选择的对象应用前面设置好的渐变进行填充，如图 5-138 所示。

图 5-138 填充渐变颜色

13 在渐变条的下方将右边的两个色标删除（操作方法：先选择要删除的色标，再将其拖出面板即可），再将第 2 个色标向右拖动到右端，以改变渐变颜色，如图 5-139 所示，然后用渐变工具在画面中拖动以改变渐变颜色的方向，调整后的结果如图 5-140 所示；再在工具箱中将描边设为无，结果如图 5-141 所示。

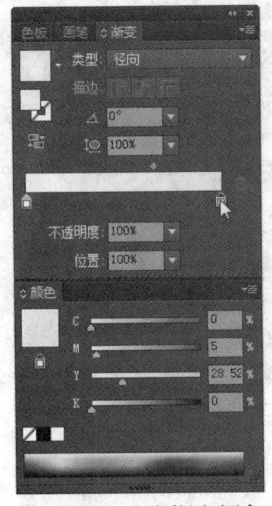

图 5-139 改变渐变颜色　　　图 5-140 改变渐变颜色　　　图 5-141 将描边设为无

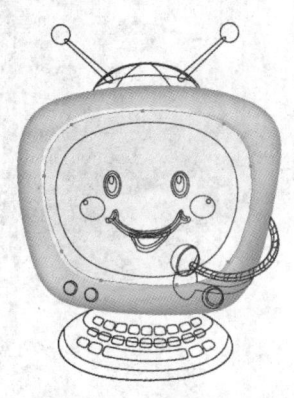

14 按 Ctrl 键选择要进行填充的图形，在【颜色】面板中将填色作为当前颜色设置，然后设置颜色为 C100、M72、Y0、K0，即可将选择的对象进行颜色填充，如图 5-142 所示。

15 在工具箱中点选 网格工具，在显示屏的适当位置单击添加一个节点，同时添加了两条穿过该节点的网格线，接着在【颜色】面板中设置所需的颜色，将添加的节点进行颜色填充，如图 5-143 所示。

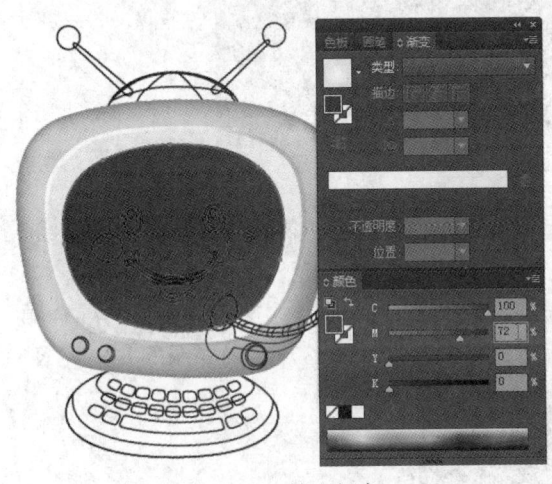

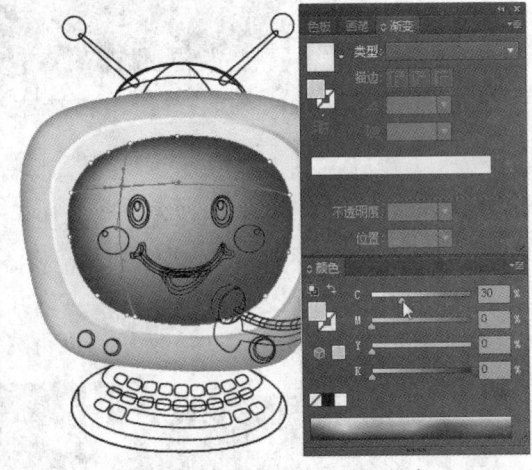

图 5-142 填充颜色　　　　　　图 5-143 用网格工具填充颜色

16 在网格线的右边适当位置单击添加一个节点，同时添加了一条穿过该节点的网格线，接着在【颜色】面板中设置所需的颜色，将添加的节点进行颜色填充，如图 5-144 所示。然后在网格线的下方单击添加一个节点，同时应用设置的颜色，如图 5-145 所示。

17 在绘图窗口的左下角的【显示比例】列表中选择 300%，以将画面放大，再选择右边的节点，然后在【颜色】面板中设置所需的颜色，如图 5-146 所示。

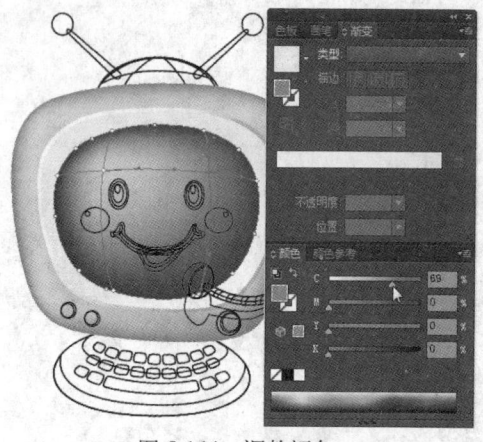

图 5-144 调整颜色

图 5-145 添加节点并填充颜色

图 5-146 改变颜色

18 在下方网格线的中间位置单击添加一个节点，同时添加了一条穿过该节点的网格线，接着在【颜色】面板中设置所需的颜色，将添加的节点进行颜色填充，如图 5-147 所示。

19 在画面中分别选择要移动的节点，并分别将它们拖动到适当位置，以调整其混合颜色，调整好后的结果如图 5-148 所示。再将【显示比例】改为 150%，结果如图 5-149 所示。

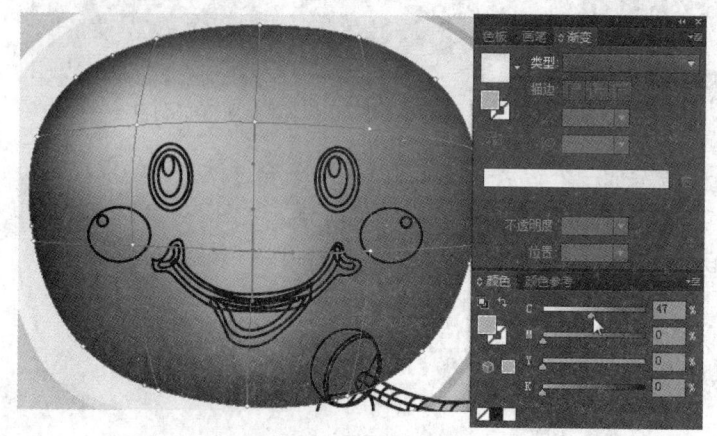

图 5-147 添加节点并填充颜色

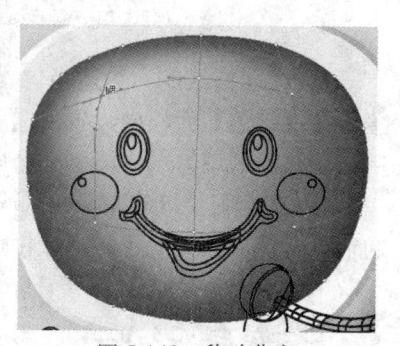

图 5-148 移动节点

20 在工具箱中点选选择工具,先在画面中选择一个要填充颜色的对象,按 Shift 键单击另一个要填充为相同颜色的对象,以同时选择这两个对象,再在【颜色】面板中设定【描边】为无,【填色】为 C0、M56、Y0、K0,如图 5-150 所示。

图 5-149 调整颜色

图 5-150 填充颜色

21 在画面中选择一个要填充颜色的对象,再按 Shift 键单击另一个要填充为相同颜色的对象,以同时选择这两个对象,在【颜色】面板中设定【描边】为无,【填色】为白色,如图 5-151 所示。

22 在画面中选择一个要填充颜色的对象,再按 Shift 键单击另一个要填充为相同颜色的对象,以同时选择这两个对象,在【颜色】面板中设定【描边】为无,【填色】为 C90、M72、Y0、K0,如图 5-152 所示。

图 5-151 填充颜色

图 5-152 填充颜色

23 将【显示比例】改为 300%,再用同样的方法对其他的对象进行一一填色,填充颜色后的效果如图 5-153 所示。颜色分别为 C5、M41、Y0、K0、C100、M99、Y20、K31、C78、M14、Y0、K0、黑色、白色。

24 在画面中选择一个要填充渐变颜色的对象,再按 Shift 键单击另一个要填充为相同渐变颜色的对象,以同时选择这两个对象,在【渐变】与【颜色】面板中设置所需的渐变,如图 5-154 所示。

图 5-153 填充颜色

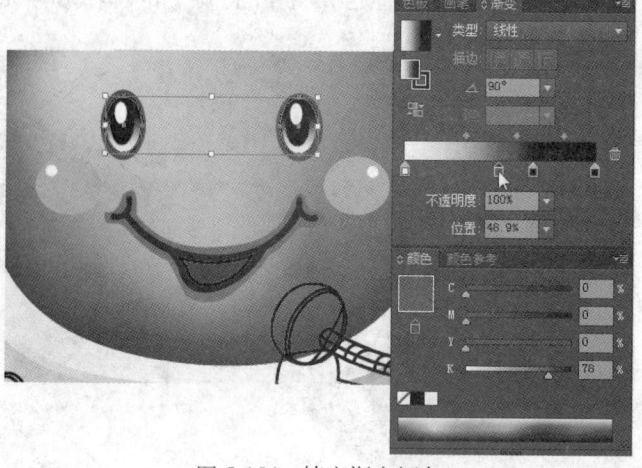

图 5-154 填充渐变颜色

25 将【显示比例】改为 150%,再选择要进行渐变填充的对象,然后在【渐变】与【颜色】面板中编辑所需的渐变,给选择的对象进行渐变填充,如图 5-155 所示。

> **TIPS** 左右两边色标的颜色为 C98、M85、Y0、K0,中间色标的颜色为 C24、M25、Y0、K0。

26 在画面中选择要进行渐变填充的对象,再在【色板】面板中选择所需的渐变,如图 5-156 所示,即可将选择对象进行渐变填充,结果如图 5-157 所示;然后在工具箱中将【描边】设为"无",以得到如图 5-158 所示的效果。

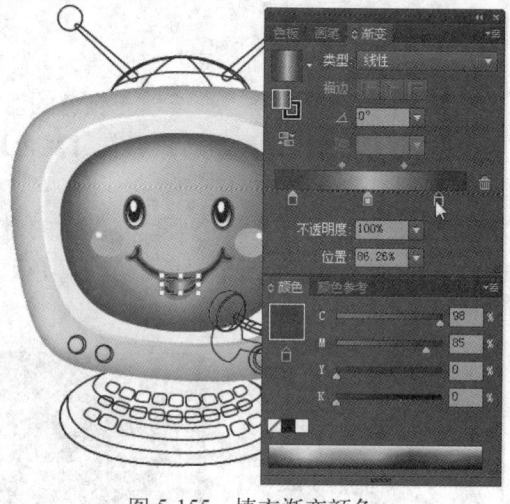

图 5-155 填充渐变颜色

图 5-156 【色板】面板

图 5-157 填充颜色后的效果

图 5-158 填充颜色后的效果

27 用选择工具在画面中选择电脑的底座,再在【渐变】面板中选择所需的渐变,如图 5-159 所示,编辑好渐变后的效果如图 5-160 所示。

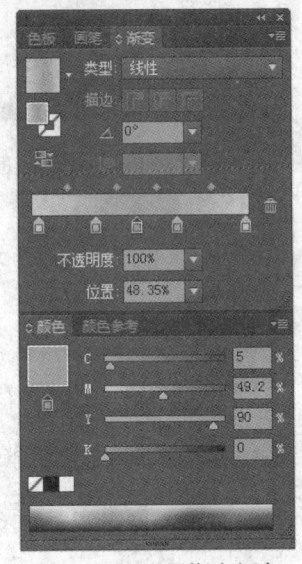

图 5-159 设置渐变颜色

图 5-160 填充渐变颜色后的效果

> 色标 1 的颜色为 C5、M6、Y90、K0,色标 3 的颜色为 C5、M49.2、Y90、K0,色标 5 的颜色为 C5、M5、Y90、K0,色标 2 与 4 的颜色是直接在色标 3 的附近单击,然后向左或向右拖动而得。

28 用选择工具在画面中选择电脑的底座边,再在【渐变】面板中选择所需的渐变,编辑好渐变后的效果如图 5-161 所示。

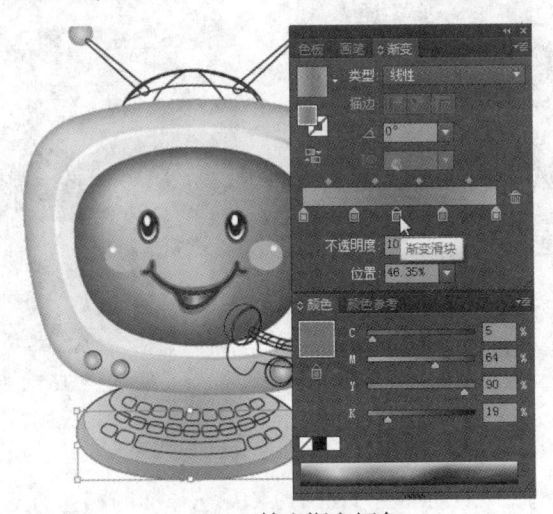

图 5-161 填充渐变颜色

> 色标 1 的颜色为 C5、M39、Y90、K0,色标 3 的颜色为 C5、M64、Y90、K19,色标 5 的颜色为 C5、M35、Y90、K0,色标 2 与 4 的颜色是直接在色标 3 的附近单击,然后向左或向右拖动而得。

29 用选择工具在画面中选择电脑的底座阴影部分，再在【渐变】面板中单击【类型】前的渐变图标，直接应用编辑好渐变，如图 5-162 所示；然后按 Ctrl+[键多次将其排放到适当位置，再在【颜色】面板中将【描边】设为无，结果如图 5-163 所示。

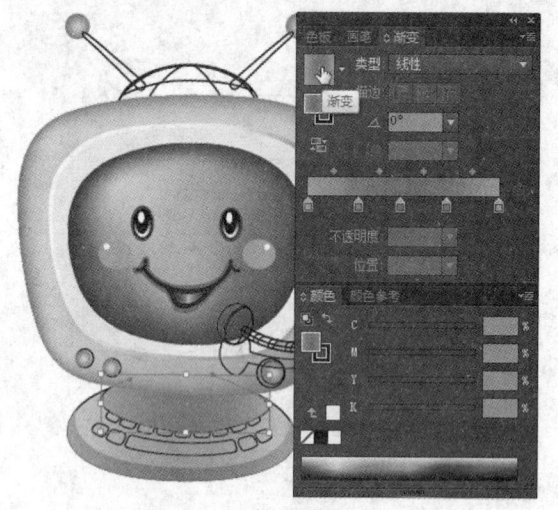

图 5-162　填充渐变颜色　　　　　　　图 5-163　设置描边为无

30 用选择工具选择表示键盘按钮的对象，再在【渐变】与【颜色】面板中设置所需的渐变，如图 5-164 所示；显示【透明度】面板，在其中设定【不透明度】为 60%，如图 5-165 所示。

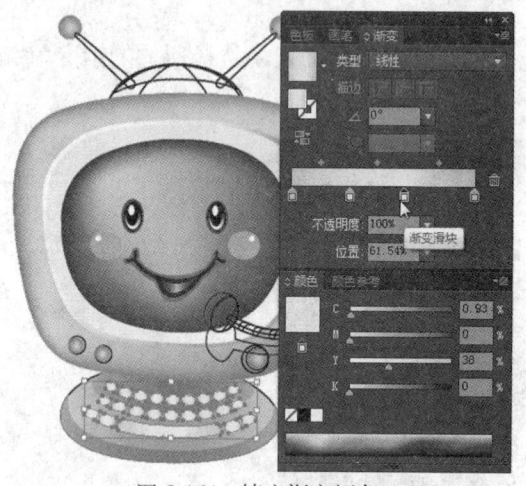

图 5-164　填充渐变颜色　　　　　　　图 5-165　改变不透明度

> **TIPS**　色标 1 的颜色为 C7.21、M13、Y66.91、K0，色标 2 的颜色为 C1.25、M0.68、Y39.51、K0，色标 3 的颜色为 C0.93、M0、Y38、K0，色标 4 的颜色为 C8.24、M19、Y76.47、K0。

31 用前面同样的方法对其他对象进行渐变填充，渐变填充后的效果如图 5-166~图 5-168 所示。

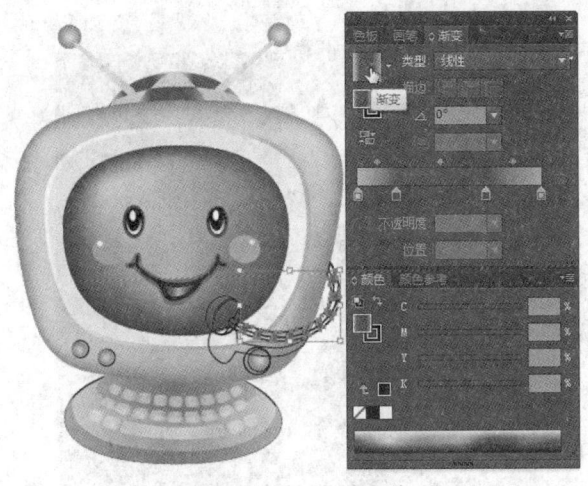

图 5-166 填充渐变颜色

图 5-167 填充渐变颜色

32 用选择工具在画面中选择一个要填充的颜色，在【颜色】面板中选择所需的填充颜色，再在【透明度】面板中将【不透明度】设为 60%，如图 5-169 所示。

33 分别在画面中选择要填充颜色的对象，并分别在【颜色】面板中设置所需的填充颜色，然后将【描边】设为无，结果如图 5-170 所示。

34 在画面中选择一个要进行渐变填充的对象，再按 Shift 键在画面中选择另两个对象，然后用吸管工具在画面中吸取所需的渐变，如图 5-171 所示。接着在【颜色】面板中将【描边】设为无，如图 5-172 所示。

图 5-168 填充渐变颜色

图 5-169 填充颜色并改变不透明度

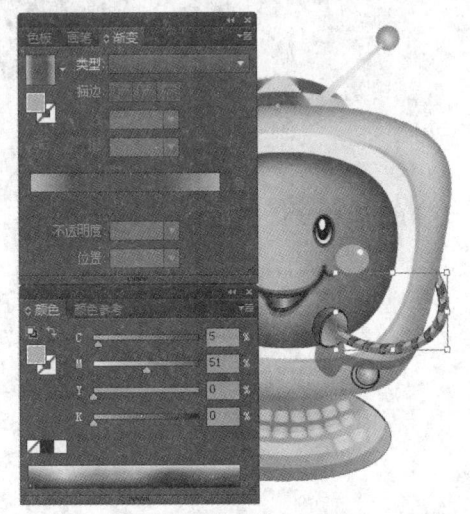

图 5-170 填充颜色

图 5-171　填充渐变颜色　　　　　　　　图 5-172　将描边设为无

35 在画面中选择要清除轮廓线的对象，再在【颜色】面板中将【描边】设为无，如图 5-173 所示，然后在画面的空白处单击取消选择，即可得到如图 5-174 所示的效果。

图 5-173　清除描边颜色　　　　　　　　图 5-174　最后效果图

5.6　混合对象

使用 Illustrator 中的混合工具和混合命令，可以在两个或数个选取对象之间创建一系列的中间对象。可以在两个开放路径（如两条不同的线段）、两个封闭路径（如一个圆形和正方形）、不同渐变或其他混合之间产生混合。

可以利用移动、调整尺寸、删除或加入对象的方式，编辑已建立的混合。在完成编辑后，图形对象会自动重新混合。

5.6.1 关于混合

混合最简单的用法之一，就是在两个对象之间平均建立和分配形状。如利用混合工具或混合命令，建立一系列间隔一致的条纹。

可以在两个开放路径之间进行混合，在对象之间产生微小的变化，如图 5-175 所示。或结合颜色和对象的混合，在特定对象形状中产生颜色的转换，如图 5-176 所示。

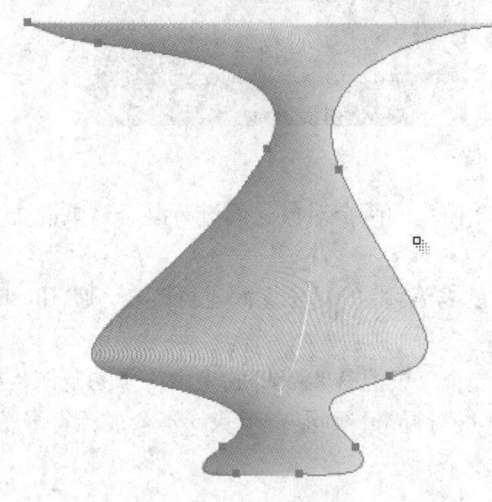

图 5-175 混合对象　　　　图 5-176 混合对象

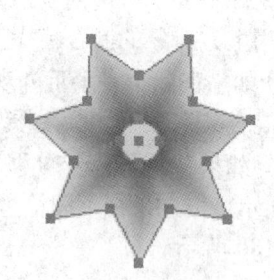

以下是应用在混合形状和其相关颜色的规则：

（1）可在数目不限的对象、颜色、不透明度或渐变之间进行混合，如图 5-177 所示。

图 5-177 混合对象

（2）混合可使用工具直接编辑，如选择工具、旋转工具或缩放工具。

（3）第一次应用混合时，混合对象之间会建立直线路径。可通过拖动锚点和路径线段的方式来编辑混合路径。

（4）无法在网格对象之间进行混合。

（5）如果在分别使用印刷色和特别色上色的两个对象之间混合，则混合所产生的外框形状会以混合的印刷色来上色。如果在两个不同的特别色之间进行混合，则其中间步骤会用印刷色来上色。

（6）如果在两个图形样式对象之间进行混合，则混合步骤只会使用下层图层对象的填色，如图 5-178 所示。

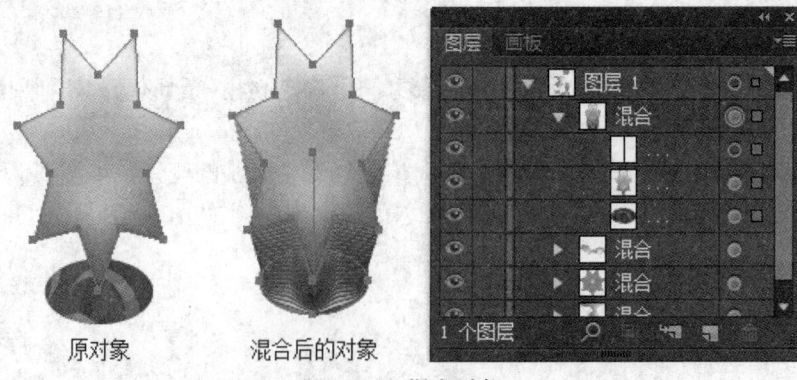

图 5-178 混合对象

（7）如果要在【透明度】面板中使用了混合模式的两个对象之间进行混合，则混合步骤只会使用上方对象的混合模式。

（8）如果在两个有多重外观属性（特效、填色或笔画）的对象之间进行混合，则 Illustrator 会试图混合其选项。

（9）如果在同一符号的两个范例之间进行混合，则混合步骤将成为该符号的范例，如图 5-179 所示。但如果在不同符号的两个范例之间进行混合，则混合步骤就不会成为符号范例，如图 5-180 所示。

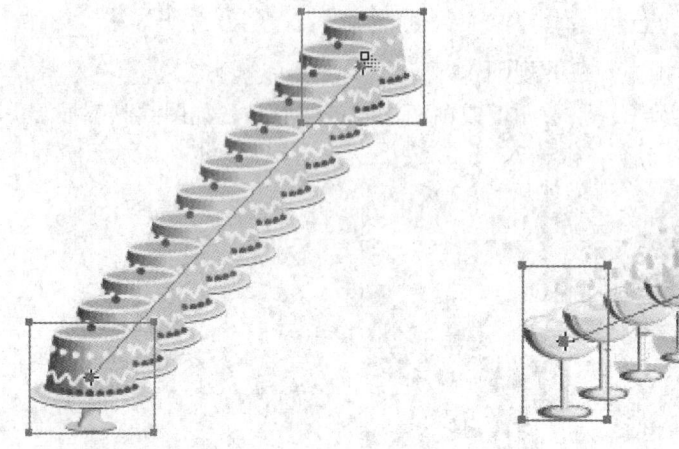

图 5-179 混合对象　　　　　　　　图 5-180 混合对象

（10）如果没有在【混合选项】对话框中选择"指定的步数"或"指定的距离"，Illustrator 则会自动计算混合中的步数。

5.6.2 创建混合

1. 创建要进行混合的图形

动手操作 创建要进行混合的图形

1 在菜单中执行【窗口】→【符号库】→【庆祝】命令，显示【庆祝】符号库，在其中将所需的符号拖动到画面中，当指针呈 状时，如图 5-181 所示，松开左键后即可将选择的符号插入画板中，如图 5-182 所示。

② 用同样的方法再插入一个符号，插入后的效果如图 5-183 所示。

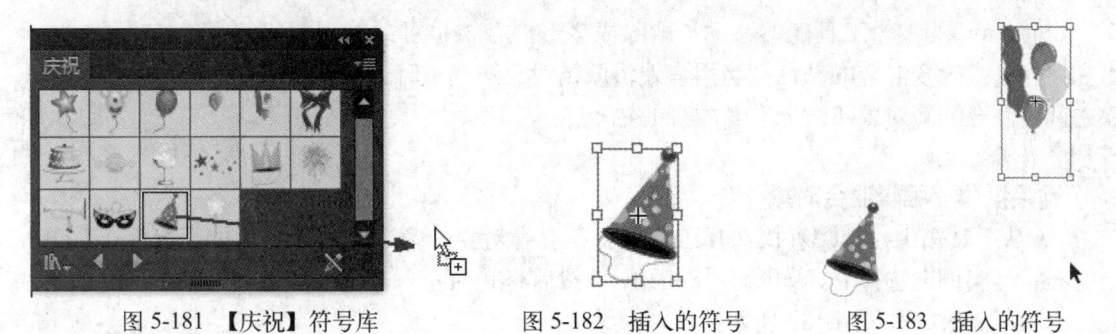

图 5-181 【庆祝】符号库　　　图 5-182 插入的符号　　　图 5-183 插入的符号

2. 创建混合

方法 1　在工具箱中点选 混合工具，先移动指针到上方宝石上，当指针呈 状时单击，再移动指针到下方香槟上，当指针呈 +状时单击，如图 5-184 所示，即可得到如图 5-185 所示的效果。

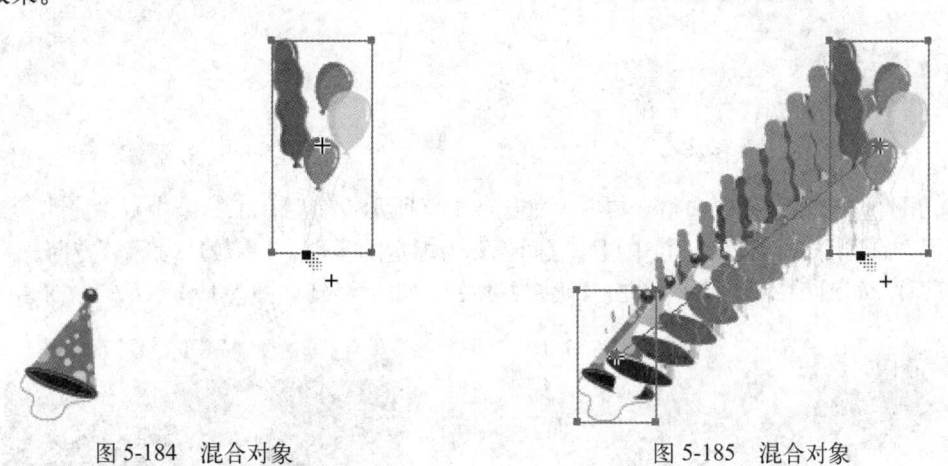

图 5-184　混合对象　　　　　　　　　　　图 5-185　混合对象

方法 2　在工具箱中点选选择工具，用选择工具框选两个符号实例，如图 5-186 所示，再在菜单中执行【对象】→【混合】→【建立】命令，同样可对两个符号实例进行混合，如图 5-187 所示。

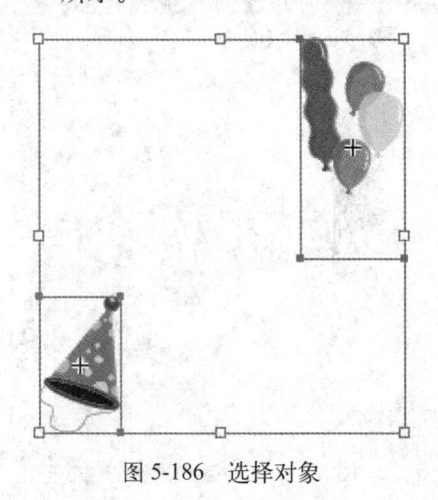

图 5-186　选择对象 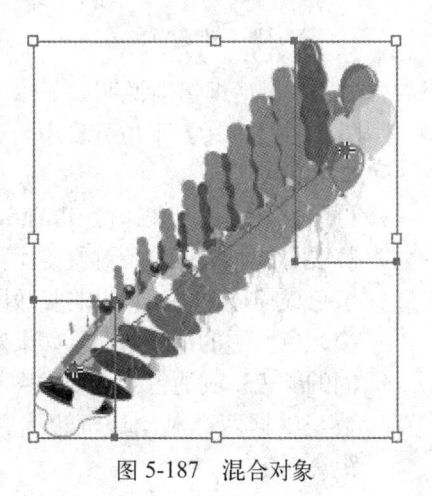　　　　　　　　　　　图 5-187　混合对象

5.6.3 编辑混合对象

Illustrator 的编辑工具能够移动、删除或变形混合,也可以使用任何编辑工具来编辑锚点和路径,或改变混合的颜色。当用户编辑原始对象的锚点时,混合也会随着改变。原始对象之间所混合的新对象不会拥有其本身的锚点。

动手操作　编辑混合对象

1　从工具箱中点选 直接选择工具,先在混合对象的旁边空白处单击取消选择,再单击宝石符号实例以选择它,如图 5-188 所示,然后将其向左下方拖动到适当位置,同时也将混合进行了更改,如图 5-189 所示。

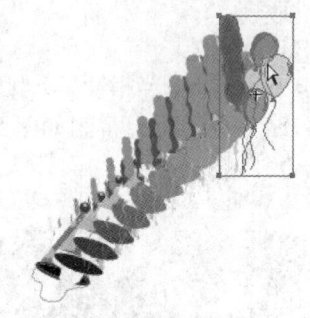

图 5-188　选择对象　　　　　　图 5-189　移动对象

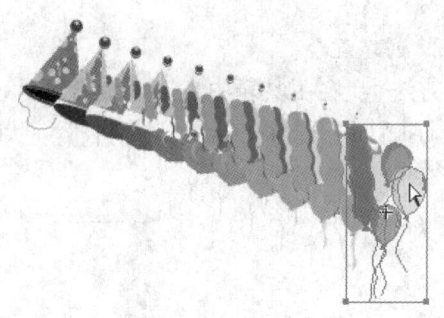

2　用直接选择工具框选整个混合,如图 5-190 所示,然后在工具箱中双击 混合工具,弹出【混合选项】对话框,在其中设定【间隔】为指定的步数,【步数】为 3,【方向】为 (对齐页面),如图 5-191 所示,单击【确定】按钮,即可得到如图 5-192 所示的效果。

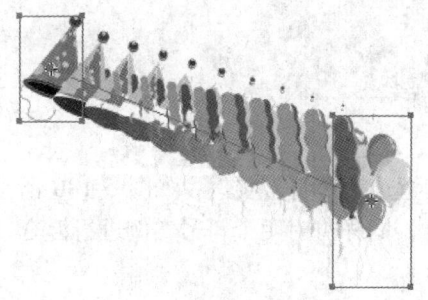

图 5-190　框选对象　　　　　　图 5-191　【混合选项】对话框

【混合选项】对话框选项说明如下:

- 【间距】在【间距】下拉列表中,可以选取下列选项:
  - 【平滑颜色】:用来让使 Illustrator 自动计算混合的步数。如果对象使用不同颜色的填色或描边,则计算出的步数即是平滑转换颜色所需的最佳数目。如果对象包含相同的颜色,或是包含渐变或图样,则其步数是根据两个对象边框边缘之间的最长距离而定。

图 5-192　改变混合步数后的效果

- ➢ 【指定的步数】：使可用来控制混合开始和结束点之间的步数。
- ➢ 【指定的距离】：使可用来控制混合步数之间的距离。指定的距离，是从一个对象的边缘到下个对象的对应边缘（例如，从一个对象的最右边，至下个对象的最右边）。
- 【取向】：可以使用以下两种方向中的任何一种方向：
  - ➢ 【对齐页面】：可用来使混合方向与页面的 x 轴成直角。
  - ➢ 【对齐路径】：可用来使混合方向与路径成直角。

5.6.4 释放混合

如果不想使用混合，可以将其混合释放。先选择要释放的混合对象，然后在菜单中执行【对象】→【混合】→【释放】命令或按 Alt+Shift+Ctrl+B 键，即可将原始对象以外的混合对象删除，只保留没有混合前的对象，即原始对象。

5.7 本章小结

本章用简单明了的实例重点讲解了使用画笔与符号的方法，其中包括【画笔】面板、画笔库、创建和编辑画笔、创建和编辑符号。同时结合实例重点讲解了如应用渐变工具、【渐变】面板与网格工具给对象进行渐变填充以达到特殊的效果及用混合工具对两个或多个对象创建混合的方法。

5.8 习题

一、填空题

1. 在 Illustrator 中有_____、_____、_____和图案四种画笔类型。
2. 可以从任何 Illustrator 图形对象创建符号，包含_____、_____、_____、_____、网格对象以及对象群组。
3. 可在两个开放路径、_____、_____或其他混合之间产生混合。
4. 在路径上出现锚点的数量取决于路径的_____和_____，以及【画笔工具选项】对话框中的_____。

二、选择题

1. 如果要使经常使用的符号库或自定的符号库，在开启 Illustrator 程序时自动开启的程序窗口中，就需在符号库的弹出式菜单中执行以下哪个命令？（   ）
   A.【保持】命令   B.【复制符号】命令
   C.【替换符号】命令   D.【新建符号】命令
2. 可以使用以下哪个命令，将画笔描边转换为外框路径？（   ）
   A.【扩展】命令   B.【创建轮廓】命令
   C.【扩展外观】命令   D.【混合】命令

第 6 章 文本处理

教学要点

Adobe Illustrator 最强大的功能之一就是文本特性。用户可以快捷地更改文本的尺寸、形状以及比例，将文本精确地排入任何形状的对象，还可以将文本沿不同形状的路径横向或纵向排列。

通过本章的学习，读者可以掌握应用文字进行排版、制作艺术字体和文字处理等的方法。

学习重点与难点

- 使用文字工具
- 字符格式化
- 段落格式化
- 创建路径与区域文字
- 创建轮廓
- 编辑与修改文字

6.1 使用文字工具

在 Illustrator 中，可以利用文字工具创建横向的点文字和段落文字以及编辑文字。

6.1.1 创建点文字

从工具箱中点选 T 文字工具，在画面中单击出现一闪一闪的光标，即可在键盘上输入所需的文字，如"互联网+"，如图 6-1 所示，按住 Ctrl 键单击绘图窗口的任何一个地方，都可以确认文字输入，如图 6-2 所示。

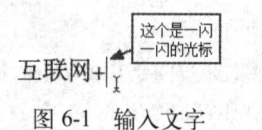

图 6-1 输入文字　　　　图 6-2 确认文字输入

> **TIPS** 如此要对文字进行编辑，则需选择所需格式化的文字或段落，然后在【文字】菜单、【字符】面板或【段落】面板中设置它的字体、字体大小、字符缩放、字符间距、行距、文本对齐和缩进等。

用户可以在工具箱中单击其他工具来确认文字输入。

6.1.2 修改文字

将指针指向需修改的文字上，当指针呈 I 状（如图 6-3 所示）时单击，即可出现一闪一闪的光标。在键盘上输入所需的文字，如"制造业"，如图 6-4 所示，按 Ctrl 键在画面的空白处单击确认文字输入。

互联网+　　　　　　　互联网+制造业

图 6-3　输入文字　　　　　图 6-4　确认文字输入

> 如果需要空格可以按一下空格键。
> 在工具箱中点选直接选择工具，同样可以确认文字输入并且文字还处于选择状态。如果某个文字输入错了，需将指针移到要清除的文字后单击出现光标，再在键盘上按退格键（←），按一下可取消（清除）一个文字（或字母），按两下则可清除两个文字。如果将指针移到要清除的文字前单击出现光标，则需按 Delete 键删除，同样是每按一次删除一个文字。（或字母）

6.1.3　创建段落文本

动手操作　创建段落文字

1 从工具箱中点选 T 文字工具，在画面中拖出一个文本框，如图 6-5 所示。在【字符】面板中设置【字体】为 Adobe 黑体 Std R，【字体大小】为 12pt，其他不变，如图 6-6 所示。

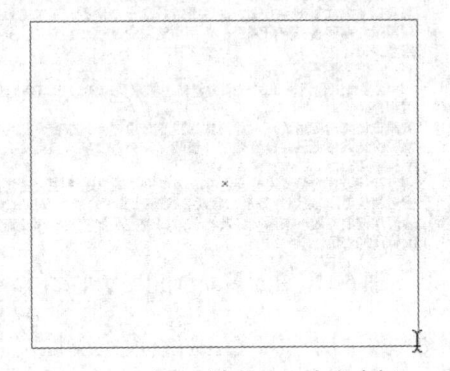

图 6-5　在画面中拖出一个文本框　　　　　图 6-6　【字符】面板

2 设置好字符格式后直接在键盘上输入所需的文字，在需要另起一段时，按 Enter 键（回车）。输入了一些文字后文本框明显的小了，如图 6-7 所示，如果再输入文字就看不到文字了，并在文本框上还显示了一个图标 ⊞，如图 6-8 所示。

图 6-7　输入文字　　　　　图 6-8　编辑文字

3 在工具箱中点选选择工具，移动指针到右下角的控制点上，当指针呈双向箭头状时按下鼠标左键向右下角拖动，以将文本框拖大，如图 6-9 所示，即可看到隐藏的文字了，如图 6-10 所示。

图 6-9　拖动文本框

图 6-10　编辑文字

4 按 Ctrl 键在空白处单击以确认文字输入并取消文字的选择，结果如图 6-11 所示。按 Ctrl+S 键将该文件进行储存并命名为"微信是什么.ai"。

6.2　字符格式化

Adobe Illustrator 可精确控制各种字符属性，包含字体、字体大小、行距、特殊字距、字距微调、基线微调、水平与垂直缩放、间距以及字母方向。可以在输入新文字前就设定属性，或重设以改变现有的文字外观。还可以一次为数个所选的文字对象设定属性。

图 6-11　在空白处单击以确认文字输入

6.2.1　选择文字

如果要对文字进行编辑与设定字符属性，就需要选择文字。

1. 选择单个文字或多个文字

以上节输入的文字为例，如果在文本框中要选择"微信是什么"这几个字，那么就需在工具箱中点选 T 文字工具，在"微"的前面按下左键向右拖至"么"的后面，将它们全部选择成反白显示，即可将它们选择，如图 6-12 所示。

> TIPS：选择单个文字的方法与此相同。

图 6-12　选择文字

2. 选择一段文字

方法 1：可以用选择多个文字的方法来选择一段文字，即从段前按下左键向段尾拖动。

方法 2：在要选择的段中连击三下鼠标左键，即可选择一整段文字，如图 6-13 所示。

3. 选择整篇文章

使用文字工具在要选择的文字上单击，表示已经使该篇文章处于当前可编辑状态，然后按 Ctrl+A 键即可选择这篇文章。

图 6-13 选择文字

6.2.2 设置字体

字体是许多字符的组合（文字、数字和符号），这些字符会使用相同的粗细、宽度和样式。当用户选取某一个字体时，可独立选取其字体系列及字体样式。字体系列是可在整体字体设计中共享的字体集合（如 Times 字体）。字体样式是指个别字体在字体系列中的变化（如一般、粗体或斜体）。各种字体可使用的字体样式各有不同。

可使用【字符】面板或【文字】菜单来选取字体。

动手操作　设置字体

1 按 Ctrl+N 键新建一个文件，在工具箱中点选 T 文字工具，接着移动指针到画面中单击出现光标，然后输入"新丝绸之路"，如图 6-14 所示。

图 6-14 输入文字

2 按 Ctrl+A 键选择所有输入的文字，在菜单中执行【窗口】→【文字】→【字符】命令，显示【字符】面板，然后在【字体】下拉列表中选择 Adobe 黑体 Std R，如图 6-15 所示，即可将文字的字体设定为 Adobe 黑体 Std R，效果如图 6-16 所示。

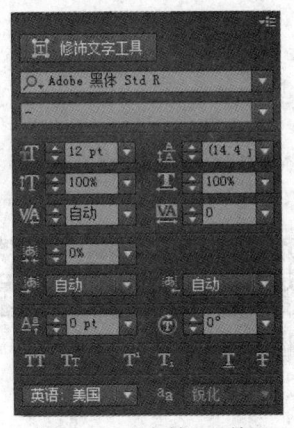

图 6-15 【字符】面板

图 6-16 设置字体效果

6.2.3 设置字体大小

可以使用【字符】面板或在【文字】菜单选择【大小】下的各命令来设置所需的字体大小。可指定字体大小为 0.1～1296 点（默认值为 12 点），增量为 0.001 点。

选择文字"新丝绸之路",设定文字的字体后在【字符】面板中的【字体大小】下拉列表中选择38pt,如图6-17所示,即可将文字的大小设定为38,效果如图6-18所示。

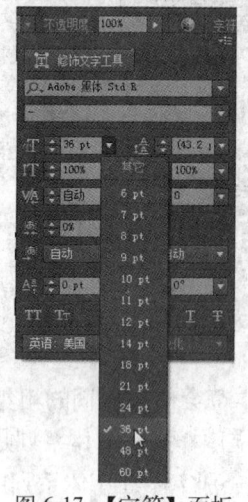

图6-17 【字符】面板　　　　　　　　　图6-18 设置字体大小效果

6.2.4 设置字符间距

可以在【字符】面板中设定文字与文字之间的间距。

选择文字"新丝绸之路",在【字符】面板的 （设置所选字符的字符间距调整）下拉列表中选择75,如图6-19所示,即可将字与字之间的字距调为75,效果如图6-20所示。

图6-19 【字符】面板　　　　　　　　　图6-20 设置字符间距效果

6.2.5 设置文本颜色

可以根据需要在工具箱或【颜色】面板或【色板】面板中设定填充或描边颜色。

动手操作 设置文本颜色

1　选择文字"新丝绸之路",显示【颜色】面板,在其中使填色为当前颜色设置,再用吸管工具在色谱上单击吸取所需的颜色，如图 6-21 所示，选择时的状态如图 6-22 所示。

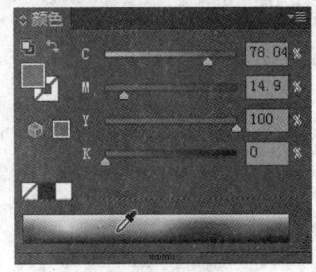

图 6-21 【颜色】面板

图 6-22 选择时的文字

2 显示【描边】面板，在其中的【粗细】下拉列表中选择 1 pt，然后在【颜色】面板中单击描边，使它为当前颜色设置，在 CMYK 光谱上单击吸取所需的颜色（如蓝色），如图 6-23 所示，选择时的文字状态，如图 6-24 所示。按住 Ctrl 键在画面的空白处单击确认文字更改，即可得到如图 6-25 所示的效果。

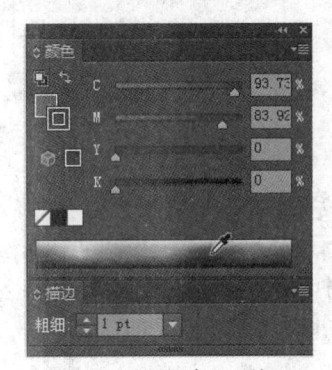

图 6-23 【颜色】面板

图 6-24 选择时的文字

图 6-25 更改颜色与描边的文字

6.2.6 添加文字效果

可以为文字添加多种效果，如阴影、内发光、外发光等。

动手操作　添加文字效果

1 按 Ctrl 键单击文字 "新丝绸之路" 以选择它，然后在菜单中执行【效果】→【风格化】→【内发光】命令，弹出【内发光】对话框，如图 6-26 所示，在其中勾选【预览】选项，以便随时预览设置值的效果，接着设置【模糊】为 0.75mm，选择【中心】单选框，单击【确定】按钮，即可得到如图 6-27 所示的效果。

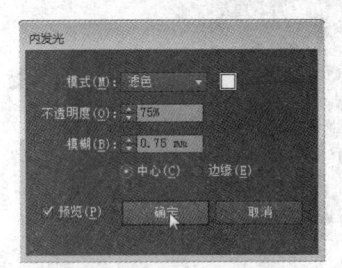

图 6-26 【内发光】对话框

图 6-27 执行【内发光】后的效果

2 在菜单中执行【效果】→【变形】→【凸出】命令，弹出【变形选项】对话框，在其中勾选【预览】选项，在样式列表中选择弧形，选择【水平】选项，其他不变，如图6-28所示，单击【确定】按钮，即可得到如图6-29所示的效果。

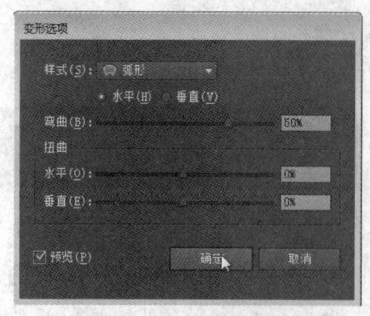

图 6-28 【变形选项】对话框　　　　　　　　　图 6-29 【变形】后的效果

> **TIPS** 在【字符】面板中可以将文字进行水平或垂直缩放、在文字间插入空格、设置文字间的比例间距等。

6.3 段落格式化

Adobe Illustrator 包含许多针对大范围文字（如以直栏编排的文字）所设计的功能。这些功能可以设定段落排列与文字对齐方式、改变段落间距、设定定位点记号，以及设定文字刚好填满特定宽度。甚至可使用连字功能，指定段落中单字的断字位置。

要应用段落格式时，并不需要选取整个段落，只要选取该段中的任一个单字或字符，或在段落中放置插入点即可。

6.3.1 设置首行缩进

这里以前面输入的段落文本为例，按 Ctrl+O 键打开"微信是什么.ai"文件。

在第 2 段的任何位置单击，以使该段为当前段，再在菜单中执行【窗口】→【文字】→【段落】命令，显示【段落】面板，在【左缩进】的文本框中输入 24pt 后按回车键，即可将第 2 段的第一行文字向右缩进 24pt，如图 6-30 所示。

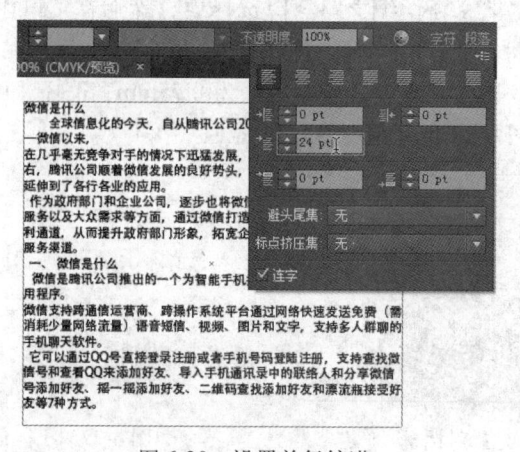

图 6-30 设置首行缩进

6.3.2 设置段前间距

选择文字，在【段落】面板中设定【段前间距】为12pt后按回车键，即可将第2段的前面空出12pt的距离，如图6-31所示。

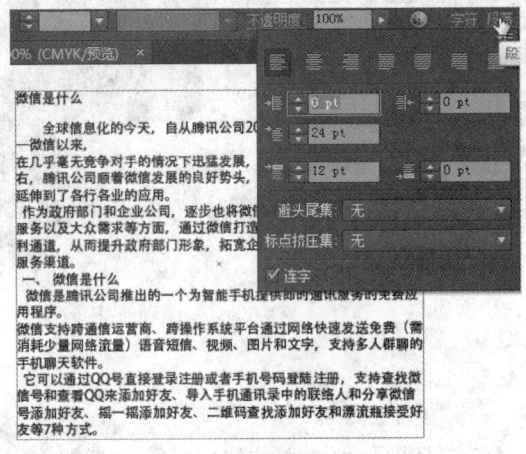

图6-31 设置段前间距

6.3.3 文本对齐

区域文字和路径上的文字都可与文字路径的一边或两边对齐。当文字与两边对齐时，称为齐行。可选择让段落中除最后一行之外的所有文字齐行，也可让段落中包含最后一行的所有文字齐行。

1. 居中对齐

选择文字，在第1段中的任一位置单击以该段为当前段，接着在【控制】选项栏中单击■(居中对齐)按钮，即可将文字位于文本框的水平中间，如图6-32所示。

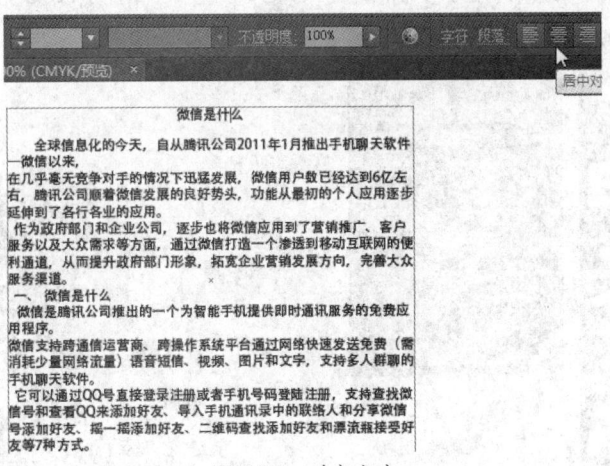

图6-32 对齐文字

2. 齐行

选择文字，在【段落】面板中单击■(全部两端对齐)按钮，即可将文字向文本框两边对齐，如图6-33所示。

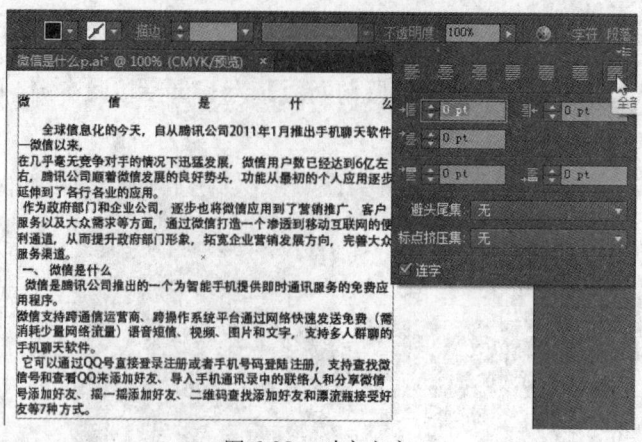

图 6-33 对齐文字

6.4 直排文字工具

利用直排文字工具可以创建竖排文本。它的使用方法和步骤与文字工具相同。

不管是用直排文字工具，还是用文字工具创建的文字，都可以改变文字的方向。不管用户所点选的是文字工具，还是直排文字工具，都可按 Shift 键来临时使用文字工具或直排文字工具。

动手操作　创建竖排文字

1 从工具箱中点选 IT 直排文字工具，在画面中单击出现光标，然后在键盘上输入所需的文字，如"神采飞扬"，选择文字后在【字符】面板中设置【字体】为文鼎 CS 大黑，【字体大小】为 90pt，【水平缩放】为 150，如图 6-34 所示。

2 在工具箱中点选 选择工具，确认文字输入，结果如图 6-35 所示。

图 6-34 输入文字并设置字符格式　　　　图 6-35 确认文字输入

3 在菜单中执行【效果】→【风格化】→【投影】命令，弹出【投影】对话框，在其中勾选【预览】选项，X 位移为 2mm，Y 位移为 2mm，其他为默认值，如图 6-36 所示，单击【确定】按钮，得到如图 6-37 所示的效果。

4 显示【颜色】面板，在其中用吸管工具吸取所需的颜色，如图 6-38 所示。

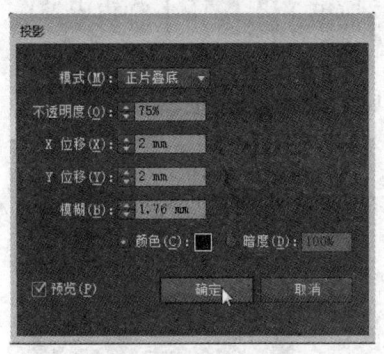

图 6-36 【投影】对话框　　图 6-37 添加投影后的效果　　图 6-38 更改文字颜色

6.5 创建区域文字

利用区域文字工具或直排区域文字工具可以在一个现有的形状内输入所需的横排或竖排文本。

6.5.1 区域文字工具

动手操作　创建区域文字

1 从工具箱中点选■矩形工具，在画面中先绘制一个矩形，再点选椭圆工具在矩形的上方绘制一个圆形，如图 6-39 所示。

2 在工具箱中点选■选择工具，按 Shift 键在画面中单击矩形，以同时选择这两个图形，然后在【控制】选项栏的【色板】面板中选择无，如图 6-40 所示，将其填充颜色设为无。

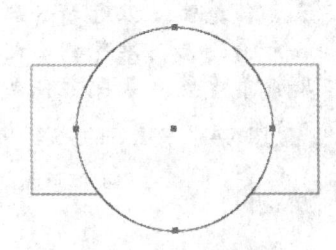

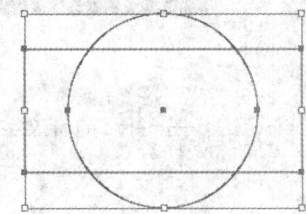

图 6-39 绘制图形　　图 6-40 同时选择两个图形

3 显示【路径查找器】面板，在其中单击■按钮，将选择的对象焊接起来，结果如图 6-41 所示。

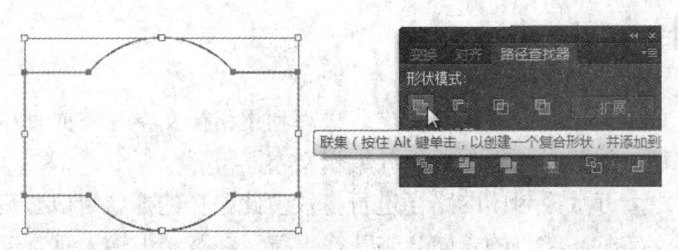

图 6-41 将选择的对象焊接起来

4　从工具箱中点选▣区域文字工具，接着移动指针到形状路径上，当指针呈①状（图6-42）时单击，即可在形状内出现一闪一闪的光标，如图6-43所示，在【字符】面板中设置相应的字体和字体大小，其他不变，如图6-44所示。

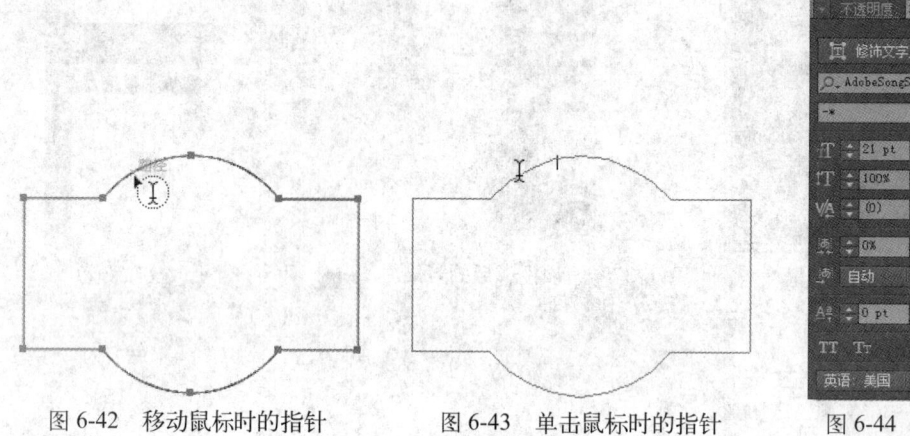

图 6-42　移动鼠标时的指针　　　图 6-43　单击鼠标时的指针　　　图 6-44　【字符】面板

> 可以像对段落文本一样对区域文字进行编辑。

5　在键盘上输入所需的文字，如图6-45所示，按Ctrl+A键全选文字，再在【控制】选项栏中单击▤按钮，居中对齐，结果如图6-46所示。按Ctrl键在画面中空白处单击，即可得到所绘制形状的文字块，如图6-47所示。

图 6-45　输入文字　　　图 6-46　选择文字　　　图 6-47　输入好的文字

6.5.2　直排区域文字工具

利用直排区域文字工具可以在一个现有的形状内输入所需的竖排文本。它的使用方法与区域文字工具一样，在此不再重述。

6.6　创建路径文字

在Illustrator CC中，可以创建路径文字，只需利用路径文字工具或直排路径文字工具将路径转变为文字路径，然后在路径上输入并编辑文字即可。

路径上的文字沿着开放或封闭的路径进行排放。此路径的形状可以是规则或不规则的。在路径上输入水平文字时，字符的走向会与基线平行。在路径上输入垂直文字时，字符的走向会与基线垂直。

6.6.1 在开放式路径上创建文字

动手操作　在开放式路径上创建文字

　　1　从工具箱中点选 铅笔工具,在画面中绘制一条开放式路径,如图6-48所示。

　　2　从工具箱中点选 路径文字工具,在路径上单击出现光标,然后在键盘上输入所需的文字,如"点赞出彩",如图6-49所示。

图6-48　绘制一条开放式路径　　　　　　　　图6-49　输入文字

　　3　按Ctrl+A键全选文字,在【字符】面板中设定【字体】为文鼎CS行楷,【字体大小】为48pt,如图6-50所示,移动指针到"赞"字后单击,显示光标后按空格键将文字"出彩"放入到右边的曲线上,如图6-51所示,按Ctrl键在空白处单击以取消选择,完成路径文字输入。

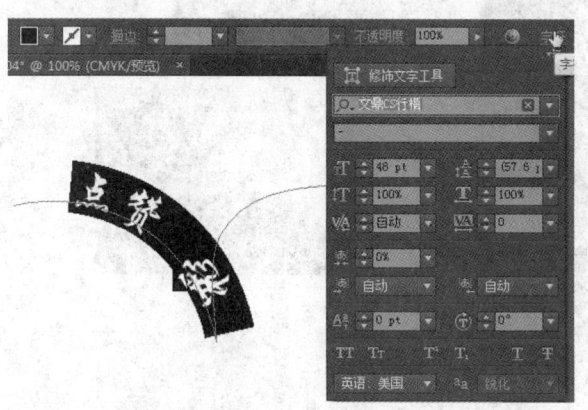

图6-50　选择文字并设置字符格式　　　　　　图6-51　完成文字输入

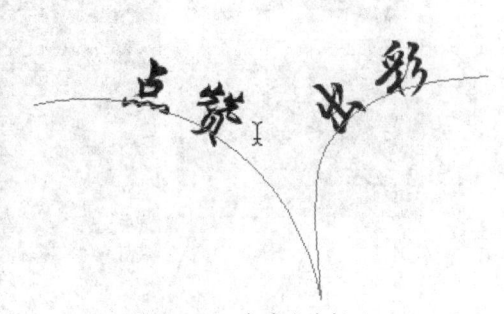

6.6.2 在封闭式路径上创建文字

动手操作　在封闭式路径上创建文字

　　1　按Ctrl+O键从素材库中打开一个图形文件,如图6-52所示。

　　2　用椭圆工具画一个椭圆以框住图片,再从工具箱中点选 路径文字工具,移动指针到路径上,当指针呈 状时单击出现光标,然后在键盘上输入文字"粽香情浓",如图6-53所示。

图 6-52 打开的图形文件　　　　　　　　图 6-53 输入文字

6.6.3 编辑路径文字

动手操作　编辑路径文字

1 接着上节操作。按 Ctrl+A 键全选文字，在【字符】面板中设置【字体】为华文行楷，【字体大小】为 48 pt，如图 6-54 所示，再在工具箱中单击选择工具，确认文字输入，结果如图 6-55 所示。

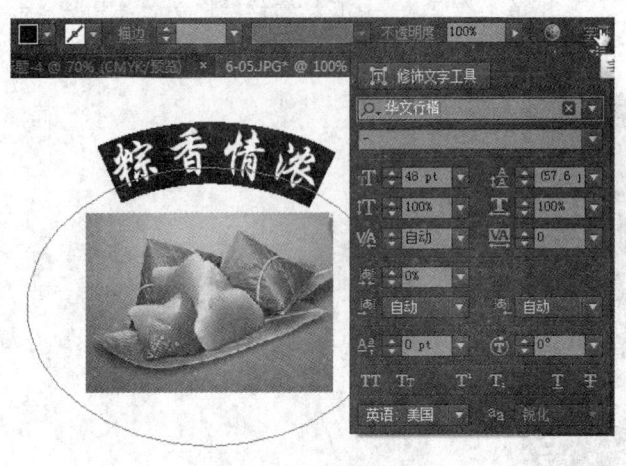

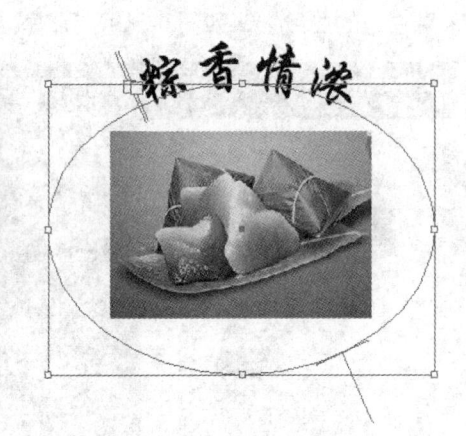

图 6-54 编辑文字　　　　　　　　图 6-55 确认文字输入

2 移动指针到结束的直线上，当指针呈 状时按下左键向下拖动到适当位置，排放好后松开左键，即可得到如图 6-56 所示的效果。

3 在工具箱中双击 路径文字工具，弹出【路径文字选项】对话框，在其中勾选【预览】选项，再设定【效果】为阶梯效果，其他不变，如图 6-57 所示，单击【确定】按钮，得到如图 6-58 所示的效果。按 Ctrl 键在空白处单击取消选择，隐藏路径显示，得到如图 6-59 所示的效果。

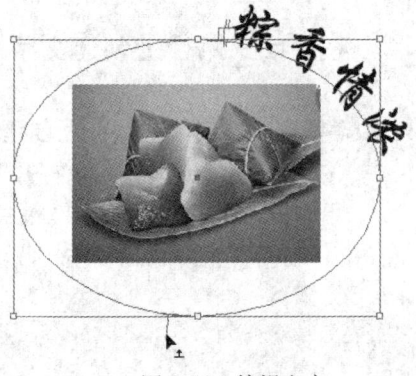

图 6-56 编辑文字

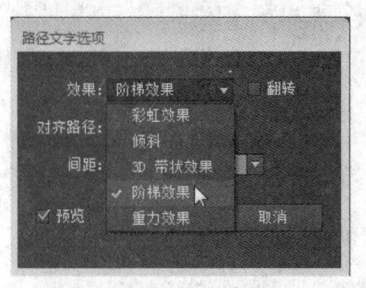

图 6-57 【路径文字选项】对话框 　　图 6-58 编辑文字 　　图 6-59 确定文字输入

6.7 查找和替换

【查找】命令可以查找并取代路径上和文字容器中的文字字符串，但保留上面的文字样式、色彩、特殊字距以及其他的文字属性。

动手操作　查找和替换文字

1　用文字工具创建一个段落文本，如图 6-60 所示。

2　在菜单中执行【编辑】→【查找和替换】命令，弹出【查找和替换】对话框，在【查找】文本框中输入文字"防治"，接着在【替换为】文本框中输入为替换的文字"预防"，如图 6-61 所示，单击【查找】按钮，即可在文件中查找到"防治"两个文字，如图 6-62 所示。

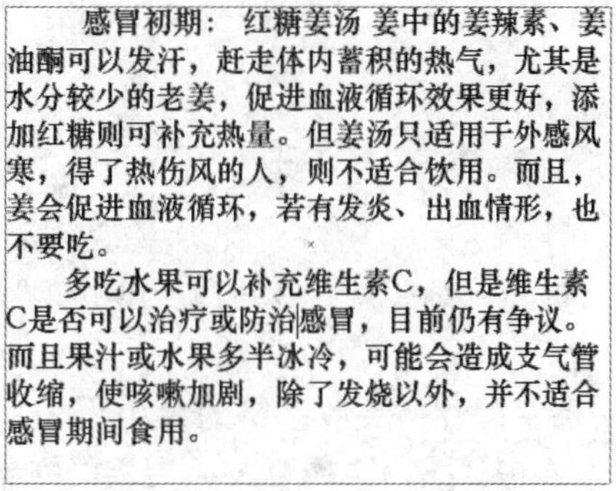

图 6-60 创建一个段落文本

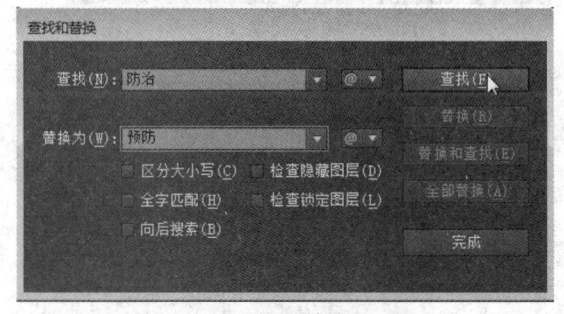

图 6-61 【查找和替换】对话框　　图 6-62 查找文字

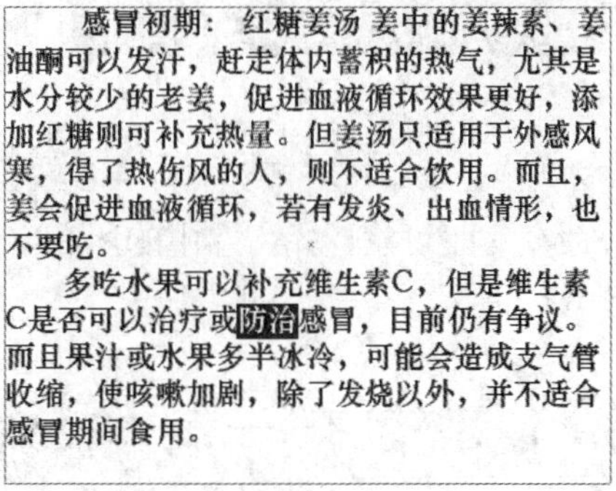

3　在【查找和替换】对话框中单击【查找】按钮以查找到文字后，则对话框中原来不可用的几个按钮都成为活动可用状态，如图 6-63 所示，单击【替换】按钮，即可将"防治"替换为"预防"，如图 6-64 所示。

【查找与替换】对话框选项说明如下：

- 【区分大小写】：如果勾选选项只会查找大小写与"查找"字段完全符合的文字字符串。
- 【全字匹配】：如果勾选选项只会查找与"查找"文字框中整个单字完全符合的完整词。

- 【向后搜索】：如果勾选选项会从堆叠顺序的最下层到最上层查找档案。
- 【检查隐藏图层】：如果勾选选项会查找在隐藏图层中的文字。当取消选取此选项时，Illustrator 会忽略隐藏图层中的文字。
- 【检查锁定图层】：如果勾选选项会查找在锁定图层中的文字。当取消选取此选项时，Illustrator 会忽略锁定图层中的文字。

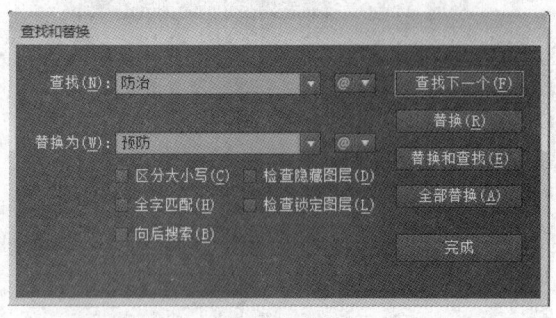

图 6-63 【查找和替换】对话框　　　　图 6-64 替换文字

6.8 更改大小写

【更改大小写】命令可以改变选取字符的大小写设定。

动手操作　更改字符的大小写

1　在文档中选择要改为大写的文字，如图 6-65 所示，然后在菜单中执行【文字】→【更改大小写】→【大写】命令，即可将选择文字中的所有小写字母都改为大写，如图 6-66 所示。

图 6-65 选择文字　　　　图 6-66 更改文字大小写

2　在菜单中执行【文字】→【更改大小写】→【小写】命令，即可将选择文字中的所有字母都改为小写，如图 6-67 所示。

图 6-67 更改文字大小写

6.9 创建轮廓——制作特效艺术字

在 Illustrattor 中，可以将字型当作图形对象来修改，但是必须先利用【创建轮廓】命令将文字转变成一组复合路径，然后像编辑其他图形对象一样来编辑和处理这些路径。

将文字转换成轮廓时，这些文字会失去它们的文本属性，即只能在最佳形态显示或打印，如果将其放大，则会出现不清晰的轮廓。所以，如果打算事后要再缩放这些文字，需在将其转换为轮廓之前，先将文字调整到所需的大小。

在一个选取范围内，必须一次把所有文字转成轮廓，而不能只转换一个字符串中的单一字母。如果只要将单一字母转换成轮廓，需先建立只包含此单一字母的字符串再做转换。

下面通过制作特效艺术字实例，介绍创建轮廓的方法，实例效果如图 6-68 所示。

图 6-68　实例效果

操作步骤

1　按 Ctrl+N 键新建一个文件，从工具箱中点选 文字工具，在画面中适当位置单击并输入文字"踏"，选择文字，然后在【字符】面板中设定【字体】为文鼎 CS 大黑，【字体大小】为 100，如图 6-69 所示。

2　在画面的适当位置依次输入"浪"、"而"、"歌"三个文字，如图 6-70 所示。按 Ctrl 键在"踏"字上单击确认文字输入的同时选择该文字，然后在菜单中执行【文字】→【创建轮廓】命令，即可将文字转换为轮廓，如图 6-71 所示。

图 6-69　输入文字并设置字符格式

图 6-70　输入文字

图 6-71　将文字转换为轮廓

3　在工具箱中点选 缩放工具，再移动指针在"踏"字上单击以将其放大，在工具箱中将描边设为黑色，填色设为无，如图 6-72 所示。

4　在工具箱中点选 直接选择工具，在画面空白处单击取消选择，再在"踏"字的轮廓上单击，以选择其轮廓（也称路径）。选择该节点上的控制点，并将其拖动到适当位置，如图 6-73 所示，以调整路径的形状，如图 6-74 所示。

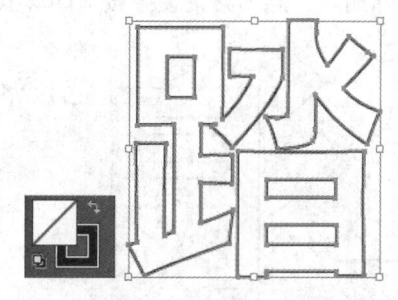

图 6-72　设置文字颜色

图 6-73 编辑文字轮廓 　　　　　　　　　　图 6-74 编辑文字轮廓

5　在工具箱中点选 ![钢笔] 钢笔工具，移动指针到要添加节点的地方单击，添加一个节点，如图 6-75 所示，再按 Ctrl 键拖动该节点向上至适当位置，以调整其路径形状，如图 6-76 所示。

图 6-75 编辑文字轮廓 　　　　　　　　　　图 6-76 编辑文字轮廓

6　用前两步同样的方法对路径进行调整，如图 6-77、图 6-78 所示。

图 6-77 编辑文字轮廓 　　　　　　　　　　图 6-78 编辑文字轮廓

7　用选择工具选择"浪"字，在菜单中执行【文字】→【创建轮廓】命令，即可将文字转换为轮廓，再在工具箱中将描边设为黑色，填色设为无，如图 6-79 所示。

8　在工具箱中点选 ![直接选择] 直接选择工具，在画面中拖出一个虚框框住要删除的部分，如图 6-80 所示，然后在键盘上按 Delete 键将其删除，删除后的结果如图 6-81 所示。

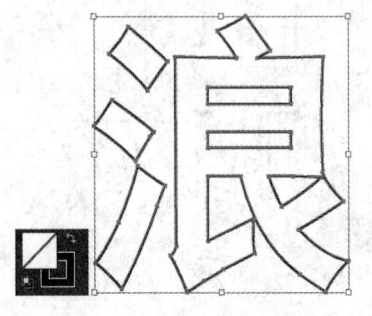

图 6-79 将文字转换为轮廓 　　图 6-80 编辑文字轮廓 　　图 6-81 编辑文字轮廓

9 在工具箱中点选 ✐ 钢笔工具，移动指针到要删除的锚点上（图6-8）单击，即可将该锚点删除，删除后的效果如图6-83所示。用同样的方法将其他不需要的锚点删除，删除后的效果如图6-84所示。

图 6-82　编辑文字轮廓　　　　　图 6-83　编辑文字轮廓　　　　　图 6-84　编辑文字轮廓

10 用直接选择工具选择不需要的路径，如图6-85所示，再在键盘上按 Delete 键将其删除，删除后的效果如图6-86所示。然调整另一个路径的形状，调整后的效果如图6-87所示。

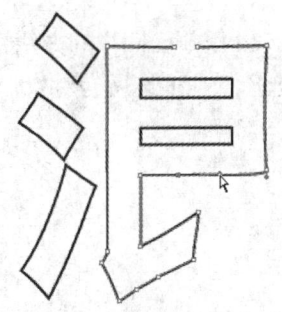

图 6-85　编辑文字轮廓　　　　　图 6-86　编辑文字轮廓　　　　　图 6-87　编辑文字轮廓

11 在绘图窗口底部状态栏的【显示比例】下拉列表中选择100%，将画面缩小，再用钢笔工具在文字之间绘制出几个封闭式路径，如图6-88所示。

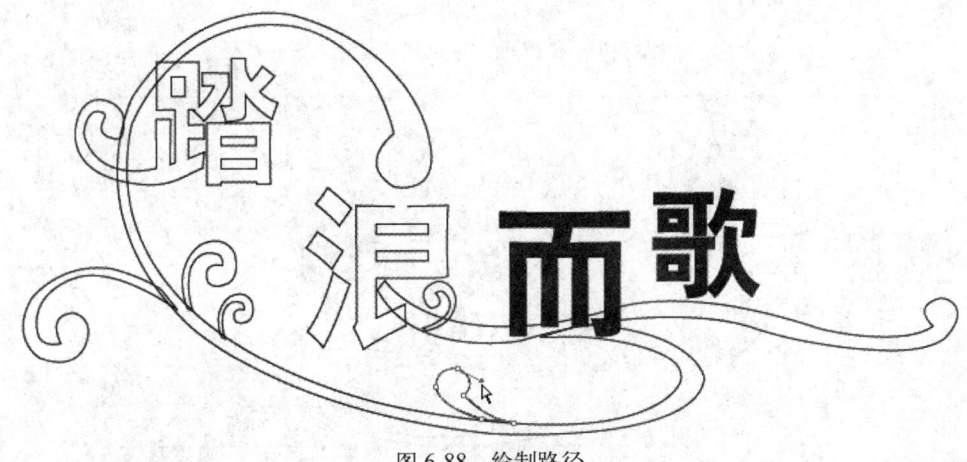

图 6-88　绘制路径

12 用前面同样的方法将"歌"字先创建成轮廓，再描边，然后将不需要的部分删除，调整后的效果如图6-89所示。

13 用钢笔工具在"歌"字的适当位置绘制出几个封闭式路径，如图 6-90 所示。

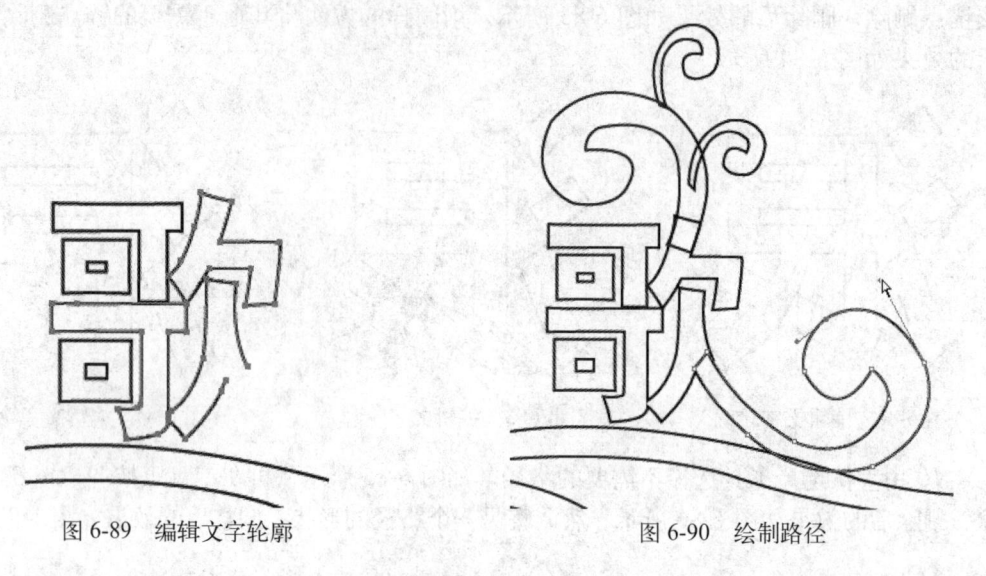

图 6-89　编辑文字轮廓　　　　　　　　　　图 6-90　绘制路径

14 用前面同样的方法将"而"字先创建成轮廓，再描边，描边后的效果如图 6-91 所示。用选择工具框选所有对象，如图 6-92 所示。

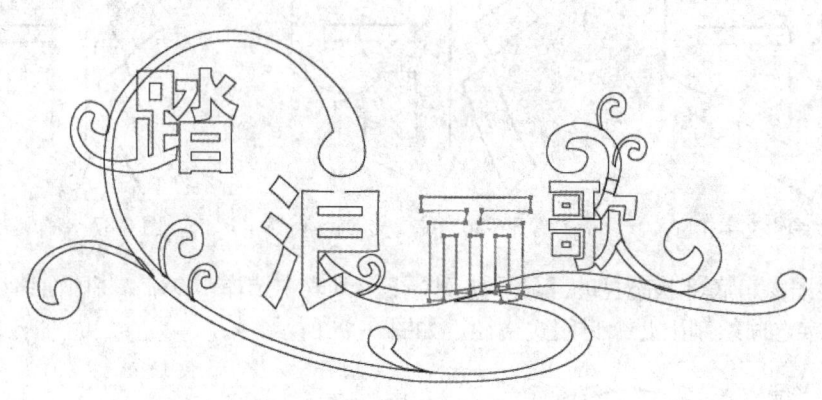

图 6-91　将"而"字创建成轮廓

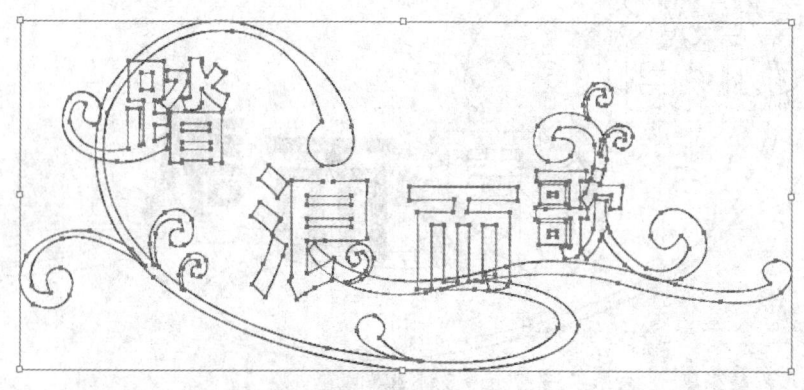

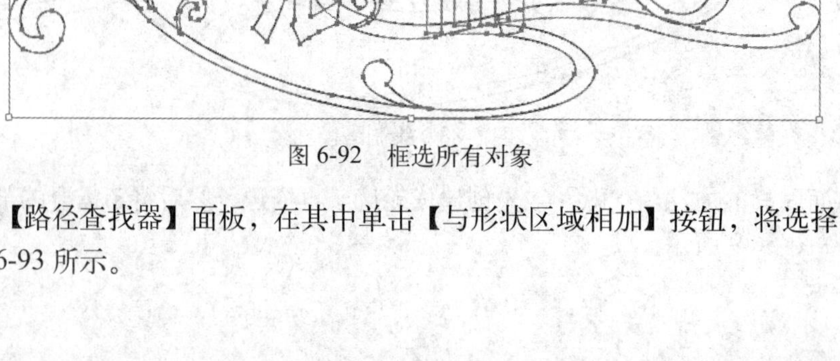

图 6-92　框选所有对象

15 显示【路径查找器】面板，在其中单击【与形状区域相加】按钮，将选择的对象焊接起来，如图 6-93 所示。

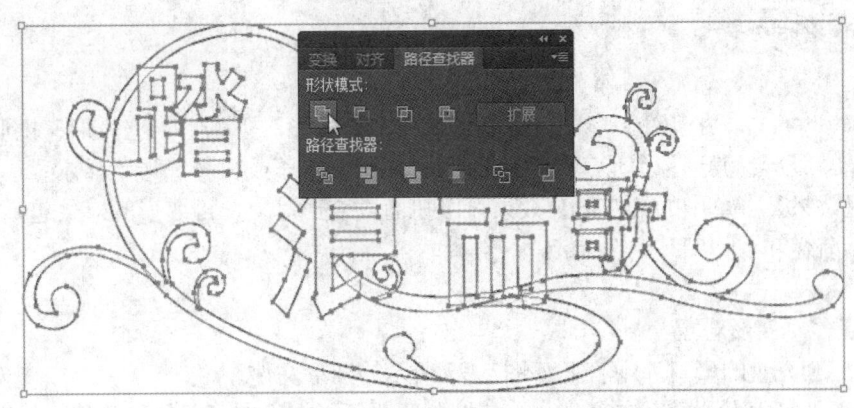

图 6-93 将选择的对象焊接起来

16 显示【渐变】与【颜色】面板,在其中设置所需的渐变,如图 6-94 所示,然后在工具箱中将描边设为无,效果如图 6-95 所示。

图 6-94 设置渐变颜色

图 6-95 填充渐变颜色后的效果

17 在工具箱中点选 矩形工具,在画面中绘制一个矩形,然后将其填充为黑色,再按 Shift+Ctrl+[键将其置于底层,得到如图 6-96 所示的效果。

图 6-96 最终效果

6.10 变形文字

在 Illustrator 中，可以对文字进行变形，使文字呈弧形、下弧形、上弧形、拱形、凸出、凹壳、凸壳、旗形、波形、鱼形、上升、鱼眼、膨胀、挤压或扭转等形状显示。

使用【效果】菜单中的【变形】效果可以扭曲或变形对象，可变形的对象包括路径、文字、网格、渐变和点阵图。

动手操作　变形对象

1　从配套光盘的素材库中打开如图 6-97 所示的图形文件。

2　在工具箱中点选 T 文字工具，在【控制】选项栏中设定【字体】为华文行楷，【字体大小】为 48 pt，然后在画面中适当位置单击并输入文字 "鸟语花香"，如图 6-98 所示。

图 6-97　打开的图形文件　　　　图 6-98　输入文字

3　在工具箱中单击选择工具确认文字输入，在菜单中执行【效果】→【变形】→【挤压】命令，弹出【变形选项】对话框，在其中勾选【预览】选项，设定【弯曲】为 –23%，【水平】为 24%，【垂直】为 20%，其他不变，如图 6-99 所示，单击【确定】按钮，得到如图 6-100 所示的效果。

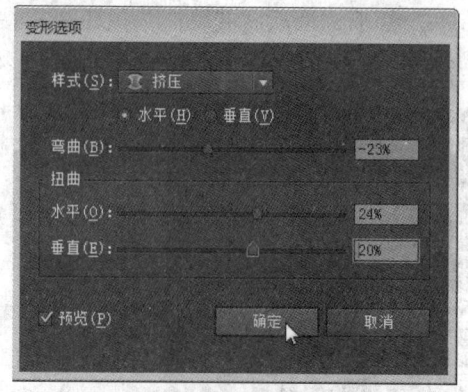

图 6-99　【变形选项】对话框　　　　图 6-100　变形文字

【变形选项】对话框选项说明如下：

- 【水平】或【垂直】：指定变形选项所影响的轴。

- 【弯曲】：在该滑杆上拖动滑块可指定对象的弯曲量。
- 【扭曲】：在该栏中可指定对象【水平】和【垂直】扭曲量。

6.11 本章小结

本章先介绍了用文字工具创建点文字和段落文本，及对文字进行字符格式化、段落格式化和效果处理的方法，然后介绍了用区域文字工具与路径文字工具创建区域文字和路径文字，将文字创建成轮廓并对文字轮廓进行编辑以达到改变文字形状及对文字进行变形的方法。掌握这些功能对用户今后的文字处理、编辑、排版与设计起着举足轻重的作用。

6.12 习题

一、填空题

1. Adobe Illustrator 可精确控制各种字符属性，包含_____、字体大小、_____、_____、_____、_____、水平与垂直缩放、_____，以及字母方向。
2. _____和_____都可与文字路径的一边或两边对齐。
3. 利用区域文字工具或_____可以在一个现有的形状内输入所需的横排或竖排文本。
4. 可以对文字进行变形，如使文字呈弧形、_____、_____、拱形、_____、_____、凸壳、旗形、_____、鱼形、_____、_____、膨胀、挤压或扭转等形状显示。

二、选择题

1. 利用以下哪个工具可以在一个现有的形状内输入所需的竖排文本？（　　　　）
   A. 路径文字工具　　　　　　　B. 文字工具
   C. 直排文字工具　　　　　　　D. 直排区域文字工具
2. 以下哪个命令可以改变选取字符的大小写设定？（　　　　）
   A.【更改大小写】命令　　　　　B.【大小写】命令
   C.【更改小写】命令　　　　　　D.【更改大写】命令

第 7 章　编辑与管理图形

教学要点

本章主要介绍各种编辑图形工具和编辑命令的操作与应用，以及通过排列、对齐与分布、图层、群组等命令将图形进行快速管理的方法。

学习重点与难点

- 编辑图形工具
- 剪切、复制和粘贴对象
- 改变排列顺序
- 创建群组与取消群组
- 修剪图形
- 对齐与分布
- 图层

一幅复杂的作品，如果不经过合理的管理，就会杂乱无章，分不清主次与前后，也就很难达到优美而精彩的效果。

几乎每一个应用程序中都有【剪切】、【复制】和【粘贴】的命令，Illustrator 则另外提供了【粘在前面】和【粘在后面】的功能，以便于用户制作图形对象的副本。

多个图形对象既可以组合，也可以通过【路径查找器】面板中的各命令（有时也称为布尔运算）创建出复杂的图形对象。群组是将多个对象捆绑在一起以进行相同的操作，例如，在不改变多个对象之间的相对位置而移动多个对象。图形的各种组合布尔运算是矢量软件的重要造型方式。很多复杂的图形是通过简单图形的相加、相减、相交等方式来生成的，如【联集】、【减去顶层】、【交集】等命令对处理对象的重合部分十分有效。

使用图层，可以更好地管理对象。它可以使对象显示或隐藏，锁定/解锁对象，也可以制作蒙版等。

7.1　编辑图形工具

7.1.1　旋转工具

利用旋转工具可以将所选的对象进行旋转，可以旋转对象的填充图案，也可在旋转的同时复制原对象。

1. 旋转对象

动手操作　旋转对象

1　在菜单中执行【窗口】→【符号库】→【疯狂科学】命令，显示【疯狂科学】符号

库，再在其中将所需的符号拖动到画面中，当指针呈 状（图7-1）时，松开左键后即可将选择的符号插入画板中，如图7-2所示。

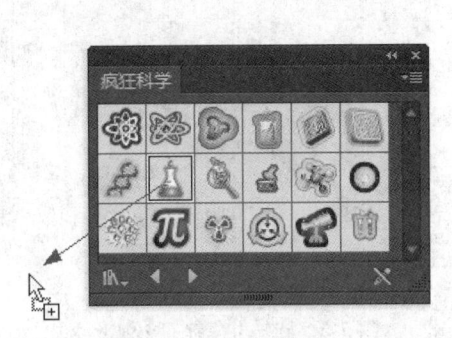

图7-1 拖出符号

图7-2 拖出符号

2 从工具箱中点选 旋转工具，在画面中按下左键进行旋转，即可将符号实例进行旋转，到一定角度后松开左键，符号实例也就跟着旋转了一定角度，如图7-3所示。

按下左键拖动时的状态　　松开左键后旋转的结果

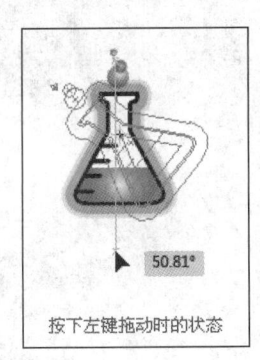

图7-3 旋转符号实例

3 也可以在画面中单击一点作为旋转中心，然后将对象进行旋转，如图7-4所示。

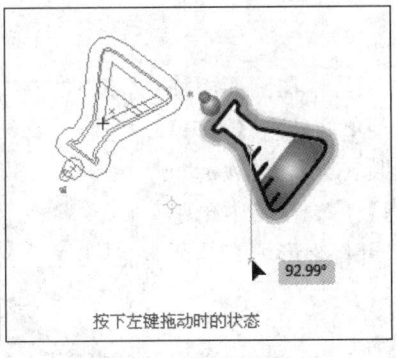

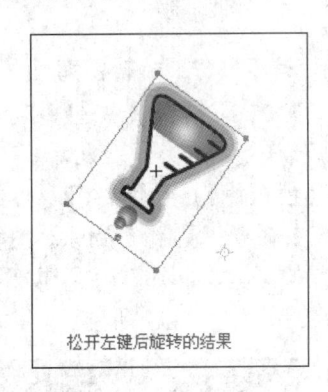

单击确定旋转中心点　　按下左键拖动时的状态　　松开左键后旋转的结果

图7-4 旋转符号实例

2. 在旋转时复制对象

动手操作　在旋转时复制对象

1 选择图形对象，在旋转中心点的下方按下左键将符号实例进行旋转，旋转到一定角度时按下 Alt 键，当指针呈 状时，如图7-5所示，再松开鼠标左键与键盘即可将符号实例进行旋转并复制，如图7-6所示。

图7-5 旋转并复制符号实例

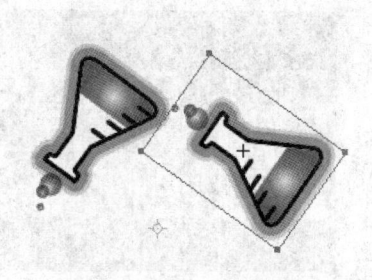

图7-6 旋转并复制符号实例

2 按Ctrl+D键即可以相同角度再复制了一个符号实例，如图7-7所示。再按Ctrl+D键，复制并旋转一个副本，以得到如图7-8所示的效果。

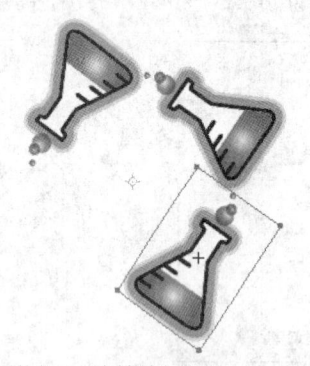

图7-7 旋转并复制符号实例

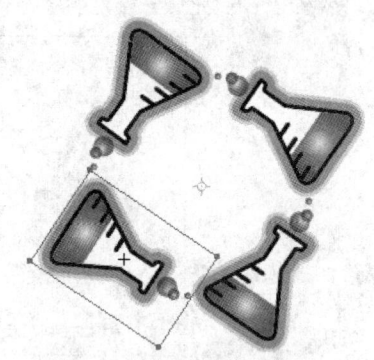

图7-8 旋转并复制符号实例

3. 旋转图案

动手操作 旋转图案

1 从工具箱中点选▯矩形工具，在画面中拖出一个矩形，如图7-9所示。在菜单中执行【窗口】→【色板库】→【图案】→【装饰】→【Vonster图案】命令，显示【Vonster图案】库，在其中单击所需的图案，如图7-10所示，即可将矩形填充为所选图案，如图7-11所示。

图7-9 绘制矩形

图7-10 选择图案

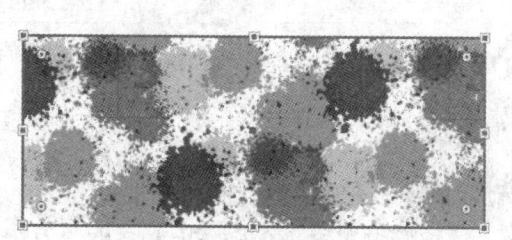

图7-11 填充图案后的效果

2 在工具箱中双击 旋转工具，弹出如图 7-12 所示的【旋转】对话框，在其中勾选【预览】和【变换图案】选项，再在【角度】文本框中输入 45°，单击【确定】按钮，即可得到如图 7-13 所示的效果。

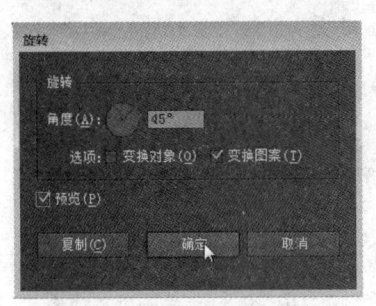

图 7-12 【旋转】对话框

图 7-13 旋转后的效果

如果需要将图形对象进行旋转，则同时勾选【对象】选项。

7.1.2 镜像工具

在实际作图过程中，经常会遇到一些对称的图形，可以利用镜像工具进行镜像并复制，得到对称的图形。也可利用镜像工具将对象进行准确地翻转。

动手操作　镜像对象

1 在工具箱中点选 选择工具，在菜单中执行【窗口】→【符号库】→【传家宝】命令，打开【传家宝】符号库，在其中选择所需的符号，然后将其拖至画板的适当位置，如图 7-14 所示。

2 移动指针到对角控制柄上，当指针呈双向箭头状时按下左键向外拖动，将符号实例放大，结果如图 7-15 所示。

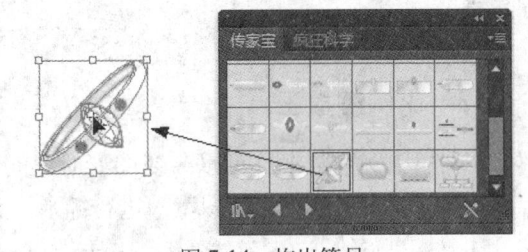

图 7-14 拖出符号

3 在工具箱中双击 镜像工具，弹出如图 7-16 所示的对话框，在其中选择【垂直】选项，单击【复制】按钮，得到一个镜像的副本，效果如图 7-17 所示。

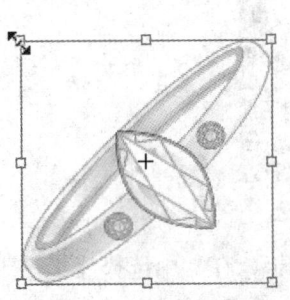

图 7-15 将符号实例放大

图 7-16 【镜像】对话框

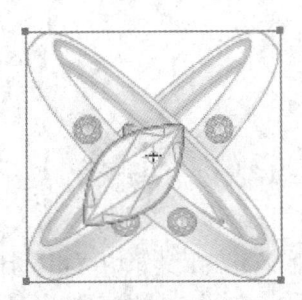

图 7-17 镜像后的效果

4 移动指针到镜像轴中心点上,当指针呈十字架时按下左键向右拖至所需的位置,也就是确定镜像轴要穿过的点,如图 7-18 所示。按下左键拖动到适当的位置(图 7-19)时,松开左键后即可将选择的符号实例进行镜像,结果如图 7-20 所示。

图 7-18 确定镜像轴中心点

图 7-19 对符号实例进行镜像

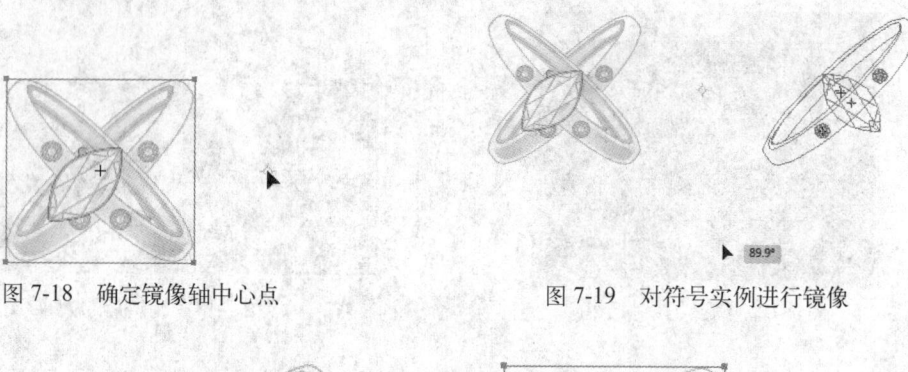

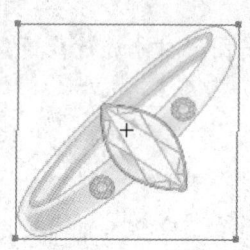

图 7-20 对符号实例进行镜像

> **TIPS** 如果拖动时按下 Alt 键,则会将原对象复制一个副本并镜像。

7.1.3 比例缩放工具

利用比例缩放工具可以改变图形对象的尺寸(即大小)、形状和方向。它既可以对图形的局部(或图形内填充的图案)进行缩放,也可以对整个图形进行缩放。

动手操作 使用比例缩放工具缩放图形

1 在【传家宝】符号库中选择所需的符号,然后将其拖至画板的适当位置,如图 7-21 所示。

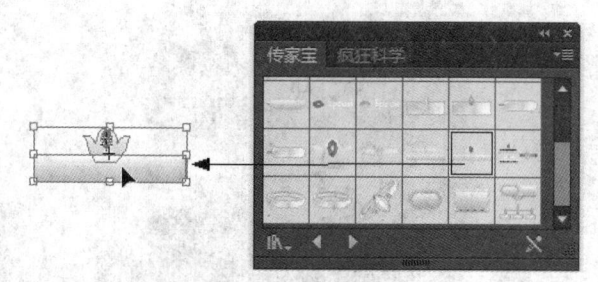

图 7-21 拖出符号

2 在工具箱中双击 比例缩放工具,弹出【比例缩放】对话框,在其中选择【不等比】选项,再设定【垂直】为 150%,其他不变,如图 7-22 所示,单击【确定】按钮,即可将选择的符号不等比放大，如图 7-23 所示。

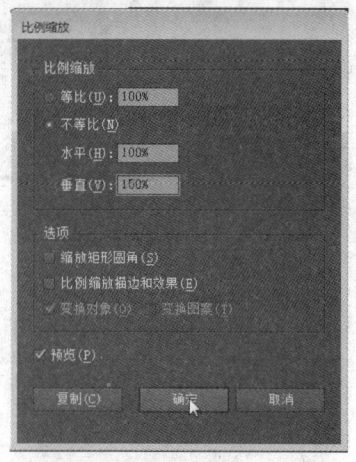

图 7-22 【比例缩放】对话框　　　　图 7-23 放大符号

7.1.4 倾斜工具

利用倾斜工具可以使选定的对象倾斜，也可以在倾斜的同时进行复制。

在工具箱中点选 倾斜工具，在图形上会出现倾斜中心点，在图形的右边适当位置单击，将倾斜中心点移至所单击处，如图 7-24 所示。在画面中按下左键进行拖动，拖动到适当的位置时按下 Alt 键，进行复制，如图 7-25 所示，松开左键和键盘，即可得到一个副本对象并位于上层，如图 7-26 所示。

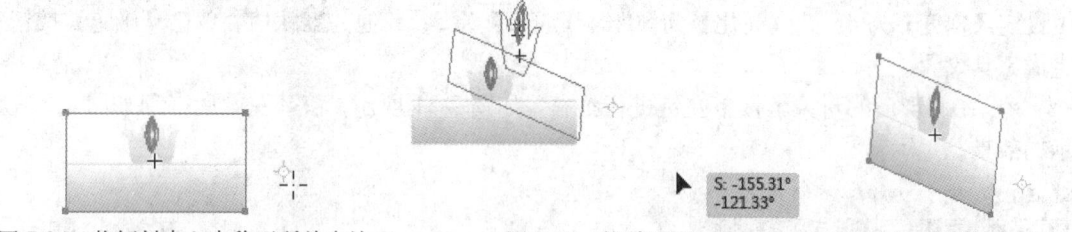

图 7-24 将倾斜中心点移至所单击处　　图 7-25 拖动图形　　图 7-26 倾斜后的图形

7.1.5 液化变形工具

在 Illustrator 中提供了各种液化变形工具来改变对象轮廓（路径）。如果要以液化变形工具来扭曲对象，只要使用工具来拖动对象即可，该工具会在用户绘制时增加锚点并调整路径。

> **TIPS** 在包含文字、图表或符号的链接档案或对象上不能使用液化变形工具。

1. 变形工具

使用变形工具可以延伸对象，如同对象是由黏土所制成的一样。当使用此工具来拖动或拉伸对象的某些部分时，拉伸区域就会变薄。它可以把简单的图形变为复杂的图形。它不仅可以对开放式的路径起作用，也可以对封闭式的路径起作用。

动手操作　使用变形工具调整图形

(1) 变形封闭式路径

1　从工具箱中点选▇矩形工具，在画面中拖出一个矩形，如图 7-27 所示。

2　从工具箱中点选▇变形工具，在矩形上按下左键向上拖动，如图 7-28 所示，到一定形状后松开左键，即可将矩形的直线段改为曲线段，如图 7-29 所示。

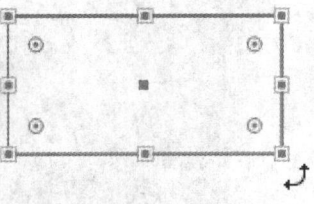

图 7-27　拖出一个矩形

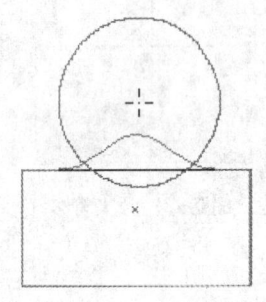

图 7-28　用变形工具拖动时的状态

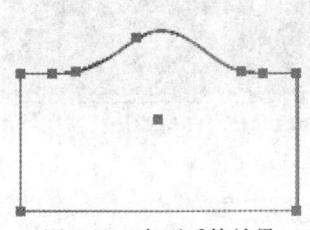

图 7-29　变形后的效果

TIPS：对需要变形的对象可多次拖动，也可一次拖动时来回移动。也可以对开放式路径进行变形，操作方法相同。

(2) 修改变形工具选项

3　在工具箱中双击▇变形工具，弹出如图 7-30 所示的【变形工具选项】对话框，在其中设定【角度】为 45°，【简化】为 80%，【细节】为 5，其他为默认值，单击【确定】按钮，完成工具设置。

4　在变形后的对象上按下左键进行拖移，如图 7-31 所示，松开左键后得到如图 7-32 所示的效果。

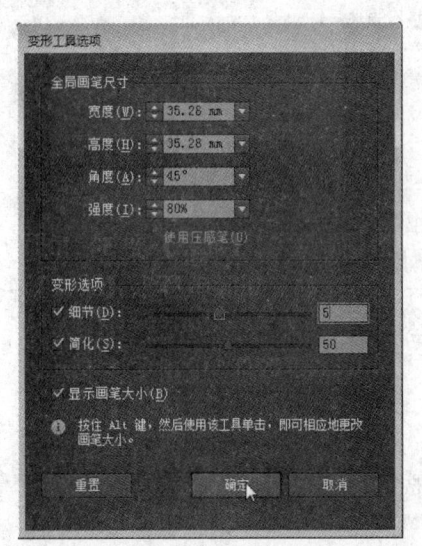

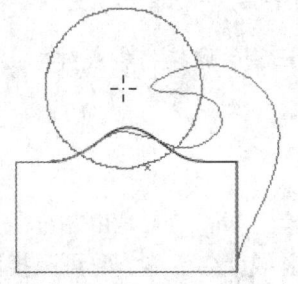

图 7-30　【变形工具选项】对话框　　图 7-31　用变形工具拖动时的状态　　图 7-32　变形后的效果

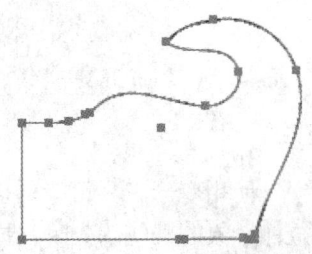

【变形工具选项】对话框选项说明如下：
- 【全局画笔尺寸】：在其中可设定笔刷的宽度、高度、角度和强度。
- 【宽度】和【高度】：可用来控制工具光标的大小。
- 【角度】：可用来控制工具光标的方向。
- 【强度】：指定改变速度（值越高表示改变速度越快），或是选取【使用压力笔】选项以使用数字板或数字笔的输入，而不采用【强度】数值。

> 如果并未外接压力笔，则【使用压力笔】选项便无法使用。

在【变形选项】：在其中可设定变形的细节和简化程度。
- 【细节】：用来指定导入对象轮廓上各点间的间距，值越高，各点的间距越小。
- 【简化】：可用来指定减少多余点的数量，而不致影响形状的整体外观。

2. 旋转扭曲工具

利用旋转扭曲工具可以创建类似于涡流效果的变形。

动手操作　使用旋转扭曲工具变形对象

1　在工具箱中点选 旋转扭曲工具，在选择的对象上按下左键进行旋转拖动，拖动到末端时稍停留片，对象就很快成旋涡状进行扭曲，得到所需的形状后松开左键，即可得到如图 7-33 所示的形状。

> 根据按下左键时间的长短，产生的螺纹也不相同。

2　在工具箱中双击 旋转扭曲工具，弹出如图 7-34 所示的对话框，在其中设置所需的各选项。

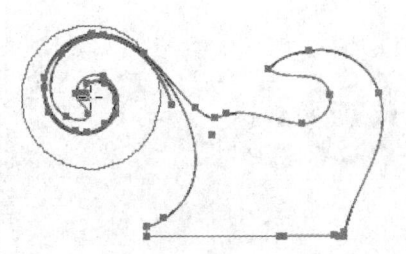

图 7-33　用旋转扭曲工具拖动时的状态 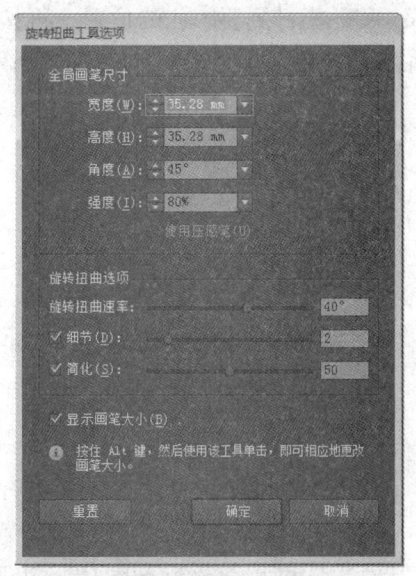　　　　图 7-34　【旋转扭曲工具选项】对话框

【旋转扭曲工具选项】对话框选项说明如下：

【旋转扭曲速率】：指定旋转扭曲所套用的比例。输入介于-180°~180°之间的数值。负值会以顺时针方向旋转扭曲对象，正值则会以逆时针方向旋转扭曲。当数值越接近-180°或180°时，对象的旋转扭曲速度会越快。如果要缓慢旋转扭曲，需指定一个接近0°的旋转扭曲率。

3. 缩拢工具

利用缩拢工具可以将图形的控制点移向光标以收缩对象。

在工具箱中点选 缩拢工具，接着在旋转扭曲过的图形上按下左键不放，并在中间稍稍停留，如图7-35所示，松开左键，得到如图7-36所示的效果。

图7-35 用缩拢工具拖动时的状态　　　　图7-36 变形后的效果

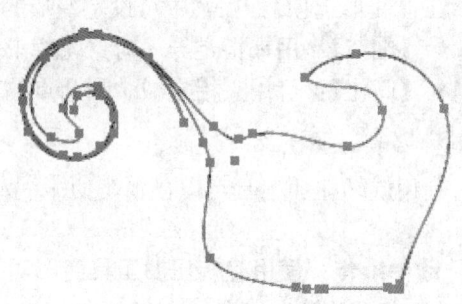

4. 膨胀工具

利用膨胀工具可以将图形的控制点移离光标以膨胀对象。

动手操作　使用膨胀工具膨胀对象

1　在工具箱中双击 膨胀工具，弹出如图7-37所示的对话框，在其中设置【宽度】为10mm，【高度】为20mm，【强度】为80%，其他不变，单击【确定】按钮，完成工具设置。

2　移动指针到要膨胀的位置，再按下左键不动，即可看到轮廓线向外扩展，到所需的形状后松开左键，即可得到如图7-38所示的图形。

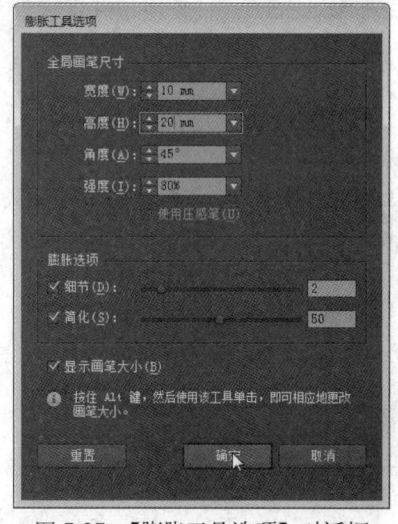

图7-37 【膨胀工具选项】对话框　　　　图7-38 变形后的效果

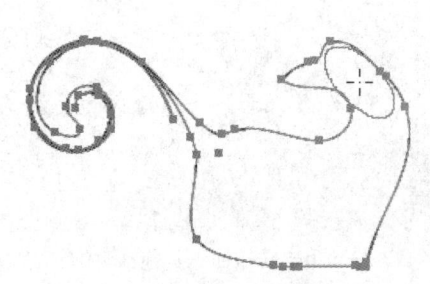

> 在图形上拖动,也可以达到膨胀的效果。

5. 扇贝工具

利用扇贝工具可以在对象的轮廓线上随机新增平滑的弧状细部。

动手操作　使用扇贝工具调整图形

1 在工具箱中双击 扇贝工具,弹出【扇贝工具选项】对话框,在其中进行所需的设置,如图 7-39 所示,设置好后单击【确定】按钮。

2 在使用膨胀工具膨胀过的轮廓线上按下左键向上方拖移,如图 7-40 所示,得到所需的形状后松开左键,得到如图 7-41 所示的形状。

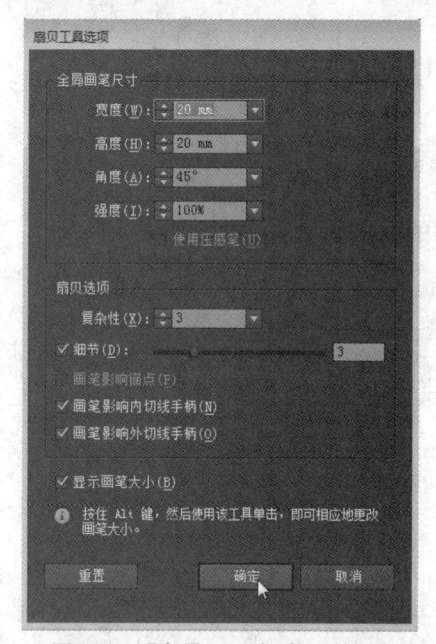

图 7-39　【扇贝工具选项】对话框

图 7-40　用扇贝工具拖动时的状态

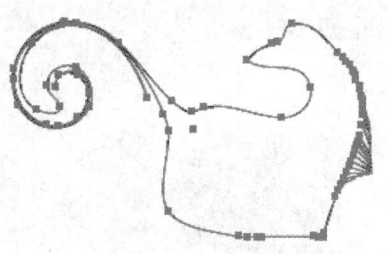

图 7-41　变形后的效果

可以根据需要在【扇贝工具选项】对话框中设定全局笔刷大小、复杂度和细节等选项。

- 【复杂性】:用来指定对象外框上特定笔刷结果之间的间隔。
- 【画笔影响锚点】、【画笔影响内切线手柄】或【画笔影响外切线手柄】:能使工具笔刷改变这些属性。

6. 宽度工具

用宽度工具可以将图形轮廓以不同宽度渐变大小加粗描边,使轮廓变成书画效果。

在工具箱中点选 宽度工具,移动指针到要加宽的路径上按下左键进行拖移,如图 7-42 所示,达到所需的宽度后松开左键,得到如图 7-43 所示的形状。

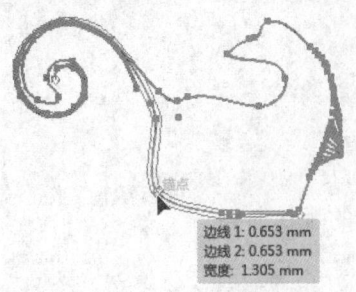

图 7-42 用宽度工具拖动时的状态

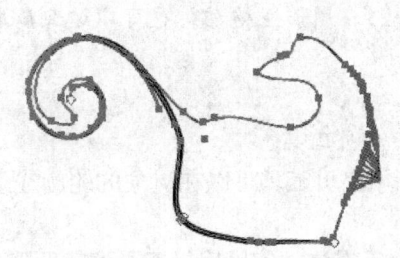

图 7-43 变形后的效果

7. 晶格化工具

利用晶格化工具可以将图形对象的轮廓线调为锯齿状（即晶格状）。

动手操作 使用晶格化工具调整图形

1 按 Ctrl+O 键从配套光盘的素材库中打开如图 7-44 所示的矢量文件。

2 从工具箱中点选 晶格化工具，采用前面的参数设置，在画面右上角的一个星星上按下左键不放，如图 7-45 所示，达到所需的效果后，松开左键即可将指针波及范围内的对象变为晶状似的形状，如图 7-46 所示。

图 7-44 打开的矢量文件

图 7-45 用晶格化工具拖动时的状态

图 7-46 变形后的效果

3 在一个星星上按下左键向右上方拖移，如图 7-47 所示，给其他星星变形，变形后的效果如图 7-48 所示。

图 7-47 用晶格化工具拖动时的状态

图 7-48 变形后的效果

8. 皱褶工具

利用皱褶工具可以在对象的轮廓线上随机新增弧形尖凸状的细部。

动手操作　使用皱褶工具调整图形

1 按 Ctrl+O 键从配套光盘的素材库中打开如图 7-49 所示的矢量文件，再用选择工具在画面中选择一个要变形的对象，如图 7-50 所示。

2 在工具箱中双击 皱褶工具，弹出【皱褶工具选项】对话框，在其中设定【宽度】与【高度】为 50mm，【角度】为 0°，【强度】为 50%，【复杂性】为 3，【细节】为 2，其他不变，如图 7-51 所示，单击【确定】按钮，完成工具设置。

图 7-49　打开的矢量文件 　　　　　图 7-50　选择变形对象 　　　　　图 7-51　【皱褶工具选项】对话框

3 在选择对象上按下左键以顺时针方向拖移，如图 7-52 所示，达到所需的形状后松开左键，得到如图 7-53 所示的结果。按 Ctrl 键在画面的空白处单击取消选择，得到图 7-54 所示的效果。

图 7-52　用皱褶工具拖动时的状态 　　　图 7-53　变形后的效果 　　　　图 7-54　变形后的效果

7.2　自由变换工具

自由变换工具是一个非常方便快捷的工具，利用它可以对同一个对象连续进行移动、旋转、镜像、缩放和倾斜等操作，它的作用几乎与选择工具相同，只是它不能用于选择对象和取消对象的选择。

动手操作 使用自由变换工具调整图形

1 按 Ctrl+O 键从配套光盘的素材库中打开如图 7-55 所示的矢量文件，再用选择工具在画面中框选所有对象，如图 7-56 所示。

2 从工具箱中点选 自由变换工具，将指针指向对角控制点，当指针呈双箭头状时按下左键向左上方拖动，将选择的对象放大，如图 7-57 所示。

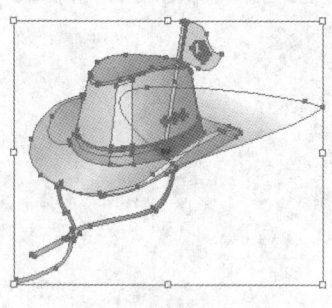

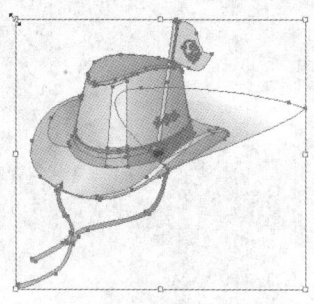

图 7-55 打开的矢量文件　　图 7-56 框选所有对象　　图 7-57 将选择的对象放大

3 将指针指向对角控制柄上并呈 状时，按下左键向右下方拖移，即可将选择的对象进行旋转，如图 7-58 所示。

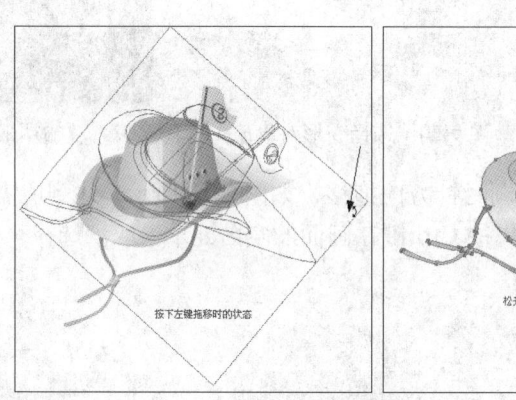

图 7-58 将选择的对象进行旋转

4 当指针指向图形并呈 状时，按下左键拖动，即可把图形拖到所需的地方。

5 当指针指向每边中间的控制点上呈双向箭头时，按下左键拖动可不等比缩放图形，如图 7-59 所示。

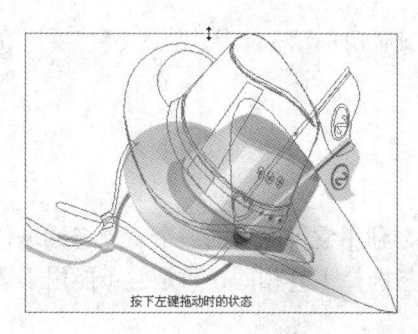

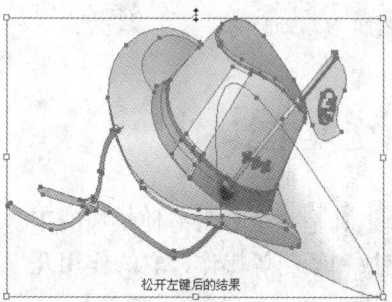

图 7-59 不等比缩放图形

> 如果在按下 Alt 键的同时，当指针指向控制点上呈双向箭头和弯曲箭头时向外或向内拖动，即可将图形以变换框的中心为中心进行缩放或旋转。

7.3 剪切、复制和粘贴对象

利用剪切、复制和粘贴可以复制副本，也可以在各程序之间进行复制。这样即避免了制作同一个对象所花费的时间，提高了工作效率。

动手操作　剪切、复制和粘贴对象

1　按 Ctrl+O 键从配套光盘的素材库中打开如图 7-60 所示的矢量文件，再用选择工具在画面中框选所有对象，如图 7-61 所示。

图 7-60　打开的矢量文件　　　　图 7-61　框选所有对象

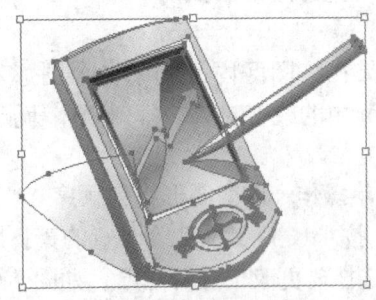

2　在菜单中执行【编辑】→【复制】命令（或按 Ctrl+C 键），将对象复制到剪贴板中，然后在菜单中执行【编辑】→【粘贴】命令（或按 Ctrl+V 键），从剪贴板中将复制的对象粘贴到文档中，如图 7-62 所示。

3　在菜单中执行【文件】→【新建】命令，弹出【新建文件】对话框，在其中直接单击【确定】按钮，再在菜单中执行【编辑】→【粘贴】命令，即可将前面复制到剪贴板的内容粘贴到新建文件中，如图 7-63 所示。

图 7-62　复制并粘贴对象　　　　图 7-63　粘贴对象

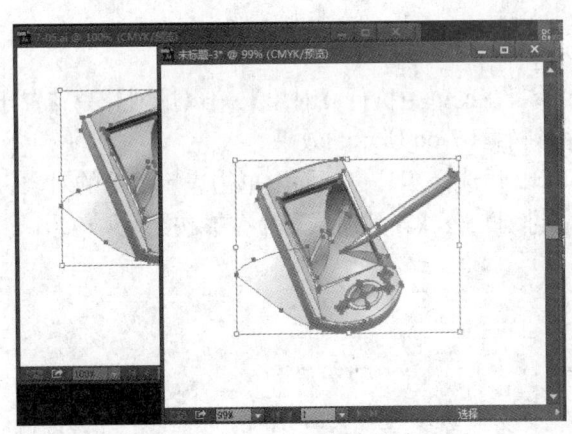

> 只要进行过复制，就可以执行多次粘贴。可以在同一文件中或不同的文件以及不同的程序中进行复制与粘贴。

如果所要复制的对象没有被选中，先用选择工具点选它或框选住所需的对象，然后按 Ctrl+C 键或按 Ctrl+X 键进行复制或剪切。使用【剪切】命令的操作方法与使用【复制】命令相同，只是执行【剪切】命令时，将原对象剪掉并存放到剪贴板中，然后执行【粘贴】命令将剪贴板中的内容粘贴到指定位置。

7.4 清除对象

在工具箱中点选选择工具（或直接选择工具），在文档中选择所需删除的对象，然后在菜单中执行【编辑】→【清除】命令（或在键盘上按 Delete 键），即可将所选的对象清除。

7.5 改变排列顺序

如果在绘图区内绘制了多个图形对象后，又发现它们的叠放顺序不对时，可以使用 Illustrator 中的改变对象的排列顺序功能改变排列顺序。

动手操作　改变图形排列顺序

1　按 Ctrl+O 键从配套光盘的素材库中打开如图 7-64 所示的矢量文件，再用选择工具在画面中选择要更改位置的对象，如图 7-65 所示。

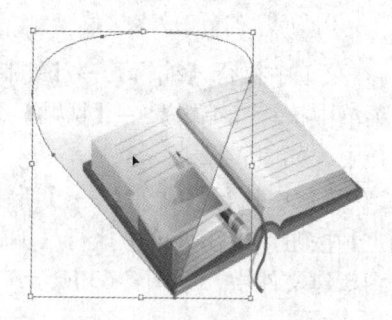

图 7-64　打开的矢量文件　　　　图 7-65　选择要更改位置的对象

2　在菜单中执行【对象】→【排列】→【置于底层】命令或按 Shift + Ctrl + [键，即可得到如图 7-66 所示的效果。

3　用选择工具在画面中单击表示铅笔的对象，如图 7-67 所示。在菜单中执行【对象】→【排列】→【置于顶层】命令或按 Shift + Ctrl +] 键，即可得到如图 7-68 所示的效果。

图 7-66　将对象置于底层　　　7-67　选择要更改位置的对象　　　图 7-68　将对象置于顶层

> 如果只需向后移一层，可以按 Ctrl + [键；如果要向前移动一层，可以按 Ctrl +] 键。

7.6 创建群组与取消群组

在绘制一幅精美而复杂的作品时，不可避免地存在对一组对象的编辑、移动等操作，为了保证对象相互之间不发生变化，就需要把这一组对象进行群组（编组）。

7.6.1 创建群组

为了防止相关对象被意外更改，可以把这些对象群组在一起，但是要进行群组操作，必须把这些对象全部选择起来。

动手操作　创建群组

1　按 Ctrl+O 键从配套光盘的素材库中打开如图 7-69 所示的矢量文件，在工具箱中点选选择工具，再在画面中适当位置按下左键拖出一个虚框框住要编组的对象，如图 7-70 所示，松开左键后即可选择这三个对象，如图 7-71 所示。

图 7-69　打开的矢量文件　　　图 7-70　选择对象　　　图 7-71　选择对象

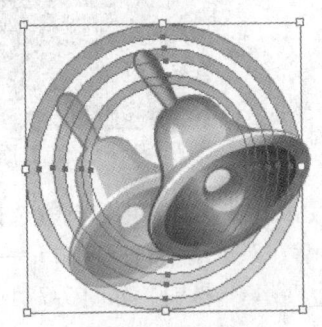

2　在菜单中执行【对象】→【编组】命令或按 Ctrl+G 键，将选择的三个对象创建为一个整体，而群组中的每个对象保持其原始属性。

7.6.2 取消群组

如果想对群组中的对象再次进行编辑，可取消群组，也可点选直接选择工具或编组选择工具来选择所需编辑的对象。

操作方法：使用选择工具点选所需取消群组的对象，然后在菜单中执行【对象】→【解散群组】命令，群组对象即被取消群组了。

7.7 修剪图形

在 Illustrator CC 中，包含了许多可以变换图形对象的形状、大小和方向的工具和命令。图形的各种组合布尔运算是矢量软件的重要造型方式。很多复杂的图形是通过简单图形的相加、相减、相交等方式来生成的。利用【路径查找器】面板中的【修剪】命令可以组合，分离和细分对象。这些命令可以建立由对象的交叉部分形成的新建对象。【路径查找器】面板就是 Adobe Illustrator 中用于图形组合运算的专门工具。

7.7.1 联集

利用【联集】命令可以将多个选中的对象合并成一个对象，而新生成的对象将保留合并之前最上面的对象的属性（如填色、描边等）。

动手操作　使用联集命令合并对象

1　按 Ctrl+N 键新建一个图形文件，显示【颜色】面板，在其中设定填色为 C32、M0、Y0、K0，描边为黑色，如图 7-72 所示，从工具箱中点选 椭圆工具，按 Shift 键在文档中绘制多个大小不同的圆形，如图 7-73 所示。

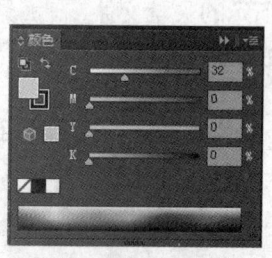

图 7-72　【颜色】面板　　　　图 7-73　绘制圆形

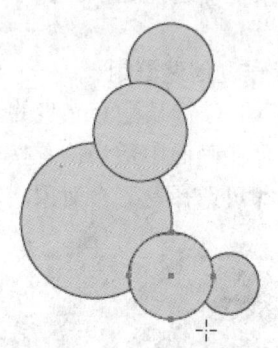

2　在工具箱中点选 选择工具，再在画面中框选刚绘制的所有圆形，如图 7-74 所示，然后在菜单中执行【窗口】→【路径查找器】命令，显示【路径查找器】面板，在其中单击 （联集）按钮，如图 7-75 所示，在空白处单击取消选择，即可得到如图 7-76 所示的效果。

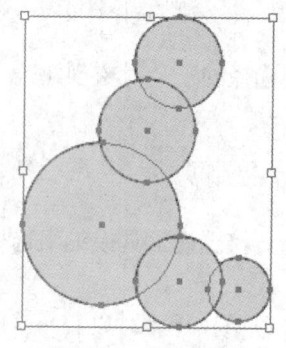

图 7-74　框选圆形　　　　图 7-75　【路径查找器】面板　　　　图 7-76　联集后的效果

TIPS　直接单击【路径查找器】面板中的相关命令按钮，可使它们重叠的路径变为透明，而且每个对象还可以单独编辑。而按 Alt 键单击【路径查找器】面板中的相关命令按钮，或者在单击【路径查找器】面板中的相关命令后再单击【扩展】按钮，则得到的只有一个对象，而且重叠的路径被删除。

7.7.2 减去顶层

动手操作 使用减去顶层命令调整图形

利用【减去顶层】命令可以从形状区域中减去某一形状。通常是用前面的对象减去最下面的对象，它适用于从大的对象中减去小的对象。

1 选择图形对象在工具箱中点选○椭圆工具，在画面中适当位置绘制五个椭圆形，如图 7-77 所示，再用选择工具框选要修减的图形，如图 7-78 所示。

2 在【路径查找器】面板中单击 （减去顶层）按钮，即可得到如图 7-79 所示的效果。

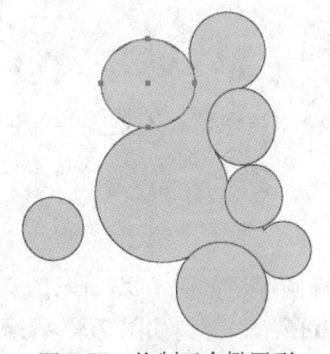

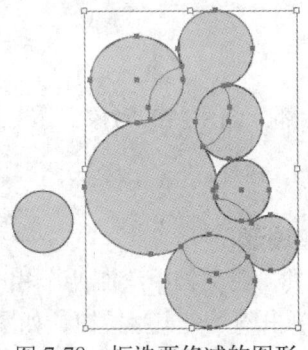

图 7-77　绘制五个椭圆形　　　图 7-78　框选要修减的图形　　　图 7-79　减去顶层后的效果

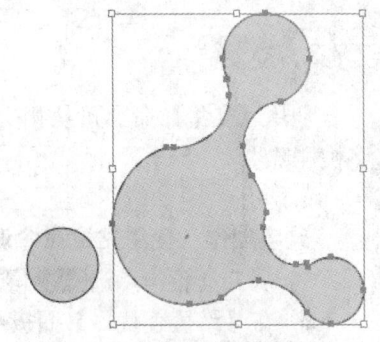

3 在工具箱中点选☆星形工具，按 Shift 键在文档中拖出一个五角星，如图 7-80 所示。从工具箱中点选 选择工具，按 Shift 键在画面中单击裁剪过的对象，以同时选择它们，如图 7-81 所示。

4 在【路径查找器】面板中单击 （减去顶层）按钮，即可得到如图 7-82 所示的效果。

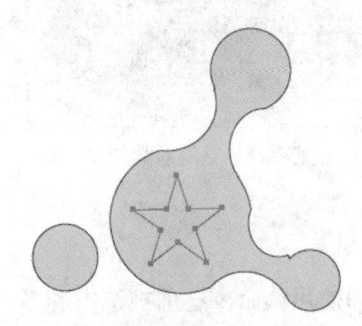

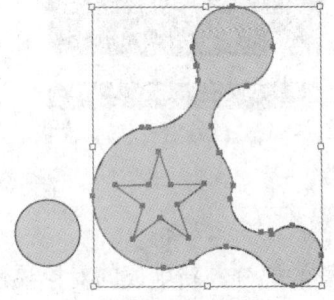

图 7-80　绘制一个五角星　　　图 7-81　选择对象　　　图 7-82　减去顶层后的效果

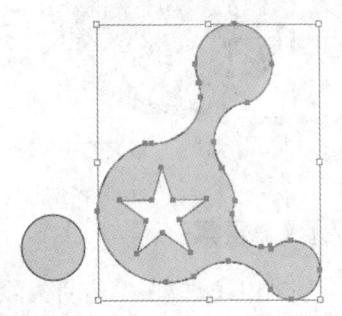

5 用选择工具框选椭圆与裁剪后的对象，在菜单中执行【窗口】→【图形样式库】→【3D 效果】命令，显示【3D 效果】面板，然后在其中单击所需的样式，即可将选择的对象应用 3D 效果，如图 7-83 所示。按 Ctrl 键在画面的空白处单击取消选择，得到如图 7-84 所示的效果。

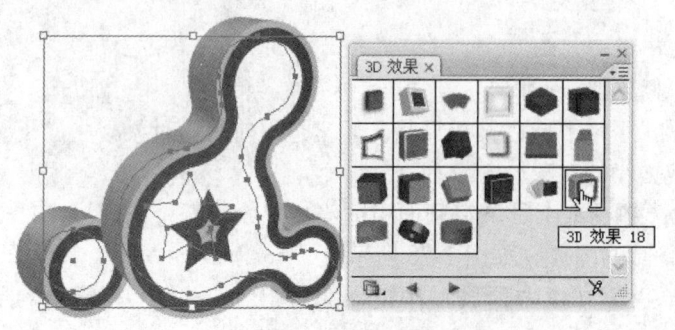

图 7-83　应用 3D 效果 　　　　　　　　　　　图 7-84　应用 3D 效果

7.7.3 交集

利用【交集】命令可从相交的部分创建新的对象。重叠的部分将被保留，不重叠的部分将被删除。

动手操作　使用文章命令调整图形

1　从工具箱中点选⬭椭圆工具，在文档中绘制两个相交的椭圆形，如图 7-85 所示。

2　在【路径查找器】面板中单击▣（交集）按钮，如图 7-86 所示，得到如图 7-87 所示的效果。

图 7-85　绘制两个相交的椭圆形 　　　图 7-86　【路径查找器】面板 　　　图 7-87　交集后的效果

7.7.4 差集

利用【差集】命令可去除重叠的部分。新生成的对象属性与使用该命令之前被选中的多个对象中最上面对象的属性相同。

动手操作　使用差集命令调整图形

1　在工具箱中点选⬭椭圆工具，在相交对象上绘制一个圆形，然后在【颜色】面板中设定填色为绿色，如图 7-88 所示。再用选择工具将两个对象框选，如图 7-89 所示。

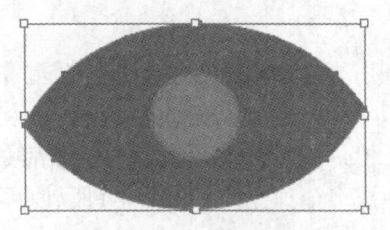

图 7-88 绘制一个圆形　　　　　　　　　图 7-89 将两个对象框选

2　在【路径查找器】面板中单击 ■ (差集) 按钮，如图 7-90 所示，得到如图 7-91 所示的效果。

图 7-90 【路径查找器】面板　　　　　　图 7-91 差集后的效果

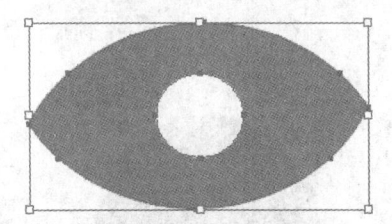

3　用椭圆工具在裁剪后的对象左下方绘制一个椭圆，如图 7-92 所示，接着按 Ctrl+C 键将其进行复制，再按 Ctrl+V 键进行粘贴，然后按 Ctrl 键将其拖动到适当位置，如图 7-93 所示。

4　用同样的方法再复制多个椭圆，复制并移动好后的结果如图 7-94 所示。

图 7-92 绘制一个椭圆　　　图 7-93 移动并复制对象　　　图 7-94 移动并复制对象

5　在工具箱中点选 ■ 矩形工具，在画面中绘制出一个矩形，如图 7-95 所示，再在【颜色】面板中设置所需的颜色，然后在菜单中执行【对象】→【排列】→【置于底层】命令，即可得到如图 7-96 所示的效果。

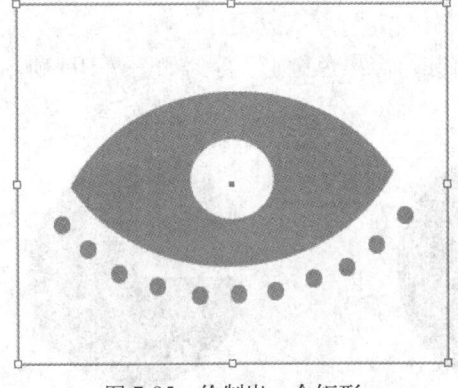

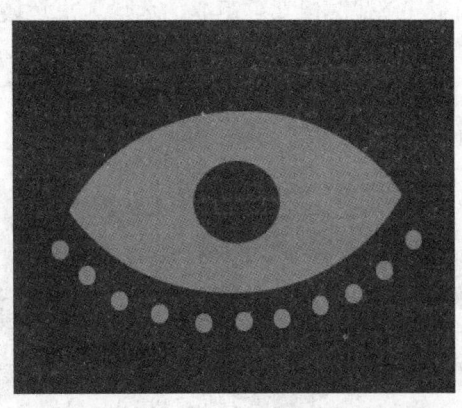

图 7-95 绘制出一个矩形　　　　　　　　图 7-96 置于底层后的效果

7.7.5 分割

利用【分割】命令可以将相互重叠交叉的部分分离，从而生成多个独立的部分(对象)，但不删除任何部分。应用【分割】命令后所有的填充和颜色将被保留，各个部分保留原始的属性，但是前面对象重叠部分的轮廓线的属性将被取消。

生成多个独立的对象后，可以使用直接选择工具选中某个对象并移动。

动手操作　使用分割命令调整图形

1　按 Ctrl+N 键新建一个图形文件，显示【颜色】面板，在【颜色】面板中设定填色为黑色，描边为无，再用椭圆工具在画面中绘制一个圆形，如图 7-97 所示。在工具箱中点选矩形工具，在圆形的左上方绘制一个与圆形相交的矩形，然后在【颜色】面板中设定填色为红色，如图 7-98 所示。

图 7-97　绘制一个圆形 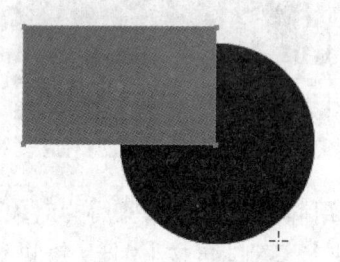　　　　图 7-98　绘制一个矩形

2　用选择工具框选刚绘制的两个对象，如图 7-99 所示，在【路径查找器】面板中单击（分割）按钮，如图 7-100 所示，将矩形和椭圆进行分割，得到如图 7-101 所示的效果。

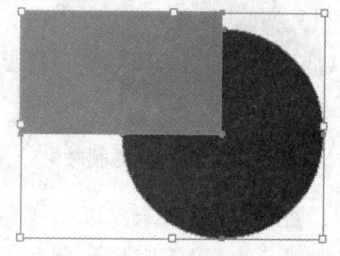

图 7-99　框选刚绘制的两个对象 　　图 7-100　【路径查找器】面板 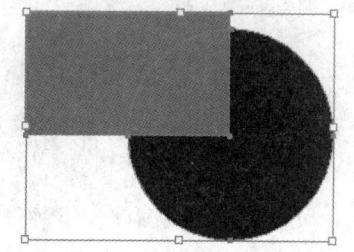　　图 7-101　将矩形和椭圆进行分割

3　先在空白处单击取消选择，点选直接选择工具单击红色的矩形，如图 7-102 所示，按 Delete 键将其删除，结果如图 7-103 所示。

4　在重叠的部分上按下左键向左上方拖动，将其拖离黑色圆形，得到如图 7-104 所示的效果。

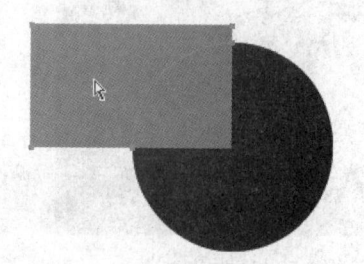

图 7-102　单击红色的矩形 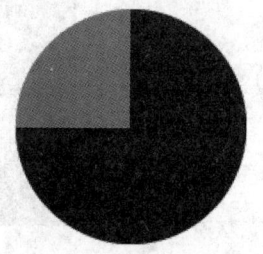　　图 7-103　删除后的效果 　　图 7-104　分割后的效果

7.7.6 修边

利用【修边】命令可从填充路径中删去隐藏的部分，也可以以路径为修边线将相交的部分裁开，并使它们成为独立的对象，而且轮廓线都被清除。

如果被选中的多个对象没有轮廓线并使用填充色进行填充，则只会使用前面的对象裁切下层对象的重叠部分。

如果被选的多个对象属性不同并有轮廓线，则修边过后所有被选的对象轮廓线被清除，而且每个路径相交的部分，都单独成为一个对象。应用该命令后可使用直接选择工具将它们选中并移动。

动手操作　使用修边命令调整图形

1　从工具箱中点选 星形工具，在黑色圆形上绘制一个星形，如图 7-105 所示。点选 选择工具，然后按 Alt 键依次拖动星形至其他三个不同位置，以复制三个星形，复制好后的效果如图 7-106 所示。

图 7-105　绘制一个星形　　　　　　　图 7-106　复制并移动星形

2　用选择工具框选所有对象，如图 7-107 所示，在【路径查找器】面板中单击 （修边）按钮，如图 7-108 所示，用星形裁切红色与黑色扇形。

图 7-107　框选所有对象　　　　　　　图 7-108　【路径查找器】面板

3　在工具箱中点选 直接选择工具，在画面中选择一个星形，如图 7-109 所示，再按 Delete 键将其删除，删除后的效果如图 7-110 所示。

图 7-109　选择一个星形　　　　　　　图 7-110　删除后的效果

4 用上步同样的方法将其他的星形删除，删除并取消选择后的效果如图 7-111 所示。

5 在工具箱中点选 T 文字工具，在【控制】选项栏中设定【字体】为黑体，【字体大小】为 60pt，然后在画面中适当位置单击并输入文字"日旭集团"，输入好后按 Ctrl 键在画面的空白处单击取消选择，以完成标志设计，画面效果如图 7-112 所示。

图 7-111　删除并取消选择后的效果　　　　　图 7-112　输入所需的文字

7.7.7　合并

利用【合并】命令可以将相同填充色的多个对象合并为一个对象。如果填充色不同，则用上层的对象裁切下层对象。如果是用色样进行填充，则会将所选对象的重叠部分进行修剪，并各自独立。

动手操作　使用合并命令合并对象

1 从工具箱中点选 ◯ 椭圆工具，在绘图区内绘制一个圆，显示【颜色】面板，在其中设定描边为黑色，填色为红色，如图 7-113 所示。接着再绘制一个圆，在【颜色】面板中设定填色为深黄色，如图 7-114 所示。

图 7-113　绘制一个圆　　　　　图 7-114　绘制一个圆

2 用选择工具框选两个圆对象，如图 7-115 所示，在【路径查找器】面板中单击 ▣（合并）按钮，如图 7-116 所示，即可将轮廓线清除，如图 7-117 所示。

图 7-115　框选两个圆对象　　　图 7-116　【路径查找器】面板　　　图 7-117　合并后的效果

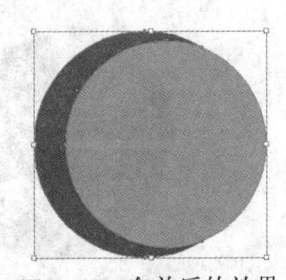

3 在工具箱中点选直接选择工具，在画面中选择深黄色的圆，如图 7-118 所示，在键盘上按 Delete 键将其删除，删除后的效果如图 7-119 所示。

4 在工具箱中点选☆星形工具，在画面的适当位置绘制一个五角星，绘制好后的效果如图 7-120 所示。

图 7-118　选择深黄色的圆　　　图 7-119　删除后的效果　　　图 7-120　绘制一个五角星

7.7.8　裁剪

利用【裁剪】命令可以将一些被选中与最前面对象相交部分之外的对象裁剪掉。

动手操作　利用裁剪命令调整图形

1 用椭圆工具、星形工具与多边形工具分别在画面中绘制出一个圆形、五角星与六边形，并使它们有一部分分别相交，而且填色也不同，如图 7-121 所示，再用选择工具框选这三个对象，如图 7-122 所示。

图 7-121　绘制出不同对象　　　图 7-122　框选这三个对象

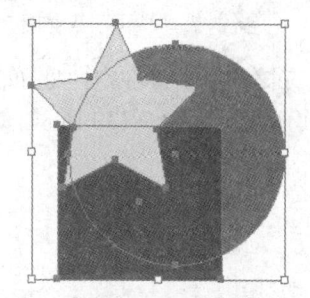

2 在【路径查找器】面板中单击 ▣（裁剪）按钮，如图 7-123 所示，即可将相交的部分保留，而将相交以外的部分剪掉，如图 7-124 所示。

3 在空白处单击取消选择，再用直接选择工具在裁剪所得的图形上单击，即可单独选择它，如图 7-125 所示。

图 7-123　【路径查找器】面板　　　图 7-124　裁剪后的效果　　　图 7-125　单独选择

虽然用直接选择工具可以单独选择它，但是用选择工具则无法单独选择一个对象，因为它们是一个群组。

7.7.9 轮廓

利用【轮廓】命令可从相交的部分分离创建独立的线条，同时将所有的对象转换为轮廓，不管原对象的轮廓线粗细为多小，执行【轮廓】命令后轮廓线的笔画粗细都会自动变为 0，轮廓线颜色也会变为填充的颜色。

动手操作 使用轮廓命令调整图形

1 接着上节介绍。按 Ctrl+Z 键撤销前面的裁剪操作，如图 7-126 所示。再在【路径查找器】面板中单击 （轮廓）按钮，如图 7-127 所示，即可将对象填充色清除，并将轮廓粗细设为 0pt，如图 7-128 所示。按 Ctrl 键在空白处单击取消选择，只留下隐隐可见的路径，其描边颜色采用各对象的填充色。

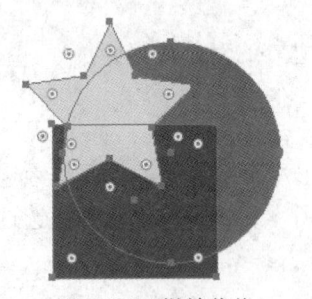

图 7-126 撤销裁剪 　　图 7-127 【路径查找器】面板 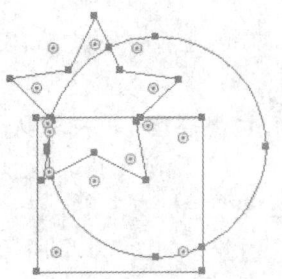　　图 7-128 选择轮廓后的效果

2 用直接选择工具在空白处单击取消选择，再在画面中选择一条路径，如图 7-129 所示，可以改变其形状，如图 7-130 所示。如果用 编组选择工具选择路径，则可以移动路径，如图 7-131 所示。

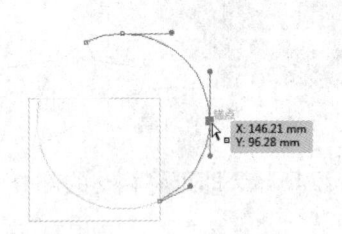

图 7-129 选择一条路径 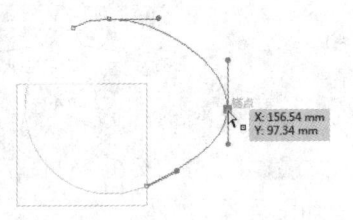　　图 7-130 可以改变对象形状 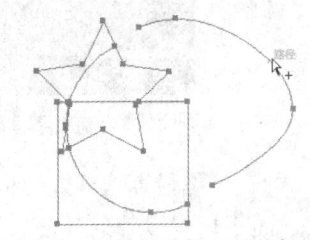　　图 7-131 用编组选择工具选择路径

7.7.10 减去后方对象

利用【减去后方对象】命令可以使用前面对象裁减去最后面的对象，并得到一个封闭的图形。

动手操作 使用减去后方对象命令调整图形

1 在【颜色】面板中设定描边为黑色，填色为无，描边粗细为 3pt，如图 7-132 所示，然后在工具箱中点选椭圆工具，在画板的适当位置绘制出两个相交的椭圆，如图 7-133 所示。

图 7-132 【颜色】面板 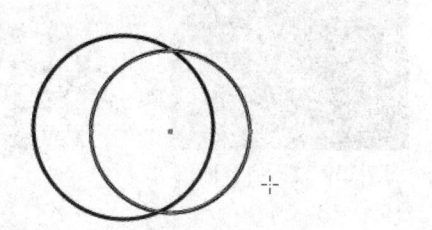　　　图 7-133 绘制出两个相交的椭圆

2　按 Ctrl 键框选两个椭圆，如图 7-134 所示，接着在【路径查找器】面板中单击 (减去后方对象) 按钮，如图 7-135 所示，即可用前面绘制的对象减去后面绘制的对象，如图 7-136 所示。

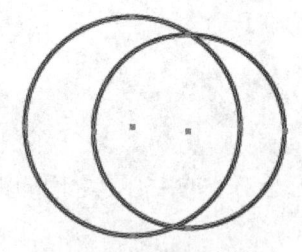

图 7-134 选择两个椭圆 　　　图 7-135 【路径查找器】面板 　　　图 7-136 减去后方对象后的效果

7.8 对齐与分布

在绘制了多个对象后，如果发现它们杂乱无章，就需要对它们进行整理，可以使用对齐与分布命令来对它们进行排列。

7.8.1 对齐对象

利用【对齐】面板中的【对齐对象】下的各命令（如水平左对齐、水平居中对齐、水平右对齐、垂直顶对齐、垂直居中对齐和垂直底对齐）可将所选的所有对象按照指定的要求进行对齐。

动手操作　对齐对象

1　从配套光盘的素材库中打开一个图形文件，如图 7-137 所示，接着用选择工具框选所有对象，如图 7-138 所示。

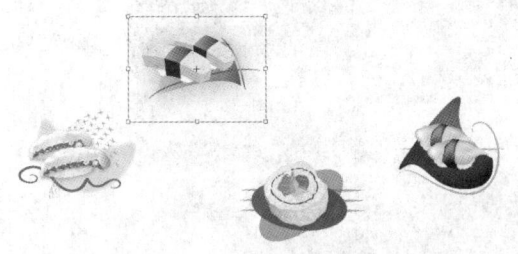

图 7-137 打开一个图形文件 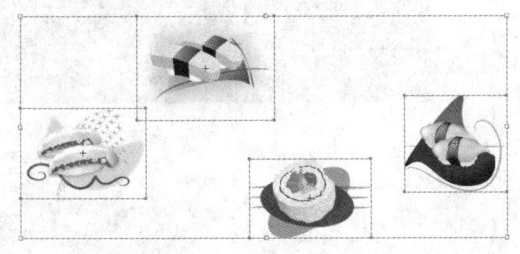　　　图 7-138 框选所有对象

2　显示【对齐】面板，在其中单击 (垂直顶对齐) 按钮，如图 7-139 所示，即可将所有对象以顶部对齐，如图 7-140 所示。

图 7-139 【对齐】面板

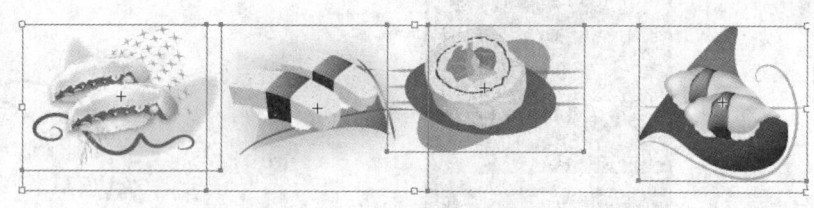

图 7-140 垂直顶对齐后的效果

7.8.2 分布

利用【对齐】面板中的【分布对象】下的各命令（如垂直顶分布、垂直居中分布、垂直底分布、水平左分布、水平居中分布和水平右分布）可将所选的所有对象按照指定的要求进行分布。利用【分布间距】中的【垂直间隔均分】和【水平间隔均分】命令可使所选对象按照指定的要求进行分布。

动手操作 使用分布命令分布图形

1 在【对齐】面板中单击 （水平居中分布）按钮，即可使每个对象的中心点之间的距离相等，如图 7-141 所示。

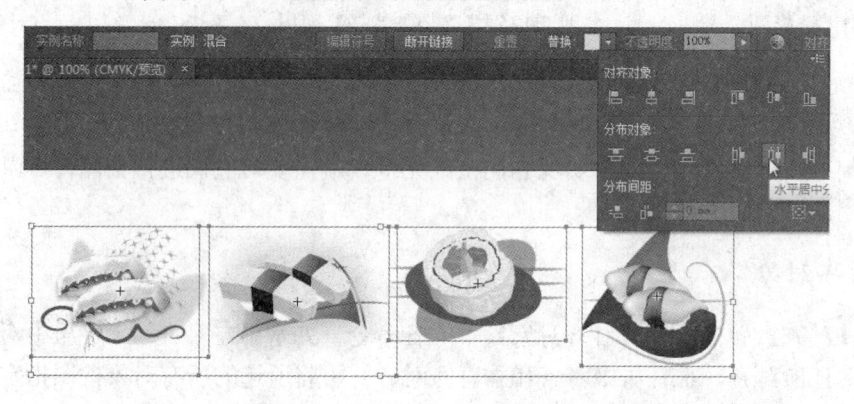

图 7-141 水平居中分布后的效果

2 在【对齐】面板中单击 （垂直分布间距）按钮，即可使每个对象之间的垂直间距相等，如图 7-142 所示。在画面的空白处单击取消选择，得到如图 7-143 所示的效果。

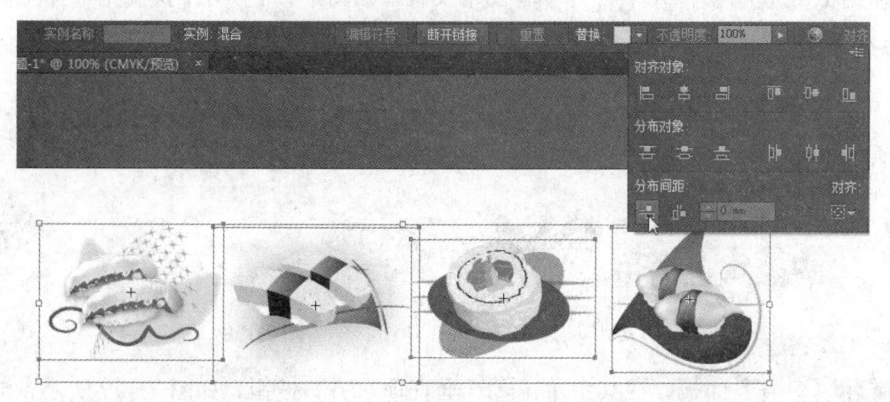

图 7-142 垂直分布间距后的效果

图 7-143 对齐后的效果

7.9 图层

Illustrator 中的新文档只有一个图层，图层就好像一张张的透明的塑料薄膜，在每一张塑料薄膜上绘制图形的一部分，然后把它们重叠在一起就可得到一幅完美的作品。也可以在一个图层上完成一幅作品，而且每个对象将占一个对象图层。一个图层可以由多个对象组成。

为了便于管理图层，Illustrator 提供了【图层】面板，利用【图层】面板可以创建图层、复制图层、创建蒙版、删除图层、合并图层、排列图层等。

7.9.1 创建图层

为了便于管理绘制的对象，可在【图层】面板中新建图层。

按 Ctrl+N 键新建一个文档，然后在菜单中执行【窗口】→【图层】命令，显示出如图 7-144 所示的【图层】面板。在【图层】面板的底部单击 （创建新图层）按钮，即可新建一个图层，如图 7-145 所示。

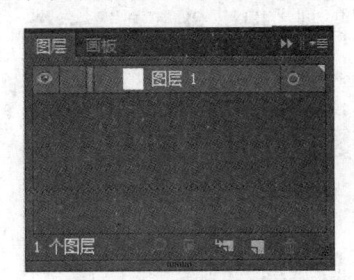

图 7-144 【图层】面板

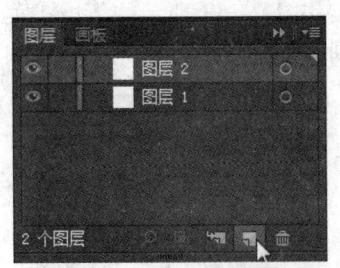

图 7-145 创建新图层

7.9.2 创建子图层

在【图层】面板中单击 （创建新子图层）按钮，即可在当前图层中创建一个子图层，如图 7-146 所示。

7.9.3 在当前可用图层中绘制对象

在 Illustrator 中，只可以在当前可用图层中绘制对象或编辑当前图层中的对象。

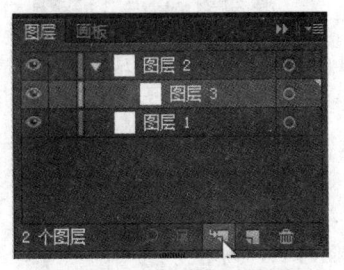

图 7-146 创建新子图层

在【图层】面板中单击图层 2，使它成为当前可用图层，如图 7-147 所示。显示【符号】面板并在其中选择所需的符号，然后在底部单击 （置入符号实例）按钮，将符号插入到文档中，如图 7-148 所示，同时在【图层】面板中添加了一个对象图层，如图 7-149 所示。

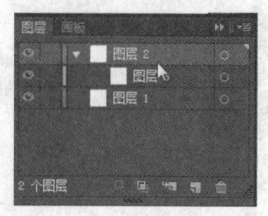

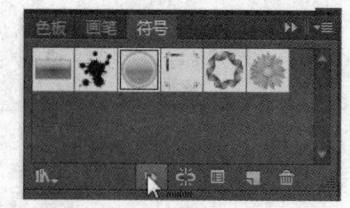

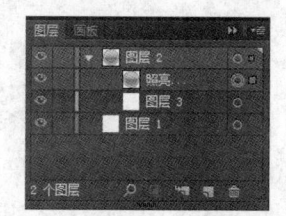

图 7-147 【图层】面板　　　　图 7-148 【符号】面板　　　　图 7-149 添加一个对象图层

7.9.4 复制图层

在编辑时通常需要对多个同样的对象进行编辑，除了复制对象外，还可以复制图层。

方式 1　在【图层】面板中拖动图层 2 到 ■（创建新图层）按钮，当指针呈 ■ 状（图 7-150）时松开鼠标左键，即可复制一个图层副本，如图 7-151 所示。此时画面中并没有什么变化，但是当用选择工具拖动它时，即可发现已经多一个同样的对象，如图 7-152 所示。

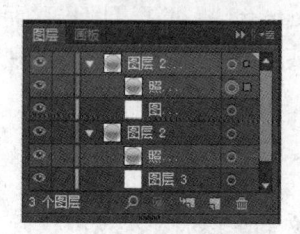

图 7-150 【图层】面板　　　　图 7-151 【图层】面板　　　　图 7-152 移动对象

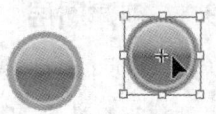

方式 2　在【图层】面板中单击"图层 2_复制"，然后单击【图层】面板右上角的 ■ 按钮，弹出如图 7-153 所示的下拉式菜单，在其中单击【复制"图层 2-复制"】命令，即可复制一个副本，如图 7-154 所示。

图 7-153 【图层】下拉式菜单　　　　图 7-154 【图层】面板

7.9.5 删除图层

在【图层】面板中单击"图层 3-复制 2"，以它为当前可用图层，如图 7-155 所示。在【图层】面板的底部单击 ■（删除所选图层）按钮，即可将选定的图层删除，如图 7-156 所示。

图 7-155 【图层】面板　　　　图 7-156 【图层】面板

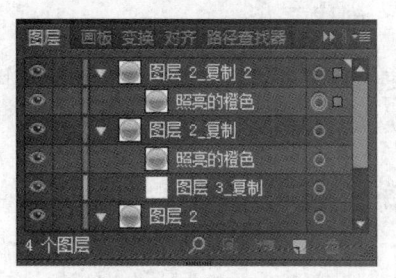

7.9.6 锁定/解锁图层

如果某个图层已经编辑好，不想再编辑，但又需要在编辑其他图层内容时不影响该图层，就需锁定该图层。如果又需要编辑它时，只需将它解锁即可。

在【图层】面板中单击需锁定图层的列，出现锁定图标，如图 7-157 所示，即已把该图层（包括它的子图层）锁定。如果要将该图层解锁，可以单击要解锁图层前面的锁定图标，可取消锁定图标。

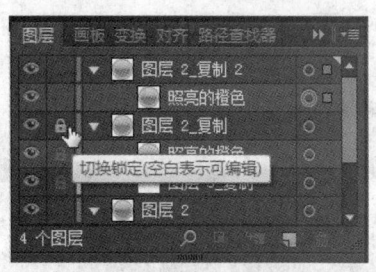

图 7-157 【图层】面板

7.9.7 显示/隐藏图层

有时一些图层不需要打印或显示；或者在查看图层时，需要暂时把某个图层或某些图层隐藏，此时可以选择显示或隐藏图层。

在【图层】面板中单击某图层（如图层 2_复制 2）前面的眼睛图标使眼睛图标不可见，即可将该图层隐藏，如图 7-158 所示。

7.9.8 改变图层顺序

图 7-158 【图层】面板

在【图层】面板中拖动某图层（如图层 2_复制）到图层 1 的上面，当指针呈粗线条状（图 7-159）时松开鼠标左键，即可将"图层 2_复制"图层移到图层 1 的上面，如图 7-160 所示。

图 7-159 【图层】面板　　　　图 7-160 【图层】面板

7.9.9 创建蒙版

使用蒙版可以将一些图形对象或图像不需要的部分遮住，以显示想要的一部分。蒙版对象必须位于被蒙住对象的最前面。蒙版可以是开放的、封闭的或复合路径等。

动手操作　创建蒙版

1 按 Ctrl+O 键从配套光盘打开一张图片，如图 7-161 所示。

2 从工具箱中点选 T 文字工具，在图片适当的位置单击并输入文字"绿色家园"，再选择文字，然后在【控制】选项栏中设置【字体】为华文新魏，【字体大小】为 90 pt，如图 7-162 所示。

图 7-161　打开的图片　　　　　　　　　图 7-162　输入文字

3 按住 Ctrl 键单击确认文字输入，显示【图层】面板并在其中展开图层 1，即可看到图层 1 的内容，然后单击 ▣（建立/释放剪切蒙版）按钮，如图 7-163 所示，将文字外的内容隐藏，得到如图 7-164 所示的效果。

图 7-163　【图层】面板　　　　　　　　　图 7-164　建立剪切蒙版后的效果

> **TIPS** 如果不需要此蒙版，可再次单击 ▣（建立/释放剪切蒙版）按钮取消蒙版。

7.10　本章小结

本章先介绍了使用编辑图形工具（如旋转工具、镜像工具、比例缩放工具、倾斜工具、液化变形工具和自由变换工具）对图形对象进行编辑的方法。然后结合实例详细介绍了利用剪切、复制与粘贴功能在不同文件或同一文件或不同程序中进行复制与粘贴的操作。

本章还对 Illustrator CS 中改变排列顺序、组合、对齐与分布、利用图层对图形对象进行管理和制作蒙版等功能进行了详细的讲解。并介绍了利用【联集】、【减去顶层】、【交集】、【差集】、【分割】、【修边】、【轮廓】、【合并】、【修边】、【减去后方对象】等命令为一些图形对象创建出新的图形对象的方法。

7.11 习题

一、填空题

1. 利用【对齐】面板中的【分布对象】下的各命令（如_____、垂直居中分布、垂直底分布、_____、_____和_____）可将所选的所有对象按照指定的要求进行分布。利用【分布间距】中的_____和_____命令可使所选对象按照指定的要求进行分布。

2. 利用_____、_____和_____可以复制副本，也可以在各程序之间进行复制。

二、选择题

1. 利用以下哪个工具可以将所选的对象进行旋转，也可以旋转对象的填充图案，也可在旋转的同时复制原对象。（　　）

　　A. 旋转工具　　　　　　　　B. 镜像工具
　　C. 倾斜工具　　　　　　　　D. 自由变换工具

2. 利用以下哪个工具可以改变图形对象的尺寸（即大小）、形状和方向。它既可以对图形的局部进行缩放，也可以对整个图形进行缩放。（　　）

　　A. 旋转工具　　　　　　　　B. 比例缩放工具
　　C. 倾斜工具　　　　　　　　D. 自由变换工具

3. 利用以下哪个工具可以使选定的对象倾斜，也可以在倾斜的同时进行复制。（　　）

　　A. 旋转工具　　　　　　　　B. 比例缩放工具
　　C. 镜像工具　　　　　　　　D. 倾斜工具

4. 利用以下哪个命令可以使用前面对象裁减去最后面的对象，并得到一个封闭的图形。（　　）

　　A.【减去后方对象】命令　　　B.【分割】命令
　　C.【裁剪】命令　　　　　　　D.【减去顶层】命令

第 8 章　图表制作

教学要点

本章主要介绍使用图表工具创建图表，对图表进行格式化和修改，同时向图表中添加数据。

学习重点与难点

- 使用图表工具创建图表
- 添加与修改图表数据
- 修改图表类型
- 格式化图表

在图表使用文字、数字以及图形来比较不同类别之间的数据资料。日常生活中，人们在统计和比较各种数据时，为了获得更为直观的视觉效果，通常习惯用图表来表示数据资料。Illustrator 除了具有强大的绘制图形和文字编辑功能之外，还具有图表制作功能。可以使用图表工具创建出各种类型的图表。

8.1　使用图表工具创建图表

图表工具包括柱形图工具、堆积柱形图工具、条形图工具、堆积条形图工具、折线图工具、面积图工具、散点图工具、饼图工具和雷达图工具。

使用图表工具可以创建 9 种类型的图形，包括柱形图、堆积柱形图、条形图、堆积条图、折线图、面积图、散点图、饼图和雷达图。

图表类型说明如下：

（1）柱形图：它会参考一组或多组的数值，然后将数值的比值用矩形长短来表示。

（2）堆积柱形图：类似长条图，但不是一排排的比较，而是上下重叠的比较。这种图表类型适合用来做部分与全体的比较。

（3）条形图：类似柱形图，但是矩形的位置是水平而非垂直。

（4）堆积条图：类似堆叠条图，但重叠的位置是水平而非垂直。

（5）折线图：使用点来代表一组或多组数值，然后用不同线条结合每一组中的点。这类图表常用来显示一个或多个对象在一段时间后的趋势。

（6）面积图：类似线段图，但强调总数量的变化。

（7）散点图：以成对坐标组的形式，沿着 x 和 y 轴绘制数据点。在识别数据中的图样或趋势时，散点图非常有用。散点图也可指出其中的变量是否会彼此影响。

（8）饼图：饼图内分成数个部分，代表比较的资料数据间的相对百分比。

（9）雷达图：雷达图比较某些时间点上的或是某些特定类别里的数值，然后用圆形格式显示出来。这种类型又称蛛网图。

8.1.1 使用图表工具

图表工具可以定义图表的大小。使用的工具会在开始时就决定 Illustrator 产生之图表的类型，也可以在后面的操作中轻松地修改这些类型。

使用图表工具绘制的方法有两种：可以直接在绘图区拖动鼠标以设定图表大小，或在对话框中指定所需的大小。使用任意一种方式所指定的图表主体大小，都不包括图表的卷标和图例。

可以在创建图表之后，使用 比例缩放工具来重新调整图表的大小。需要注意的是使用比例缩放工具也会影响图表中的文字。

在工具箱中选取图表工具：再进行下列操作之一：

（1）将指针指向图表的起点，从其斜对角拖动。按住 Shift 键以将图表强制为正方形。

（2）按 Alt 键并拖动鼠标即可自图表中心开始绘制。按住 Shift 键以将图表强制为正方形。

（3）单击一下要建立图表的地方，出现【图表】对话框，在其中输入图表的宽度和高度，单击【确定】按钮，即可创建一个指定大小的图表。然后就会显示图表数据窗口。在此窗口中即可创建图表的数据。

8.1.2 创建图表

动手操作　创建图表

1　首先确定使用什么工具来创建图表，这里在工具箱中点选 柱形图工具，接着在绘图区内拖动一个范围来摆放图表，如图 8-1 所示。松开鼠标左键后弹出如图 8-2 所示的【图表数据】对话框，在【输入数据】文本框中输入所需的数据，也可以单击 （导入数据）按钮来导入所需的图表数据。

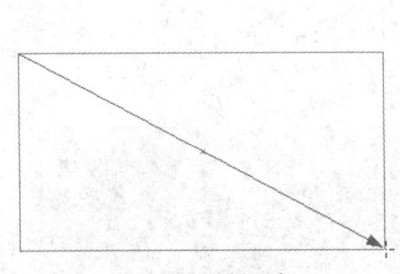

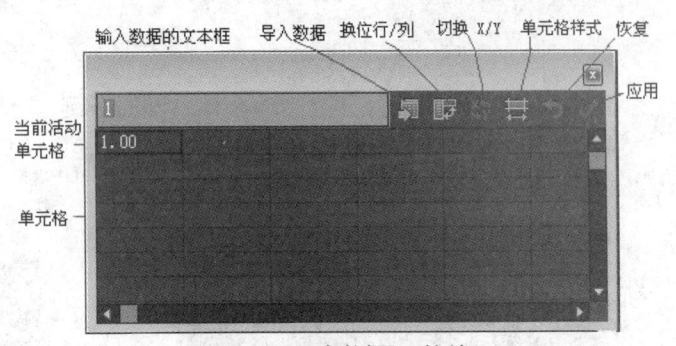

图 8-1　绘制图表　　　　　图 8-2　【图表数据】对话框

> **TIPS** 可以直接在记事本中输入所需的数据并存盘命名，然后在【图表数据】对话框中单击【导入数据】按钮，弹出如图 8-3 所示的对话框，在其中选择所需数据所在的文本文件，然后双击或单击【打开】按钮，将其中的数据导入到【图表数据】对话框中。

图 8-3 【导入图表数据】对话框

2 在【图表数据】对话框中输入数据，先按退格键（![←]）将 1 清除，再在键盘上输入"商品名称"，如图 8-4 所示，按 Enter 键确认输入，完成第一个单元格中的数据输入，并使第 1 列的第二个单元格成为当前活动单元格，如图 8-5 所示。

图 8-4 输入数据 　　　　　　　　图 8-5 确认数据输入

3 输入"数码相机"，再按 Enter 键（即回车键），即可确认文字输入，如图 8-6 所示。
4 使用同样的方法依次输入"MP3"、"充电池"、"胶卷"和"三角架"，如图 8-7 所示。

图 8-6 输入数据 　　　　　　　　图 8-7 输入数据

5 输入完这一列后，将指针指向水平第二个单元格单击以它为当前活动单元格，再输入所需的"单价"，如图 8-8 所示，按 Enter 键确认该单元格中的输入，如图 8-9 所示。

图 8-8 输入数据　　　　　　　　　　　图 8-9 确认数据输入

> 可以按 Tab 键确认文字输入同时向右选择单元格，这样便于以水平方向输入每个单元格中的数值。也可在键盘上按向上键、向下键、向左键和向右键来选择单元格。

6　使用同样的方法再依次输入 850.00、350.00、130.00、65.00、230.00，如图 8-10 所示。

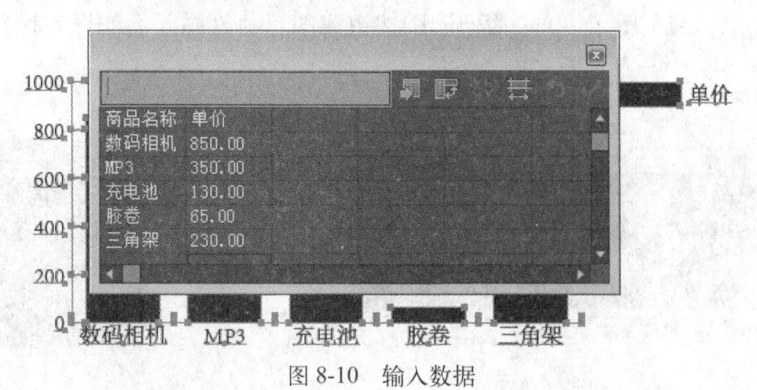

图 8-10 输入数据

7　在对话框中单击 ✓（应用）按钮，再单击 ✖（关闭）按钮，关闭【图表数据】对话框，即可得到如图 8-11 所示的图表。

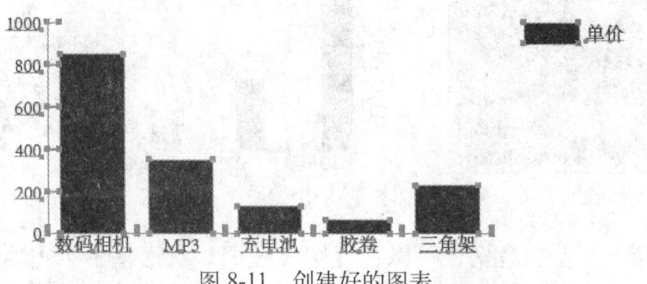

图 8-11 创建好的图表

8.2 添加与修改图表数据

动手操作　添加与修改图表数据

1　将指针移到图表上右击，弹出如图 8-12 所示的快捷菜单，在其中单击【数据】命令，即可弹出【图表数据】对话框，在其中单击要添加的数据所在的单元格，如图 8-13 所示。

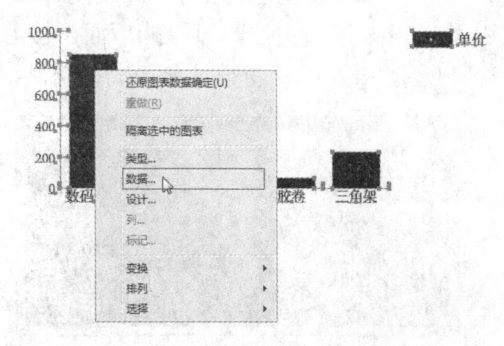

图 8-12 选择【数据】命令

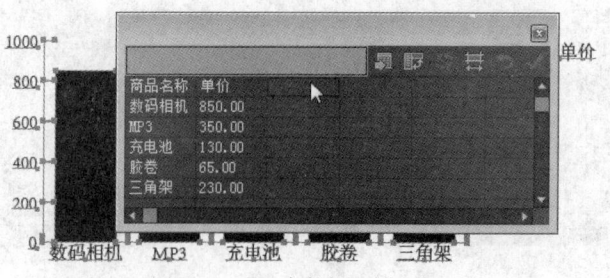

图 8-13 【图表数据】对话框

2 在【图表数据】对话框的【输入数据】文本框中输入"销售量"后按 Enter 键，然后依次输入各种商品的销售量，如图 8-14 所示。由于销售量为整数，所以还应对其进行设置，在对话框单击 ▦（单元格样式）按钮，弹出【单元格样式】对话框，在其中设定【小数位数】为 0 位，【列宽度】为 10 位，如图 8-15 所示，单击【确定】按钮，即可将图表中的数值进行更改，如图 8-16 所示，单击 ✓(应用)按钮，即可将绘图区内的图表进行更改，如图 8-17 所示。

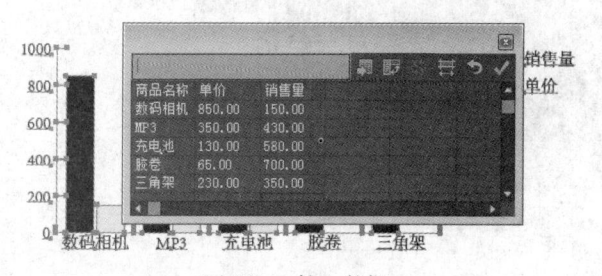

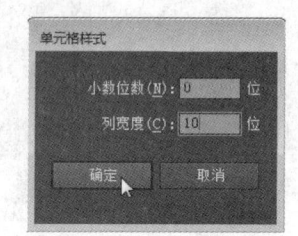

图 8-14 输入数据　　　　　　　　　图 8-15 单元格样式

图 8-16 修改后的图表　　　　　　　图 8-17 创建好的图表

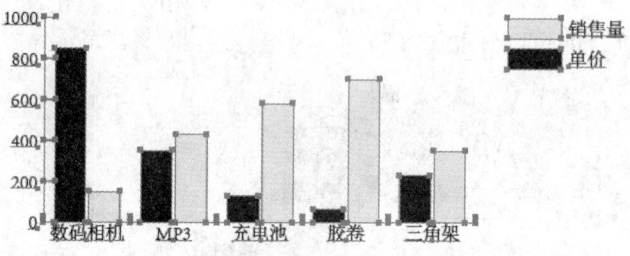

3 如果需要修改图表的数据，可以在【图表数据】对话框中单击要修改的单元格使它成为当前活动单元格，如图 8-18 所示，再在【输入数据】文本框的中先将指针移到"1"的后面单击以使光标位于"1"的后面，接着按 Delete 键删除一个"5"，然后输入"8"，如图 8-19 所示，按 Enter 键确认修改，即可将"150"改为"180"，如图 8-20 所示。

图 8-18 【图表数据】对话框　　　　　图 8-19 修改图表数据

4 在对话框中单击【应用】按钮，确认数据修改，再单击【关闭】按钮，即可得到如图 8-21 所示的效果。

图 8-20 修改后的图表

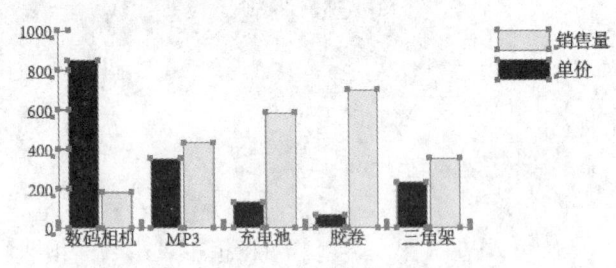

图 8-21 创建好的图表

> 如果想在图表中删除不需要的数据，可以在图表上右击弹出快捷菜单，在其中单击【数据】命令，弹出【图表数据】对话框，在其中单击要删除数据的单元格，按 Delete 键可直接删除，如果要同时删除多个单元格的数据，可以先选择多个单元，再按 Ctrl+X 键将所选的内容剪掉。

8.3 修改图表类型

动手操作 修改图表类型

1 将指针移到图表上右击，弹出如图 8-22 所示的快捷菜单，在其中单击【类型】命令，弹出【图表类型】对话框，在其中单击【折线图】按钮，如图 8-23 所示。

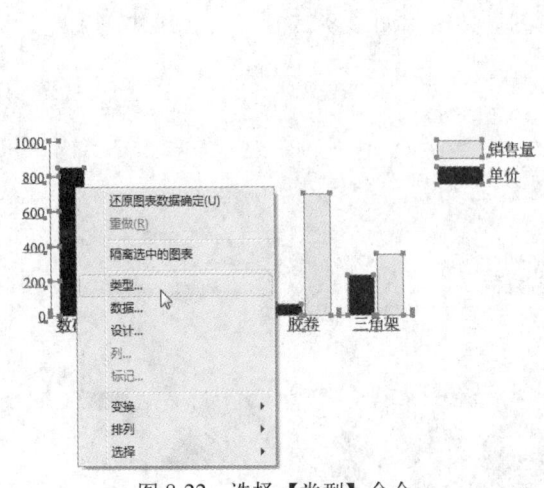

图 8-22 选择【类型】命令

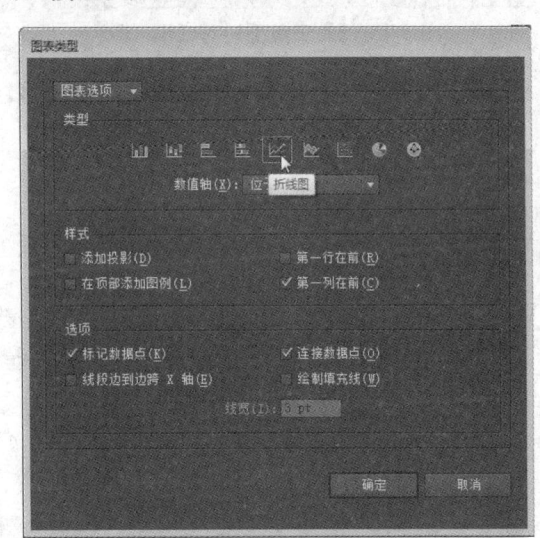

图 8-23 【图表类型】对话框

2 在【图表类型】对话框中单击【确定】按钮，即可得到如图 8-24 所示的图表。

图 8-24 折线图

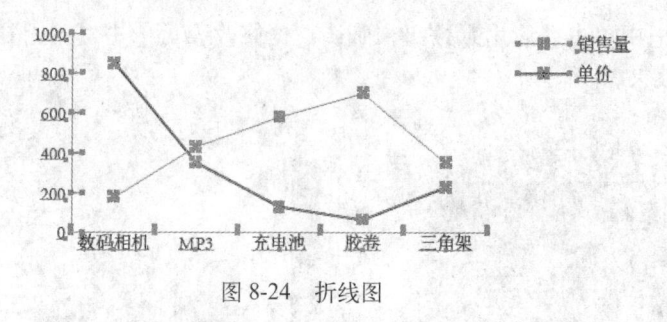

3 如果在【图表类型】对话框中单击【面积图】按钮,如图 8-25 所示,单击【确定】按钮,即可得到如图 8-26 所示的折线图表。

图 8-25 【图表类型】对话框

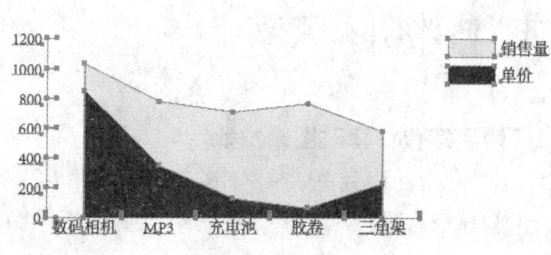

图 8-26 折线图表

4 如果在【图表类型】对话框中单击【饼图】按钮,如图 8-27 所示,再单击【确定】按钮,即可得到如图 8-28 所示的雷达图表。

图 8-27 【图表类型】对话框

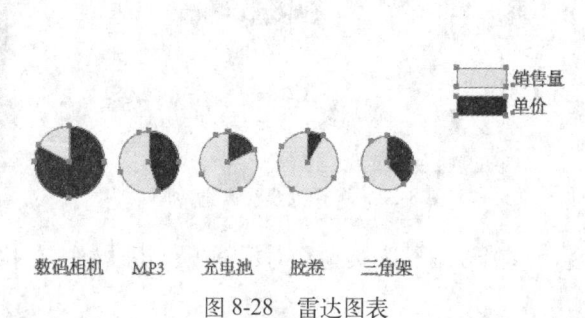

图 8-28 雷达图表

8.4 格式化图表

格式化图表是指更改文字的字体、字体大小和字体颜色，图形和图例的颜色等。

动手操作　格式化图表

1　从工具箱中点选▶直接选择工具，将指针移到文档的空白处单击先取消选择，然后单击需更改颜色的图形，如图 8-29 所示。按下 Shift 键的同时依次单击另外相同颜色的图形，直到将所有相同颜色的图形选择为止，如图 8-30 所示。

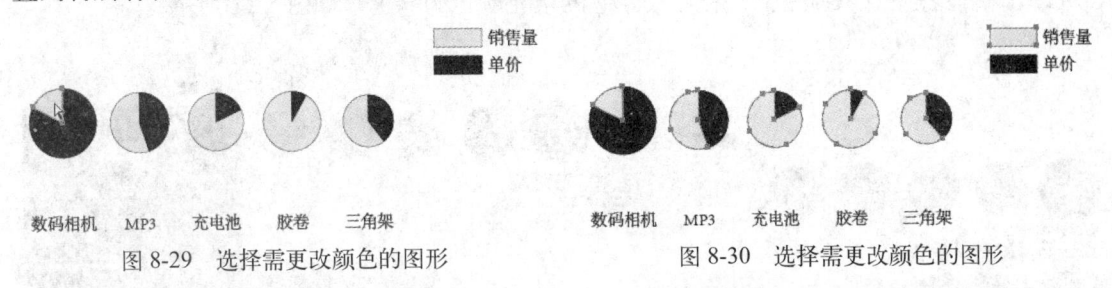

图 8-29　选择需更改颜色的图形　　　　　图 8-30　选择需更改颜色的图形

2　显示【颜色】面板，在【颜色】面板中单击右上角的 ≡ 按钮弹出下拉的菜单，在其中单击【CMYK】命令，接着在【颜色】面板中设置 C 为 90，如图 8-31 所示，即可得到如图 8-32 所示的效果。

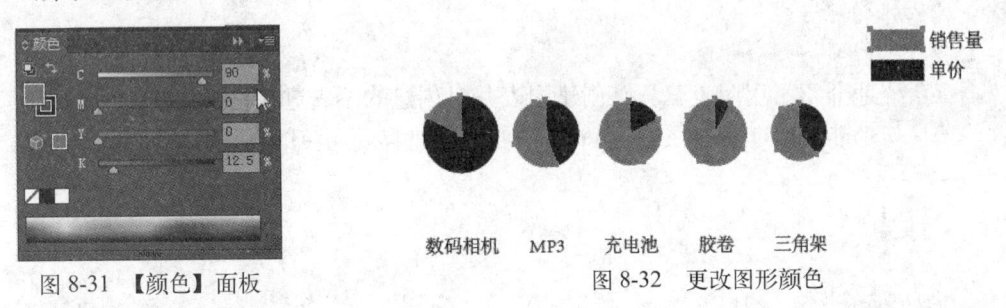

图 8-31　【颜色】面板　　　　　图 8-32　更改图形颜色

3　用直接选择工具先单击一个图例的文字，再按住 Shift 键单击另一个图例的文字，以选择两个图例的文字，如图 8-33 所示。然后在【颜色】面板的 CMYK 光谱中吸取红色，如图 8-34 所示。

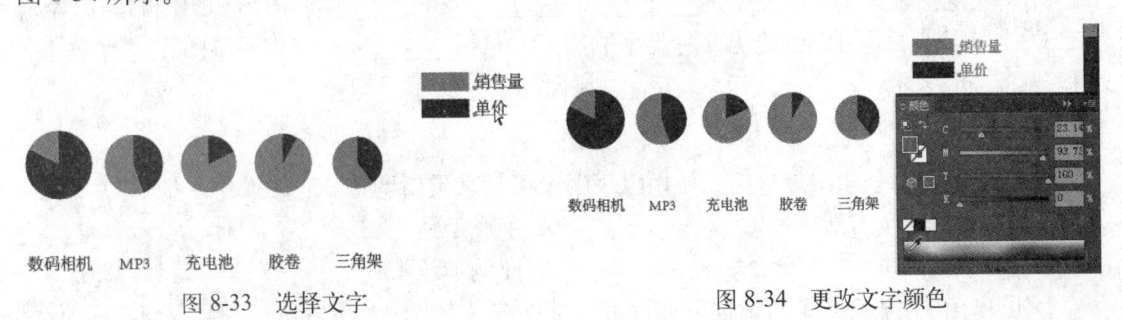

图 8-33　选择文字　　　　　图 8-34　更改文字颜色

4　在菜单中执行【文字】→【大小】→【18pt】命令，即可将文字调小，如图 8-35 所示。

图 8-35　更改文字大小

5　框选下面的文字以选择它们，如图 8-36 所示，在菜单中执行【文字】→【大小】→【14pt】命令，然后在【颜色】面板中设定它的填充颜色为绿色，如图 8-37 所示。

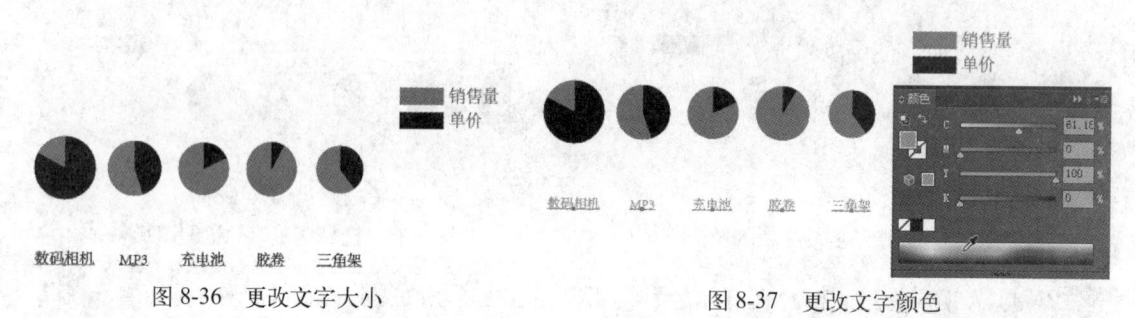

图 8-36　更改文字大小　　　　　　　　图 8-37　更改文字颜色

8.5　本章小结

本章系统地介绍了用图表工具来创建图表并对创建的图表进行格式化与编辑的方法。掌握这些工具与功能，读者能够在 Illustrator 程序中创建直观明了的图表。

8.6　习题

一、填空题

1. 图表工具包括_____、_____、条形图工具、堆积条形图工具、折线图工具、_____、散点图工具、_____和雷达图工具。

2. 格式化图表就是更改文字的_____、_____和_____，图形和图例的颜色等。

3. 使用图表工具可以创建出 9 种类型的图形，包括_____、堆积柱形图、_____、堆积条图、折线图、_____、_____、饼图和_____。

二、选择题

1. 用户可以在创建图表之后，使用以下哪个工具来重新调整图表的大小。（　　）

　　A. 自由变换工具　　　　　　　　B. 手形工具

　　C. 缩放工具　　　　　　　　　　D. 比例缩放工具

2. 用户在【图表数据】对话框中进行编辑时可按以下哪两个键确认文字输入同时向右选择单元格，这样便于以水平方向输入每个单元格中的数值。（　　）

　　A. Tab 键　　　　B. Enter 键　　　　C. 向右键　　　　D. 向左键

第 9 章　为图形添加效果

教学要点

通过本章的学习，读者可以用效果菜单中的各命令处理与编辑位图图像与矢量图形，同时为位图图像和矢量图形添加一些特殊效果。

学习重点与难点

- 输入位图
- 改变文件颜色模型
- 应用效果处理位图
- 对矢量图进行效果处理

9.1　风格化

在【效果】菜单中有两个【风格化】命令，菜单上层的【风格化】命令可以户将箭头、投影、圆角、内发光、涂抹、外发光、羽化应用到对象中。

菜单下层的【风格化】命令只可以使用【照亮边缘】命令，【照亮边缘】命令能够置换像素，或是查找与强调图像的对比，在选取范围中造成绘画或印象派的效果。此命令不能在 CMYK 颜色模式的文件中使用。

动手操作　应用【照亮边缘】命令

1　在菜单中执行【文件】→【打开】命令，在【查找范围】下拉列表中点选所需的文件所在的文件夹，然后双击文件，如图 9-1 所示，即可将位图打开到绘图区内，再单击图片，以选择它，如图 9-2 所示。

图 9-1　【打开】对话框　　　　　　　　　图 9-2　打开的图片

2 在菜单中执行【效果】→【风格化】→【照亮边缘】命令，弹出如图 9-3 所示的【照亮边缘】对话框，并在其中设定【边缘宽度】为 1，【边缘亮度】为 8，【平滑度】为 2，单击【确定】按钮，即可得到如图 9-4 所示的效果。

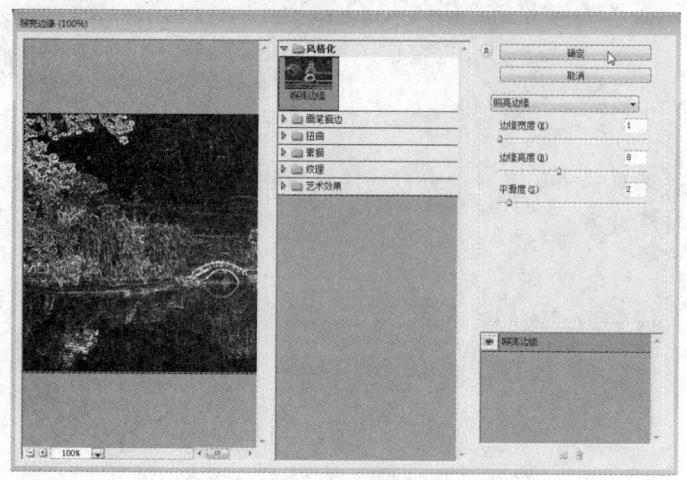

图 9-3 【照亮边缘】对话框　　　　　　　　图 9-4 照亮边缘效果

9.2 画笔描边

【画笔描边】子菜单中的命令能够使用不同的笔刷与油墨笔画效果，制作出绘画或美术品的外观。某些滤镜会在图像上加入粗粒、绘画、噪声、边缘细节或纹理，造成点画的效果。

【画笔描边】特效是点阵式的效果，而且将此特效应用到向量对象时，会使用该文件的点阵特效设定。

如果应用【效果】菜单中的这些命令，可以在对象上使用【外观】面板来修改或移除特效。

【画笔描边】命令下的各子命令说明如下：

- 喷溅：摹仿喷枪的效果。增加选项的数值会简化整体效果。
- 喷色描边：使用其主要颜色，以有角度的彩色喷洒笔画重绘图像。
- 墨水轮廓：使用细窄线，在原始的细节上以钢笔及墨水方式重绘图像。
- 强化的边缘：强化图像的边缘。当对话框中的【边缘亮度】控制设定为高时，强化的边缘与白色粉笔类似，当设定为低时，强化边缘与黑色油墨类似。
- 成角的线条：使用斜笔画重新描绘图像。图像中较浅的区域会以某个方向的笔画描绘，而较暗的部分则会用相反方向的笔画描绘。
- 深色线条：使用短的笔画，描绘图像中较深的区域，使其更接近黑色，而使用长的白色笔画描绘图像中较浅的区域。
- 烟灰墨：以日本风格绘出图像，就像使用蘸满黑色墨水的毛笔在宣纸上绘画。此种效果会造成柔化的模糊边缘及饱满的黑色。
- 阴影线：保留原始图像的细节及特性，但加入纹理以及使用仿真铅笔线条，使图像中的彩色区域较粗。对话框中的【强度】选项可控制描绘的线条数（可由 1～3）。

应用画笔描边处理位图

执行【效果】→【画笔描边】→【喷色描边】命令，弹出如图 9-5 所示的对话框，在其中设定【描边长度】为 10，【喷色半径】为 8，【描边方向】为右对角线，单击【确定】按钮。

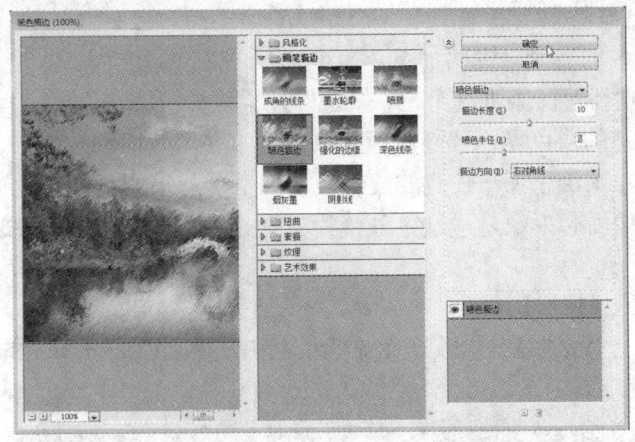

图 9-5 【喷色描边】对话框

9.3 模糊

【模糊】子菜单中的命令在润饰图像时非常有用。它们可使图像中线条及色阶区域的清晰边缘邻近的像素平均化。

【模糊】子菜单中名命令说明如下：

- 高斯模糊：通过调整半径值来快速地调整选取范围。此滤镜会移除高频率的细节，并可以产生朦胧的效果。
- 特殊模糊：通过设置半径、阈值、品质与模式来对图像与图形进行特殊模糊。
- 径向模糊：仿真由相机伸缩或绕转所产生的柔焦效果。可以在弹出的对话框中选择【旋转】，沿同心圆线造成模糊，再指定绕转的角度。也可以选择【缩放】，沿放射线造成模糊，就像缩放图像一样，再指定 1～100 的伸缩量。模糊的品质可由速度最快但粒子较粗的【草图】，到画质较佳的【好】及【最好】，除非选取范围很大，否则这两种品质间差异很小。可拖动【中心模糊】方框中的图样，指定模糊中心点。

在菜单中执行【效果】→【模糊】→【径向模糊】命令，弹出如图 9-6 所示的对话框，在其中设定【数量】为 26，【模糊方法】为缩放，其他不变，单击【确定】按钮，就可得到如图 9-7 所示的效果。

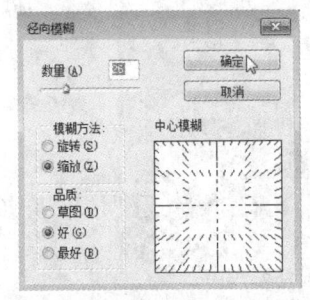

图 9-6 【径向模糊】对话框   图 9-7 径向模糊效果

9.4 扭曲

【扭曲】子菜单中的命令，可用几何的方式将图像扭曲与变形。这些命令可能会耗用相当多的内存。而且这些特效不能使用于 CMYK 颜色模式的文件。

【扭曲】子菜单中的名命令说明如下：

- 扩散亮光：重新对图像进行上色，像是透过柔焦扩散滤镜来看一样。此滤镜会在图像中加入可穿透的白色噪声，而光由选取范围中心向外扩散。
- 海洋波纹：在图稿上加上任意的波纹，使图稿看起来像是在水中。
- 玻璃：使图像看起来像是透过各种镜片观看一样。可以选择预设的镜片效果。

动手操作 应用【扭曲】命令

1 在菜单中执行【文件】→【打开】命令，打开一张如图 9-8 所示的图片，使用选择工具单击图片，以选择它。

图 9-8 打开的图片

2 在菜单中执行【效果】→【扭曲】→【海洋波纹】命令，弹出如图 9-9 所示的对话框，在其中设定【波纹大小】为 8，【波纹幅度】为 8，单击【确定】按钮，就可得到如图 9-10 所示的效果。

图 9-9 【海洋波纹】对话框

图 9-10　海洋波纹效果

9.5　素描

【素描】子菜单中的命令可为图像添加纹理。这些效果对于制作精细图稿或手绘外观时也相当有用。多种【素描】效果会使用黑白颜色重绘图像，这些效果不能使用于 CMYK 颜色模式的文件。

【素描】子菜单中的命令说明如下：

- 便条纸：创建看起来像是画在手工纸上的图像。此效果会简化图像，并结合浮雕外观和【颗粒】命令（【纹理】子菜单）的效果。
- 半调图案：仿真半色调网屏的效果，并保留色调的连续范围。
- 图章：简化图像，看来像是用橡皮或木质印章制作的。此命令用于黑白图像会得到最佳的效果。
- 基底凸现：使图像像是由石膏版所模造而出，然后将结果使用黑白颜色加以彩色化。深色区域上升突出，浅色区域下沉。
- 石膏效果：将图像转换为起伏的外观，强调表面的变化。图像的黑暗区域会变成黑色；而明亮的区域则会变成白色或浅灰色。
- 影印：仿真照相复制图像的效果。
- 撕边：使用撕碎的纸片重新构成图像，然后使用黑白颜色将图像彩色化。此命令对于由文字或高对比对象所组成的图像特别有用。
- 水彩画纸：使用看起来像是画在有纤维的湿纸上的墨点，让颜色流动混合的效果。
- 炭笔：重绘图像，造成色调分离，涂抹过的效果。主要边缘会加深绘出，中间调部分则使用对角笔画绘出。炭笔是黑色，而纸张部分则是白色。
- 粉笔和炭笔：用粗粉笔，以实色中间调灰背景，重新描画出图像的强光突出部分和中间调区域。阴影区域则以对角炭笔线取代。炭笔使用黑色绘制，粉笔则使用白色。
- 炭精笔：在图像上模仿密集的深色与纯白色蜡笔纹理。该滤镜将黑色用于深色区域。而白色用于浅色区域。
- 绘图笔：使用细致的直线墨水笔画表现原始图像中的细节。此滤镜会使用黑色作为墨水，白色作为纸，取代原始图像中的颜色。此命令用于扫描图像时效果特别显著。
- 网状：仿真底片乳化剂在控制下的缩减及变形，造成图像在阴影区域看来有白点，而亮部粒子较粗的效果。

● 铬黄：将图像当作光亮的金属表面处理。亮部为反射面的高点，阴影则为低点。

在菜单中执行【效果】→【素描】→【绘图笔】命令，弹出如图 9-11 所示的对话框，在其中设定【描边长度】为 10，【明/暗平衡】为 48，【描边方向】为水平，单击【确定】按钮，就可得到如图 9-12 所示的效果。

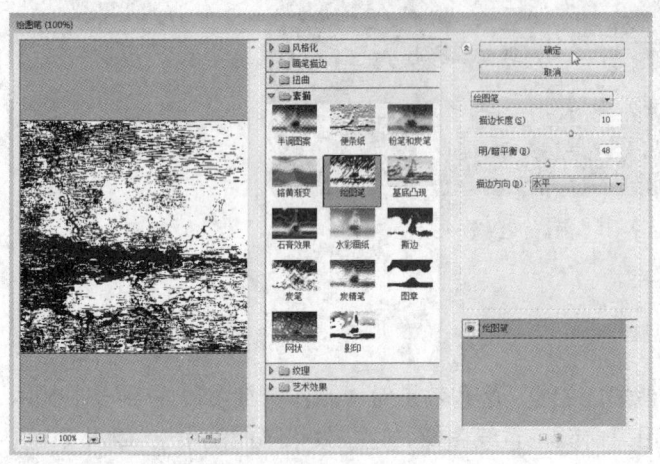

图 9-11 【绘图笔】对话框　　　　　　　　　　图 9-12 绘图笔效果

9.6 纹理

【纹理】子菜单中的命令，可在图像中加上深度或材质的外观，或者是有机体的组织外观。这些效果不能使用于 CMYK 颜色模式的文件。

【纹理】子菜单中的各命令说明如下：

- 拼缀图：将图像分为许多小块，小块的颜色为图像中该区域的主要颜色。此滤镜可随机减少或增加小块的深度，复制亮部与阴影。
- 染色玻璃：使图像看起来像是由连续的单色小块组成，再以背景色描出小块的轮廓。
- 纹理化：在图像上应用选取或制作的材质。
- 颗粒：仿真各种粒子，在图像上加入纹理，加入的方式包括常例、软化、喷洒、结块、强反差、扩大、点刻、水平、垂直、斑点。
- 马赛克拼贴：使图像看起来好像由小块瓷砖组成的，并在瓷砖间加入胶泥。相对地，【像素】→【马赛克】命令只会将图像分为不同颜色像素的小块。
- 龟裂缝：将图像在高低起伏的石膏版表面描绘出来，依照图像的色阶产生细小的网状裂缝。可以使用此滤镜，在颜色范围或灰阶值包含较广的图像上产生浮雕效果。

动手操作　应用【纹理】命令

1　在菜单中执行【文件】→【打开】命令，打开一张如图 9-13 所示的图片，使用选择工具单击图片，以选择它。

2　在菜单中执行【效果】→【纹理】→【纹理化】命令，弹出如图 9-14 所示的对话框，在其中设定【纹理】为画布，【缩放】为 133%，【凸现】为 7，【光照】为左上，单击【确定】按钮。

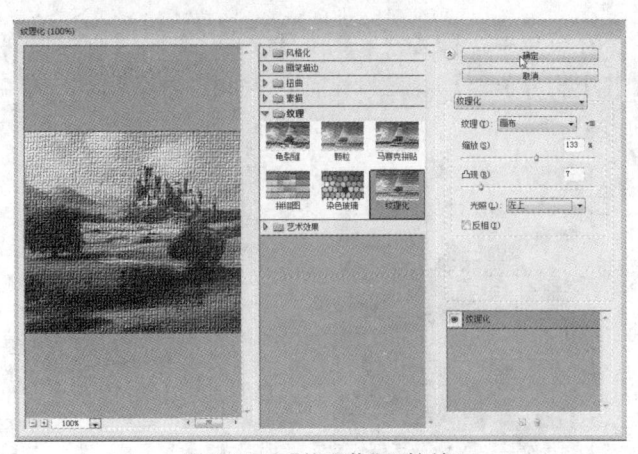

图 9-13　打开的图片　　　　　　　　　图 9-14　【纹理化】对话框

3 在菜单中执行【效果】→【纹理】→【颗粒】命令，弹出如图 9-15 所示的对话框，在其中设定【强度】为 32，【对比度】为 50，其他不变，单击【确定】按钮，就可得到如图 9-16 所示的效果。

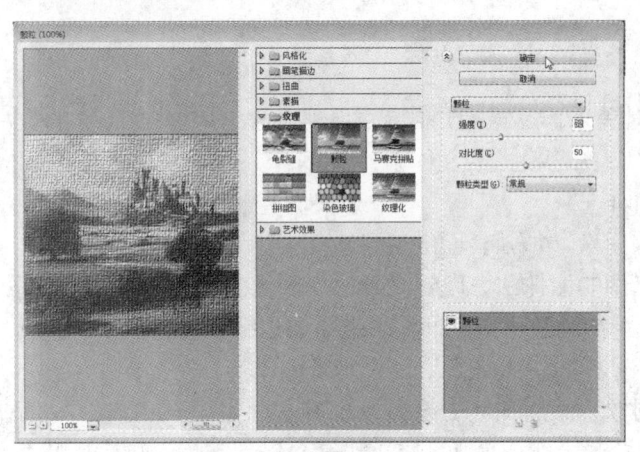

图 9-15　【颗粒】对话框　　　　　　　　　图 9-16　颗粒效果

9.7　像素化

【像素化】子菜单中的命令可将类似颜色数值的像素聚集起来，清晰地定义选取范围。
【像素化】子菜单中的命令说明如下：

- 彩色半调：仿真在图像中每一个色版使用扩大的半色调网屏的效果。对每个色版，效果会将图像分为矩形，并用圆形取代每个矩形。这些圆点的大小，会跟原来矩形的亮度成正比。
- 晶格化：将颜色聚集成多边形。
- 点状化：将图像中的颜色打散为随机放置的点，如点描绘画一样，并使用背景色作为点间的版面区域。
- 铜版雕刻：将图像转换为黑白区域，或是在彩色图像中为全饱和颜色的随机图样。如果要使用此滤镜，请在【铜版雕刻】对话框的【类型】下拉列表中选取一种图样。

在菜单中执行【效果】→【像素化】→【铜版雕刻】命令，弹出【铜版雕刻】对话框，在其中将【类型】设置为长描边，如图 9-17 所示，单击【确定】按钮，得到如图 9-18 所示的效果。

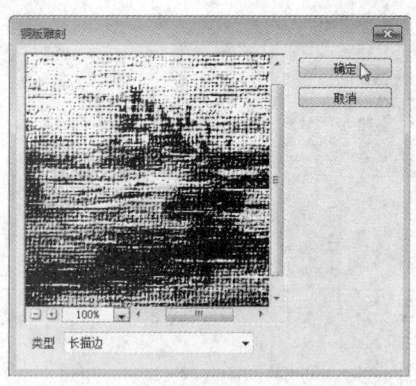

图 9-17 【铜版雕刻】对话框　　　　　　　　图 9-18 铜版雕刻效果

9.8 艺术效果

【艺术效果】子菜单中的命令可以对美术作品或商用作品加上绘图式的效果或特殊的效果。【艺术效果】特效不能使用于 CMYK 颜色模式的文件中。

【艺术效果】子菜单中的命令说明如下：

- 塑料包装：使用亮面塑料膜覆盖图像，加强表面细节。
- 壁画：使用短、圆形如同快速点画的涂抹法，以粗线条绘出图像。
- 干画笔：使用干性笔刷技巧（介于油画及水彩之间）绘出图像边缘。此滤镜减少颜色范围来简化图像。
- 底纹效果：在纹理背景上绘出图像，然后在其上绘出最终图像。
- 彩色铅笔：使用彩色铅笔在实色背景上绘出图像。重点边缘会保留下来，并具有粗宽的十字网眼外观，实色背景色会透过较平滑区域显示出来。
- 木刻：绘制图像，使它看起来像是由大片粗剪的色纸组合而成。高分辨率图像会成为类似剪影的图案，而彩色图像则像是由数层色纸组合而成。
- 水彩：使用水彩方式绘制图像，简化细节，并使用带有水及彩色的中型笔刷。色调改变在边缘处较明显，此滤镜可使彩色更饱和。
- 海报边缘：根据设定的色调分离值，减少图像中的颜色数，然后寻找图像的边缘，并在边缘画上黑线。细致的深色细节分布在整个图像中时，图像中的大块平面区域会有简单的色阶。
- 海绵：使用高度纹理的对比色区域建立图像，看起来像是用海绵画出来的。
- 涂抹棒：使用短的对角线笔画涂抹图像的深色区域，使图像柔化。浅色区域会变得更亮，细节更少。
- 粗糙蜡笔：使图像看起来像是使用彩色粗粉笔在纹理背景上画出的。在颜色明亮的区域，粉笔看来较厚，纹理透出较少；而在较深色的区域，粉笔看来有缺口，透出纹理。
- 绘画涂抹：可选取各种不同的画笔大小（由 1～50）和画笔类型，制作类似绘画的效果。画笔类型包括简单、未处理光照、未处理深色、宽锐化、宽模糊以及火花等。
- 胶片颗粒：将平滑的图样应用在图像的阴影色调和中间调上。就会在图像的较亮区域加上更平滑，更饱和的图样。此种滤镜对于消除渐变条纹，以及使各种来源的成分在视觉上统一相当有用。
- 调色刀：它可减少图像中的细节，造成稀薄绘画的版面，透出下方的纹理。
- 霓虹灯光：在图像中的对象上加上各种光晕。此滤镜对于将图像彩色化，同时使外观柔化相当有用。如果要选取发光颜色，需单击颜色块，再在【颜色】对话框中选取颜色。

动手操作　应用【艺术效果】命令

1　选择图片，在菜单中执行【效果】→【艺术效果】→【干画笔】命令，弹出如图 9-19 所示的对话框，在其中设定【画笔大小】为 3，【画笔细节】为 9，【纹理】为 2，单击【确定】按钮。

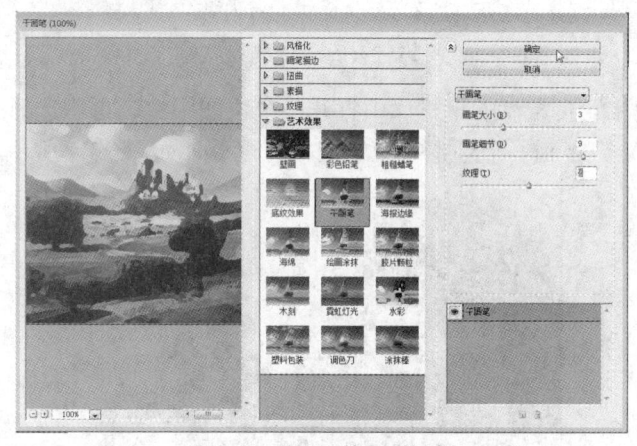

图 9-19　【干画笔】对话框

2　在菜单中执行【效果】→【艺术效果】→【胶片颗粒】命令，弹出如图 9-20 所示的对话框，在其中设定【颗粒】为 5，【高光区域】为 2，【强度】为 4，单击【确定】按钮，得到如图 9-21 所示的效果。

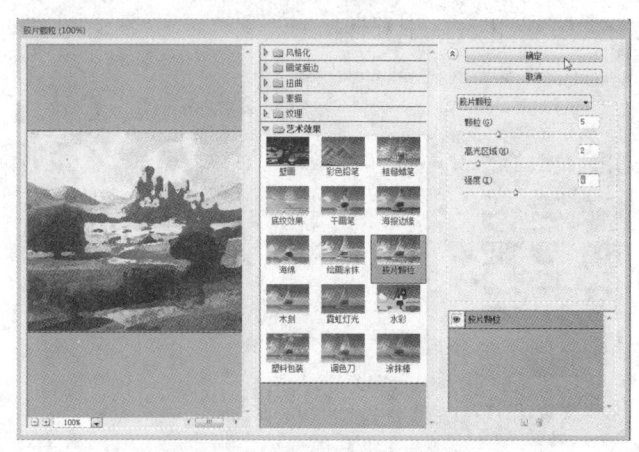

图 9-20　【胶片颗粒】对话框　　　　图 9-21　执行【胶片颗粒】后的效果

9.9 将图像处理为装饰效果

实例介绍将图像处理为装饰效果的方法，效果对比图如图 9-22、图 9-23 所示。

图 9-22 处理前的效果

图 9-23 处理后的效果

操作步骤

1. 按 Ctrl+O 键从配套光盘的素材库中打开一个位图图像，再用选择工具选择它，然后按 Ctrl+C 键和 Ctrl+V 键复制一个副本并使它们相互重叠，如图 9-24 所示。

图 9-24 打开的图像

2. 在菜单中执行【效果】→【素描】→【影印】命令，弹出【影印】对话框，在其中设定【细节】为 7，【暗度】为 8，如图 9-25 所示，单击【确定】按钮。

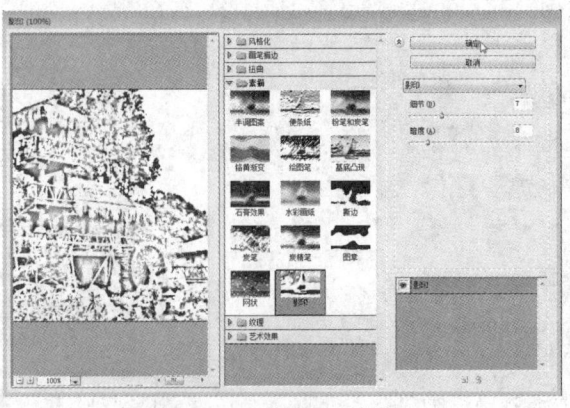

图 9-25 【影印】对话框

3. 在菜单中执行【效果】→【素描】→【绘图笔】命令，弹出【绘图笔】对话框，在其中设定【描边长度】为 14，【明/暗平衡】为 50，【插边方向】为右对角线，如图 9-26 所示，单击【确定】按钮，得到如图 9-27 所示的效果。

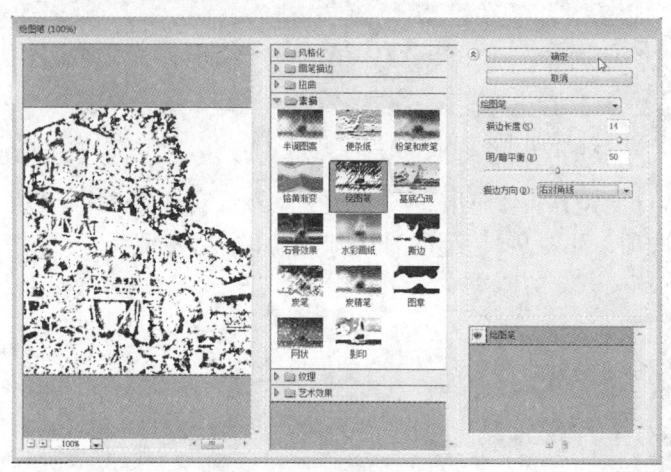

图 9-26 【绘图笔】对话框　　　　图 9-27 执行【绘图笔】命令后的效果

4. 显示【透明度】面板，在其中设定【混合模式】为叠加，如图 9-28 所示，得到如图 9-29 所示的效果。

图 9-28 【透明度】面板　　　　图 9-29 改变混合模式后的效果

9.10 对矢量图进行效果处理

Illustrator 提供了各种效果和滤镜来改变矢量对象的轮廓和路径方向，包括【自由扭曲】命令、【圆角】命令、【转换为形状】命令、【收缩和膨胀】命令、【波纹效果】命令、【粗糙化】命令、【扭转】命令、【位移路径】命令和【变形】命令等。

9.10.1 SVG 滤镜

可以使用 SVG 滤镜效果给图形对象添加属性，如图稿中的阴影。SVG 滤镜与其在位图对应命令不同，在位图中 SVG 滤镜是以 XML 为基础的。

动手操作　使用 SVG 滤镜

1　按 Ctrl+O 键打开一个图形文件，如图 9-30 所示，使用选择工具框选所有对象。

图 9-30　打开的图形文件

2　在菜单中执行【效果】→【SVG 滤镜】→【应用 SVG 滤镜】命令，在弹出的对话框中选择"AI_暗调_1"，勾选【预览】选项，如图 9-31 所示，画面效果如图 9-32 所示。

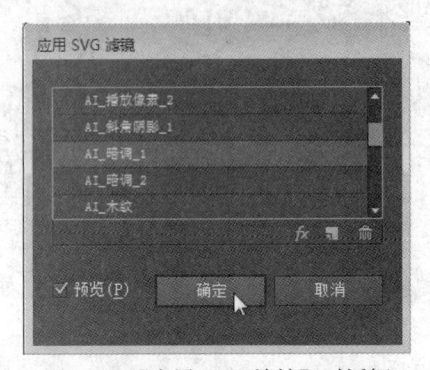

图 9-31　【应用 SVG 滤镜】对话框 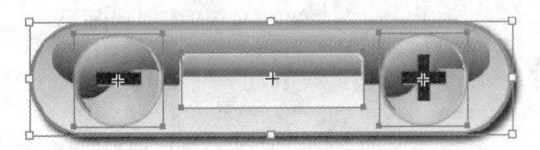　　　　图 9-32　应用 SVG 滤镜后的效果

3　在对话框的左边选择"AI_膨胀_3"，如图 9-33 所示，单击【确定】按钮，得到如图 9-34 所示的效果。

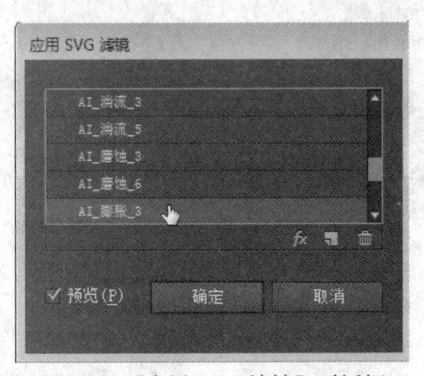

图 9-33　【应用 SVG 滤镜】对话框 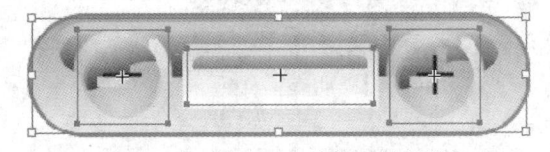　　　　图 9-34　应用 SVG 滤镜后的效果

9.10.2　使用菜单上层风格化命令

动手操作　使用菜单上层风格化命令

1　按 Ctrl+O 键打开一个图形文件，如图 9-35 所示，使用选择工具框选所有对象。

图 9-35　打开的图形文件

2　在菜单中执行【效果】→【风格化】→【内发光】命令，弹出【内发光】对话框，采用默认值，勾选【预览】选项，如图 9-36 所示，效果满意后单击【确定】按钮，得到如图 9-37 所示的效果。

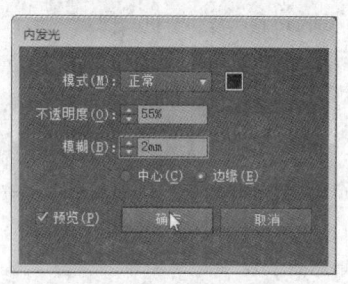

图 9-36　【内发光】对话框

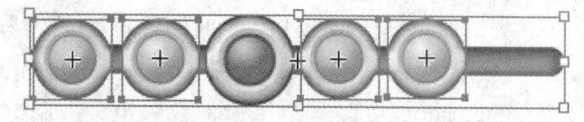

图 9-37　内发光效果

3　在菜单中执行【效果】→【风格化】→【投影】命令，在弹出的对话框中设置所需的参数，如图 9-38 所示，单击【确定】按钮，得到如图 9-39 所示的效果。

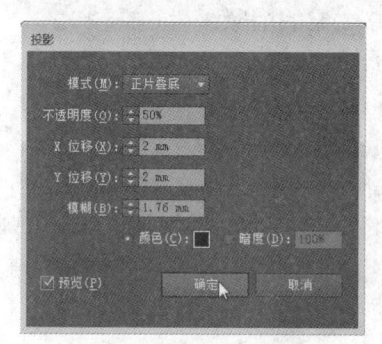

图 9-38　【投影】对话框

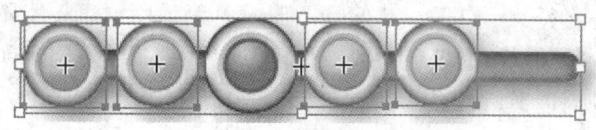

图 9-39　投影效果

9.10.3　栅格化

【栅格化】命令只会改变向量对象的外观，而不会改变图形的基础结构。可以使用【外观】面板修改点阵图像的栅格化设定，也可以随时将点阵图像回复成向量图形。

在菜单中执行【效果】→【栅格化】命令，在弹出的对话框中设定【颜色模型】为灰度，其他为默认值，如图 9-40 所示，单击【确定】按钮，即可将矢量转换为位图，效果如图 9-41 所示。

图 9-40　【栅格化】对话框

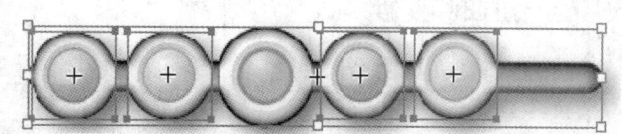

图 9-41　栅格化后的效果

【栅格化】对话框选项说明如下：
- 【颜色模型】：决定在栅格化处理过程中使用的颜色模型。可以将对象转换成 RGB 或是 CMYK 彩色图像（根据文件所使用的颜色模型而定）、灰度图像或是 1 位图像（所谓 1 位图像，可以是黑白、或是黑与透明，根据所选择的背景选项而定）。
- 【分辨率】：决定栅格化图像中，每一寸中的像素数目（ppi）。可以选取【使用文档光栅效果分辨率】来使用整体分辨率设定。
- 【背景】：决定向量图形的透明区域如何转换成像素。选取【白色】选项，用白色像素来填充透明区域，或是选取【透明】选项让背景变透明。如果选择【透明】选项，就会制作出一个 alpha 色版（除了 1 位图像之外的所有图像）。如果将图稿转存到 Photoshop 中，这个 alpha 色版也会被保留下来。
- 【消除锯齿】：决定在栅格化过程中，要使用何种方式消除锯齿。消除锯齿可以在位图图像中，减少锯齿边缘。选取"无"，不作任何消除锯齿处理，可在栅格化时维持线条图的粗糙边缘。选取"优化图稿（超像素取样）"可应用最适合无文字图稿使用的消除锯齿作业。选取"优化文字（提示）"最适用于文字的消除锯齿效果。
- 【创建剪切蒙版】：会创建一个栅格化图像为透明的背景蒙版。

9.10.4 路径

【路径】子菜单中的命令可以相对于其原始位置位移对象的路径，将文字转变成一组复合路径，可以像在其他的图形对象上一样编辑和操作，并将选取对象的描边改变为与原始描边相同宽度的填色对象。也可以将这些命令应用到使用【外观】面板加入到位图对象的填色或描边上。

动手操作　使用【路径】命令

1　打开已经绘制好的图形，使用选择工具选择要位移的路径，如图 9-42 所示。

2　在菜单中执行【效果】→【路径】→【偏移路径】命令，弹出【偏移路径】对话框，在其中设定【位移】为 4mm，【连接】为斜接，其他不变，如图 9-43 所示，单击【确定】按钮，得到如图 9-44 所示的效果。

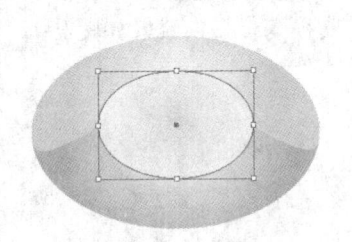

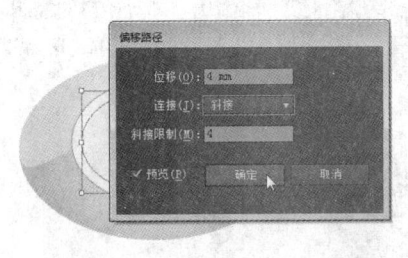

图 9-42　打开的图形　　　图 9-43　【偏移路径】对话框　　　图 9-44　偏移路径后的效果

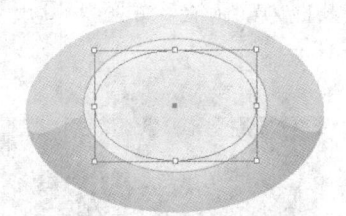

9.10.5 扭曲和变换

【扭曲与变换】命令下的各子命令可以快速将向量对象变形，或是使用【外观】面板来应用这些效果到已加入至位图对象的填色或描边上。

动手操作　使用【扭曲和变换】命令

1　在菜单中执行【效果】→【扭曲和变换】→【波纹效果】命令，在弹出的对话框中设定具体参数，如图 9-45 所示，单击【确定】按钮，得到如图 9-46 所示的效果。

图 9-45　【波纹效果】对话框　　　　　　　　图 9-46　波纹效果

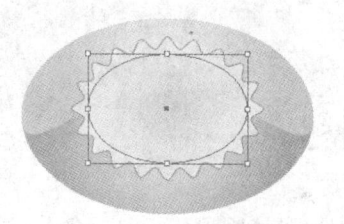

2　在菜单中执行【效果】→【扭曲和变换】→【收缩和膨胀】命令，在弹出的对话框中设定【收缩和膨胀】为-14%，如图 9-47 所示，单击【确定】按钮，得到如图 9-48 所示的效果。

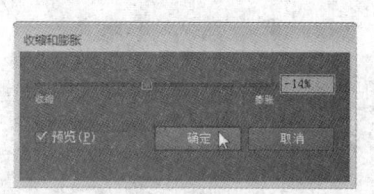

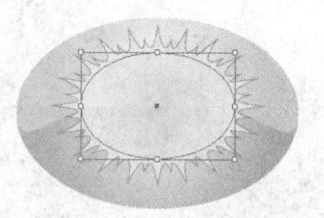

图 9-47　【收缩和膨胀】对话框　　　　　　　图 9-48　收缩和膨胀后的效果

9.10.6　制作特效文字——绿色奥运

操作步骤

1　按 Ctrl+N 键新建一个文件，在工具箱中点选 T 文字工具，在【字符】面板中设置【字体】为文鼎中特广告体，【字体大小】为 80pt，然后在画板的适当位置单击并输入文字"网络时代"，再点选 选择工具确认文字输入，结果如图 9-49 所示。

图 9-49　输入文字

2　在菜单中执行【效果】→【变形】→【弧形】命令，弹出如图 9-50 所示的【变形选项】对话框，采用默认值，单击【确定】按钮，得到如图 9-51 所示的效果。

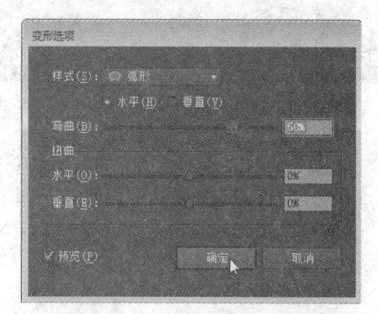

图 9-50　【变形选项】对话框　　　　　　　　图 9-51　变形文字

3 在工具箱中点选■矩形工具，在画面中适当位置绘制一个矩形，如图 9-52 所示。显示【颜色】面板，在其中设定【填色】为 C90、M75、Y0、K0，如图 9-53 所示，以将矩形填充为蓝色，效果如图 9-54 所示。

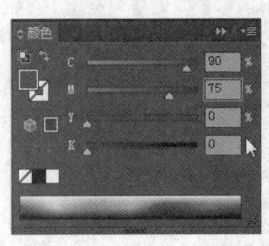

图 9-52 绘制矩形　　　　图 9-53 【颜色】面板　　　　图 9-54 填充颜色

4 在菜单中执行【对象】→【排列】→【置于底层】命令，将矩形置于底层，得到如图 9-55 所示的效果。

5 在工具箱中点选选择工具，再按 Shift 键单击文字，以同时选择两个对象，在菜单中执行【对象】→【编组】命令，将它们编组，如图 9-56 所示。

图 9-55 排列对象　　　　图 9-56 编组对象

6 按 Alt 键拖动文字与矩形向右下方到适当位置，以复制一个副本，结果如图 9-57 所示。

7 在菜单中执行【效果】→【路径查找器】→【差集】命令，得到如图 9-58 所示的效果。

图 9-57 复制对象　　　　图 9-58 执行【差集】命令后的效果

8 在工具箱中点选■直接选择工具，在画面中单击上方的绿色文字，再在工具箱中将其填色设为白色，以将绿色文字改为白色文字，画面效果如图 9-59 所示。

9 用直接选择工具框选所有对象，如图 9-60 所示，显示【对齐】面板，在其中单击■与■按钮，如图 9-61 所示，将选择的对象居中对齐，对齐后的效果如图 9-62 所示。

图 9-59　编辑文字　　　　　　　　　图 9-60　框选所有对象

图 9-61　【对齐】面板　　　　　　　图 9-62　对齐后的效果

10 在菜单中执行【效果】→【风格化】→【外发光】命令，弹出【内发光】对话框，在其中设置颜色为#20F4E9，【模式】为颜色加深，【模糊】为 1mm，如图 9-63 所示，设置好后单击【确定】按钮，得到如图 9-64 所示的效果。

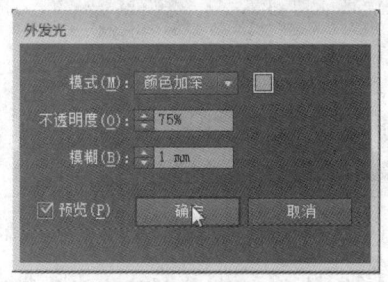

图 9-63　【外发光】对话框　　　　　　图 9-64　外发光效果

9.10.7　制作易拉罐

【3D】子菜单中的命令可以将封闭或开放路径或是位图对象转换为 3D 对象，也可以将此对象绕转、打光和着色。

下面通过制作易拉罐范例，介绍【3D】子菜单中的命令的应用，实例效果图如图 9-65 所示。

操作步骤

1 按 Ctrl+N 键新建一个图形文件，在菜单中执行【文件】→【置入】命令，弹出【置入】对话框，在其中选择要置入的图像文件，取消【链接】勾选，单击【置入】按钮，即可将选择的文件置入到图形文件中，如图 9-66 所示。显示【符号】面板，将置入的图像拖动到【符号】面板中，如图 9-67 所示。

图 9-65　实例效果图

图 9-66 【置入】对话框

图 9-67 创建符号

2 松开左键后弹出【符号选项】对话框，在其中设置所需的参数，如图 9-68 所示，单击【确定】按钮，即可将该图像创建成符号，如图 9-69 所示。

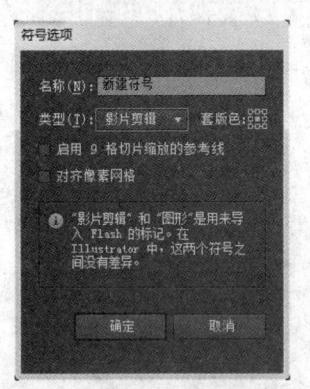

图 9-68 【符号选项】对话框

图 9-69 【符号】面板

3 拖出几条辅助线，以确定易拉罐的大小，再在工具箱中点选 钢笔工具，在画面上勾画出易拉罐的剖面图轮廓作为易拉罐的放样，如图 9-70 所示。显示【颜色】面板，在其中设定描边为 K16，填色为无，如图 9-71 所示。

图 9-70 勾画出易拉罐的剖面图轮廓

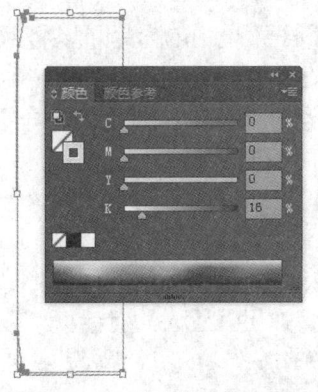

图 9-71 设定描边颜色

4 在菜单中执行【效果】→【3D】→【绕转】命令，弹出【3D 绕转选项】对话框，在其中勾选【预览】选项，再设置其他的参数，具体参数如图 9-72 所示，画面中的曲线路径即已绕转成 3D 对象，如图 9-73 所示。

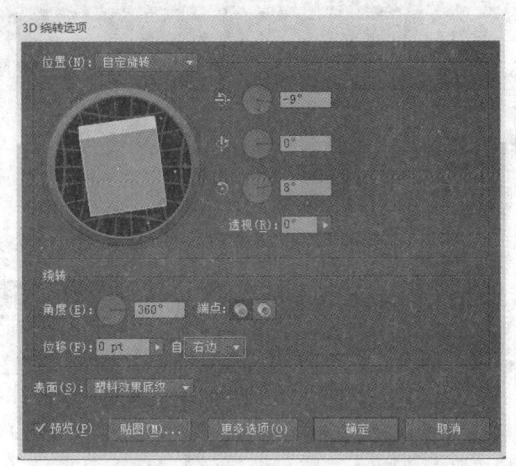

图 9-72 【3D 绕转选项】对话框　　　　　　　图 9-73　3D 绕转效果

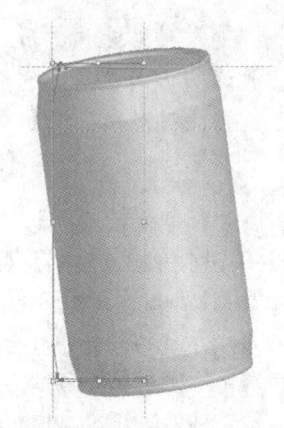

【3D 绕转选项】对话框中各选项说明如下：

- 【位置】：可以设置 3D 对象的位置。
  - ➤ 如果需要无限制绕转，在【位置】栏中拖动立方体轨迹，对象的正面是以立方体轨迹的蓝色面所表示，对象的顶端和底部是浅灰色，侧面是灰色，背面则是暗灰色。
  - ➤ 如果要限制沿着整体轴的绕转，按住 Shift 键并水平拖动（整体 y 轴）或垂直拖动（整体 x 轴）。如果要环绕整体 z 轴绕转对象，请拖动环绕立方体轨迹的蓝色线。
  - ➤ 如果要限制环绕对象轴的绕转，拖动立方体轨迹的边缘。指针变成双向箭头，立方体边缘的颜色也会改变，以识别对象将沿着哪条轴绕转。红色边代表对象的 x 轴，绿色边代表对象的 y 轴，蓝色边则代表对象的 z 轴。
  - ➤ 在 水平（x）轴、 垂直（y）轴和 深度（z）轴文本框中输入–180~180 之间的数值，可将对象进行所需角度绕转。
  - ➤ 如果要调整透视，可以在【透视】文本框中输入 0~160 之间的数值。较小的透镜角度相当于照相机的长镜头；较大的透镜角度则相当于照相机的广角镜头。
- 【更多选项】：在对话框中单击该按钮，可以显示出【表面】选项，如图 9-74 所示。
  - ➤ 【线框】：可用来描绘对象几何的形状并让每个表面透明。
  - ➤ 【无底纹】：可不将新的表面属性添加到对象。3D 对象的颜色与原来的 2D 对象的颜色是相同的。
  - ➤ 【扩散底纹】：可让对象反射柔和的散射光。
  - ➤ 【塑料效果底纹】：可让对象发射出光线，如同该对象是由耀眼的高反光材料所组成。

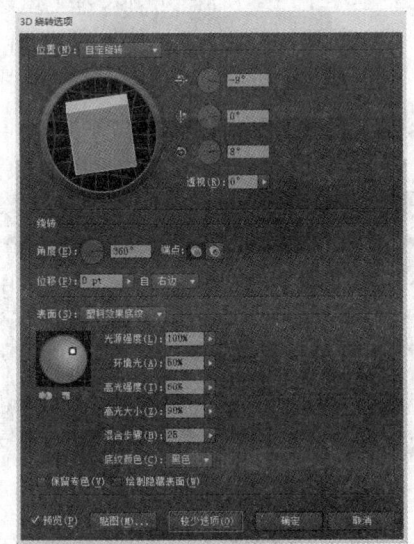

图 9-74 【3D 绕转选项】对话框

- **【绘制隐藏表面】** 如果要显示对象的隐藏背面，需选取【绘制隐藏表面】选项。如果对象透明，或当用户展开对象并将其拉开时，就能看到背面。

> **TIPS**：如果对象透明，而且想要透过透明正面来显示隐藏的背面，则先对对象应用【对象】→【编组】命令，再应用【3D】效果。

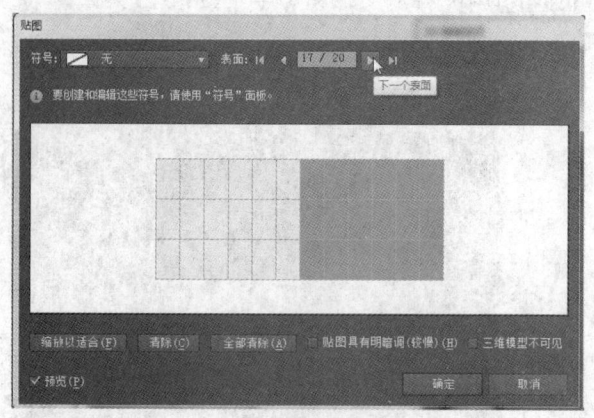

5 在【3D 绕转选项】对话框中单击【贴图】按钮，弹出【贴图】对话框，并在其中单击▶按钮选择要贴图的面，如图 9-75 所示。在【符号】下拉列表中选择刚创建的符号，如图 9-76 所示，即可将选择的符号放入预览框中，此时的画面效果如图 9-77 所示。

图 9-75 【贴图】对话框

图 9-76 【贴图】对话框 　　　　　图 9-77 贴图效果

6 贴上图后感觉图太大了，因此需要在预览框中将符号移动到适当位置并缩小，如图 9-78 所示，看到画面中的贴图适合后，再勾选【贴图具有明暗调（较慢）】选项，如图 9-79 所示，效果满意后单击【确定】按钮，返回到【3D 绕转选项】对话框中，此时的画面效果如图 9-80 所示。

图 9-78 将符号移动到适当位置并缩小 　　　图 9-79 【贴图】对话框 　　　图 9-80 贴图效果

7 在【3D 绕转选项】对话框中设定【表面】为塑料效果底纹，【光源强度】为 100%，【环境光】为 30%，【高光强度】为 100%，【高光大小】为 100%，【混合步骤】为 25，如图 9-81 所示，单击【确定】按钮，得到如图 9-82 所示的效果。

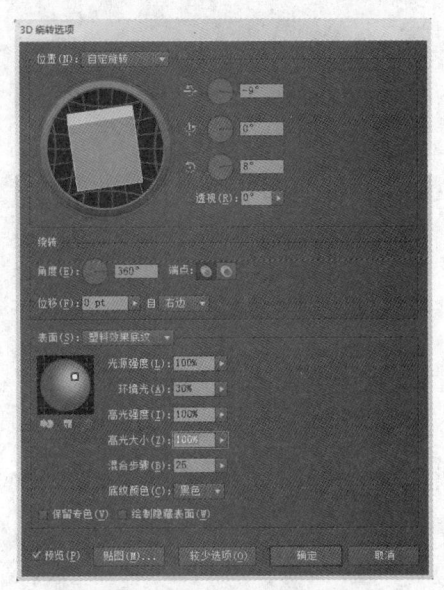

图 9-81 【3D 绕转选项】对话框　　　　图 9-82　最终效果

9.10.8 转换为形状

可以使用【转换为形状】命令来变形向量或位图对象。

动手操作　使用转换为形状命令变形对象

1　用矩形工具在画面上画一个矩形，在【颜色】面板中设定所需的填充颜色，如图 9-83 所示。

2　在菜单中执行【效果】→【转换为形状】→【圆角矩形】命令，在弹出的【形状选项】对话框中勾选【预览】选项，并在其中的【相对】栏中设定【额外宽度】与【额外高度】均为 7mm，【圆角半径】为 5mm，如图 9-84 所示，得到如图 9-85 所示的画面效果。

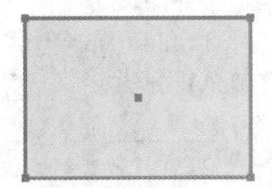

图 9-83　绘制矩形

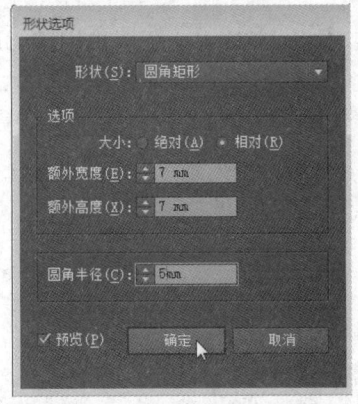

图 9-84　【形状选项】对话框　　　　图 9-85　圆角矩形效果

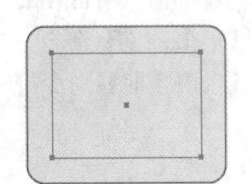

3　在【形状选项】对话框的【形状】下拉列表中选择椭圆，如图 9-86 所示，单击【确定】按钮，将矩形转换为椭圆形，结果如图 9-87 所示。

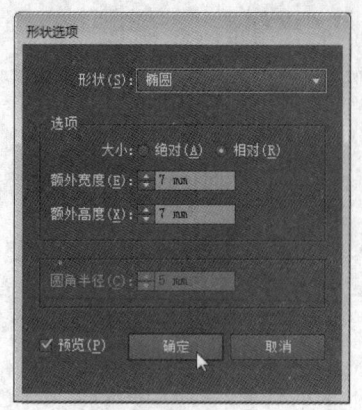

图 9-86 【形状选项】对话框

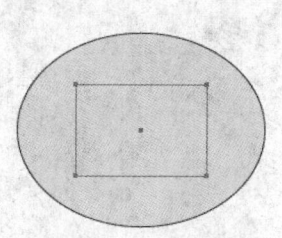

图 9-87 椭圆效果

9.11 本章小结

本章对效果菜单中的各命令的作用进行了介绍，并结合精简的实例介绍了对位图图像与矢量图形进行效果处理的方法。

9.12 习题

一、填空题

1. Illustrator 提供了各种效果来改变矢量对象的轮廓和路径方向，包括_____命令、【圆角】命令、_____命令、_____命令、_____命令、【粗糙化】命令、【扭转】命令、_____命令和_____命令等。

2. 在【效果】菜单中，都有两个_____命令，菜单上层的_____命令可以使用户将_____、投影、圆角。

二、选择题

1. 以下哪个命令能够置换像素，或是查找与强调图像的对比，在选取范围中造成绘画或印象派的效果。（ ）

　　A.【照亮边缘】命令　　　　　　B.【强化的边缘】命令
　　C.【半调图案】命令　　　　　　D.【扩散亮光】命令

2. 以下哪个命令可以仿真半色调网屏的效果，并保留色调的连续范围。（ ）

　　A.【半调图案】命令　　　　　　B.【半色调】命令
　　C.【自由扭曲】命令　　　　　　D.【扩散亮光】命令

第 10 章 综合部分

10.1 将位图图像转换为矢量画

本例主要使用置入、木刻、描摹选项、实时上色工具等工具和命令，介绍将位图图像转换为矢量图的方法，实例效果如图 10-1 和图 10-2 所示。

操作步骤

1. 按 Ctrl+N 键，在弹出的对话框中设定【颜色模式】为 RGB 颜色，单击【确定】按钮新建一个文件。

2. 在菜单中执行【文件】→【置入】，在弹出的对话框中选择要置入的图片，单击【置入】按钮将选择的文件置入到画面中，然后用选择工具选择置入的图片，并按 Ctrl+C 键与 Ctrl+V 键复制一个副本，如图 10-3 所示。

图 10-1 处理前的效果　　　图 10-2 处理后的效果　　　图 10-3 打开的图片

3. 先将副本拖至一边，再选择原对象，在菜单中执行【效果】→【艺术效果】→【木刻】命令，在弹出的对话框中设定【色阶数】为 5，【边缘简化度】为 3，【边缘逼真度】为 2，如图 10-4 所示，单击【确定】按钮，得到如图 10-5 所示的画面效果。

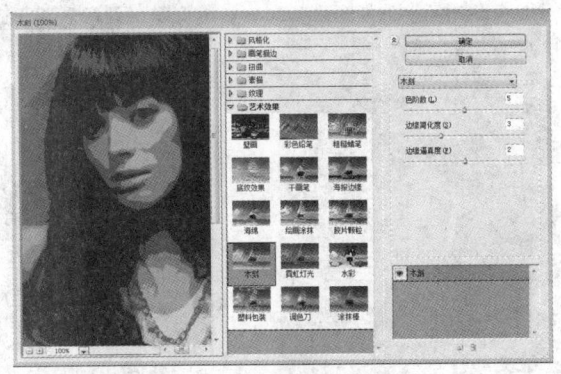

图 10-4 【木刻】对话框　　　　　　　图 10-5 木刻效果

4. 在控制栏中单击【嵌入】按钮,单击【图像描摹】按钮后的小三角形,在弹出的菜单中选择【16色】命令,如图10-6所示,便会弹出一个【进度】对话框,如图10-7所示,完成后即可得到如图10-8所示的效果。

5. 在控制栏中单击【扩展】按钮,结果如图10-9所示。

图10-6 选择【16色】命令　　　　图10-7 【进度】对话框

图10-8 图像描摹后的效果　　　　图10-9 扩展后的效果

6. 在工具箱中点选 实时上色工具,按Alt键在原图像中所需的颜色上单击,吸取所需的颜色,如图10-10所示,再移动指针到要改变颜色的路径内按Ctrl键单击,如图10-11所示,以选择它,再次单击以填充颜色,如图10-12所示。

图10-10 在原图像中吸取所需的颜色　　图10-11 选择要改变颜色的路径　　图10-12 填充颜色

7. 按 Alt 键移动指针到其他表示皮肤的地方单击,以吸取相应的颜色,如图 10-13 所示。松开鼠标后移动指针到其他表示皮肤的地方单击,移动指针给它们填充相应的颜色,填充颜色如图 10-14 所示,最终效果如图 10-15 所示。

图 10-13 在原图像中吸取所需的颜色 　　图 10-14 选择要改变颜色的路径 　　图 10-15 填充颜色后的效果

10.2 方形图案

本例主要使用新建、矩形工具、选择工具、偏移路径、钢笔工具、旋转工具、混合工具、椭圆工具、镜像工具等工具和命令制作方形图案,实例效果如图 10-16 所示。

操作步骤

1 在草稿区用钢笔工具勾画出如图 10-17 所示图形,在【颜色】面板中设定填充颜色为 C83.1、M0、Y100、K0,【描边】为无。用椭圆工具在其上绘制出如图 10-18 所示的椭圆,并填充颜色为 C36、M0、Y99.6、K0。

2 用选择工具选择这两个对象并对它们进行复制,如图 10-19 所示。然后对复制的对象进行适当的旋转,如图 10-20 所示。这样再复制并旋转多次,取消选择,得到如图 10-21 所示的效果。

图 10-16 方形图案效果

图 10-17 用钢笔工具勾画图形 　　图 10-18 用椭圆工具绘制椭圆 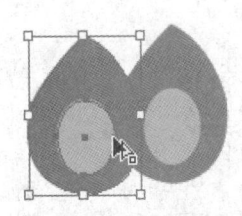　　图 10-19 选择对象

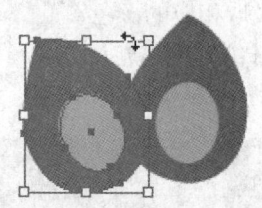

图 10-20　复制对象并进行适当旋转　　　　　图 10-21　复制对象并进行适当旋转

3 用椭圆工具在图案的下方绘制一个如图 10-22 所示的椭圆，并填充颜色为 C83.1、M0、Y100、K0。

4 用椭圆工具在大椭圆的上方中央绘制一个小圆，如图 10-23 所示，并填充颜色为 C36、M0、Y99.6、K0。对小圆进行复制，在复制的同时沿着椭圆排放，效果如图 10-24 所示。

图 10-22　绘制椭圆

图 10-23　绘制小圆　　　　　图 10-24　复制小圆并排放

5 用钢笔工具勾画出如图 10-25 所示图形，在【颜色】面板中设定填充颜色为 C83.1、M0、Y100、K0，【描边】为无，效果如图 10-26 所示。

图 10-25　用钢笔工具勾画图形　　　　　图 10-26　填充颜色后的效果

> **TIPS** 为了看清楚所勾画的轮廓，可在【颜色】面板中设置描边颜色为黑色。

6 用钢笔工具勾画出如图 10-27 所示图形，在【颜色】面板中设定填充颜色为 C36、M0、Y99.6、K0，【描边】为无，效果如图 10-28 所示。再用选择工具选择这组图案，按 Ctrl+G 键群组。

图 10-27　用钢笔工具勾画图形　　　　　　图 10-28　填充颜色后的效果

7 用钢笔工具勾画出如图 10-29 所示的图形，再用椭圆工具绘制多个圆形，如图 10-30 所示。

图 10-29　用钢笔工具勾画图形　　　　　　图 10-30　用椭圆工具绘制多个圆形

8 用选择工具并结合 Shift 键在画面中选择要填充颜色的对象，在拾色器对话框中设置颜色为.#00A0DF，如图 10-31 所示。

9 用同样的方法选择要选择颜色的对象，如图 10-32 所示，再在拾色器中选择颜色为#B57FB1；选择其他要填充颜色的对象，同样在拾色器中设置颜色为#CCC367，得到如图 10-33 所示的效果。

图 10-31　填充颜色　　　　图 10-32　填充颜色　　　　图 10-33　填充颜色

10 用同样的方法分别选择对象，分别填充颜色为#F3EE74 和#004992，填充好后的效果如图 10-34 所示。

11 用选择工具框选绘制好的图案单元，在控制栏中设置【描边】为无，如图 10-35 所示，按 Ctrl+G 键将其编组，如图 10-36 所示。

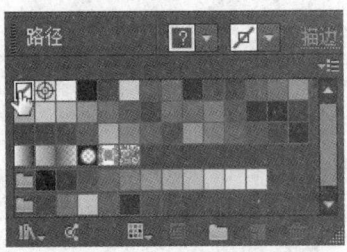

图 10-34　填充颜色　　　　图 10-35　选择描边为无　　　　图 10-36　将图案单元编组

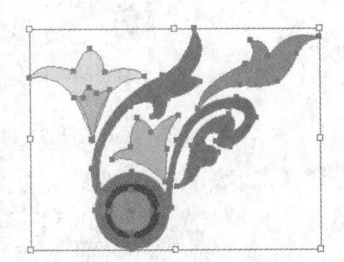

12 在工具箱中双击■镜像工具，弹出【镜像】对话框，在其中选择【垂直】选项，如图 10-37 所示，单击【复制】按钮，即可得到一个副本并成垂直镜像，如图 10-38 所示。

图 10-37 【镜像】对话框　　　　图 10-38 镜像后的效果

13 用选择工具将其向左拖动到所需的位置，如图 10-39 所示，再框选副本与原对象，按 Ctrl+G 键将其编成一组，如图 10-40 所示。

图 10-39 移动对象　　　　图 10-40 将图案单元编组

14 在草稿区中，用钢笔工具勾画出如图 10-41 所示的图形，在【颜色】面板中设定填充颜色为#00A43D，描边颜色为无。

15 在草稿区中用钢笔工具勾画出如图 10-42 所示的图形，将其填充颜色为#00A43D，描边颜色为无。再绘制出一些对象并填充颜色为# B5D100，然后将其选择并编组，如图 10-43 所示。

图 10-41 用钢笔工具勾画图形　　图 10-42 用钢笔工具勾画图形　　图 10-43 用钢笔工具勾画图形

16 在工具箱中点选■矩形工具，画面中适当位置单击，弹出【矩形】对话框，在其中设置【宽度】与【高度】均为142mm，如图 10-44 所示，单击【确定】按钮得到一个正方形，然后将其填充颜色为# 00507C，从而得到如图 10-45 所示的效果。

图 10-44 【矩形】对话框

图 10-45 绘制好的矩形

17 在工具箱中双击 比例缩放工具,弹出【比例缩放】对话框,在其中设置【等比】为 91%,如图 10-46 所示,单击【复制】按钮,即可复制一个缩小了的正方形,再将其填充颜色为#004992,结果如图 10-47 所示。

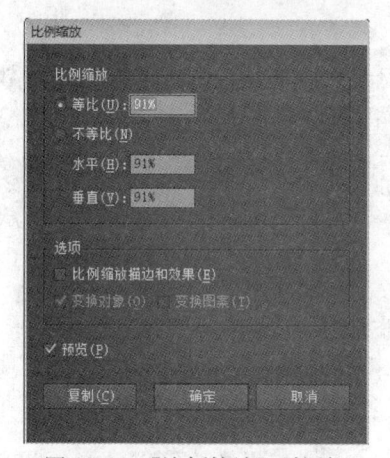

图 10-46 【比例缩放】对话框

图 10-47 复制的矩形

18 在工具箱中点选椭圆工具,在画面中适当位置单击,弹出【椭圆】对话框,在其中设置【宽度】与【高度】均为 80mm,如图 10-48 所示,设置好后单击【确定】按钮,即可得到一个圆形,如图 10-49 所示。

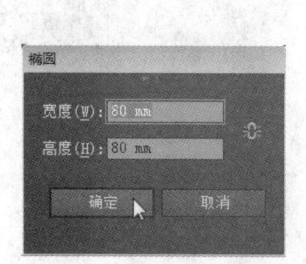

图 10-48 【椭圆】对话框

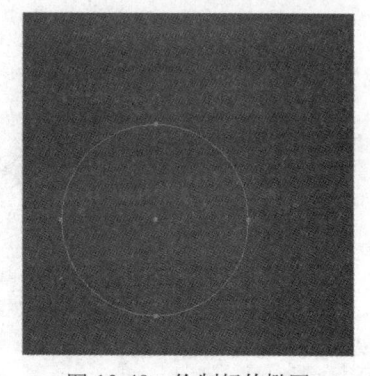

图 10-49 绘制好的椭圆

19 将圆形填充颜色为#00507C,描边颜色为# D1E06F,再设置描边粗细为 3pt,得到如图 10-50 所示的效果。

20 用选择工具框选绘制的图形,在控制栏中单击 与 按钮,将选择的对象居中对象,结果如图10-51所示。再在选择的对象上右击,在弹出的快捷菜单中选择【排列】→【置于底层】命令,如图10-52所示,将选择的对象置于底层。

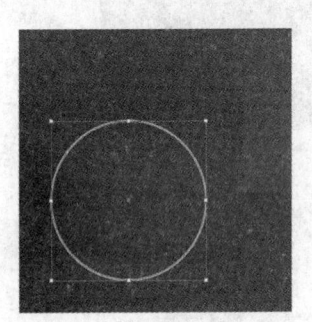

图 10-50　设置椭圆描边粗细　　　图 10-51　将对象居中对齐　　　图 10-52　置于底层

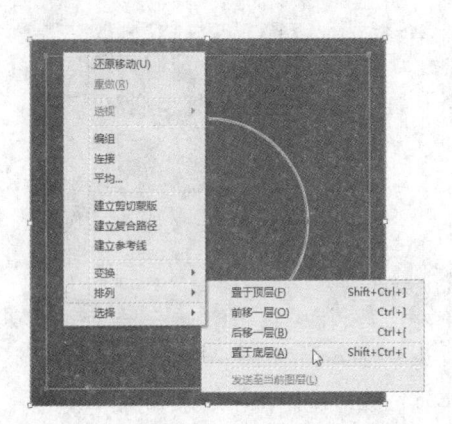

21 从草稿区的图案上点选一个图案单元复制到画面的右下角,进行适当旋转,效果如图10-53所示。按Shift+Alt键,向左移到所需的位置,即可复制一个单元,如图10-54所示。

图 10-53　复制并旋转图案　　　　　　　　图 10-54　复制并移动图案

22 按Shift+Alt键多次以向左复制多个副本,结果如图10-55所示。

23 用选择工具框选刚复制的图形,在控制栏中单击 (水平居中分布)按钮,将选择的对象水平居中分布,结果如图10-56所示。按Ctrl+G键将其编组。

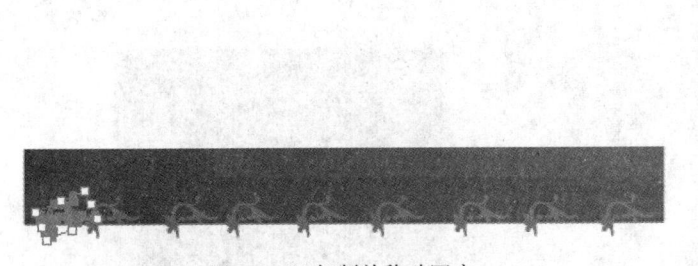

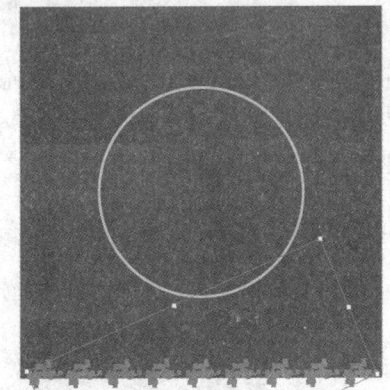

图 10-55　复制并移动图案　　　　　　　　图 10-56　水平居中分布图案

24 在【对象】菜单中执行【变换】→【旋转】命令,弹出【旋转】对话框,在其中设置【角度】为90°,如图10-57所示,单击【复制】按钮复制一个副本,并将其移动到正方形的左边上,结果如图10-58所示。

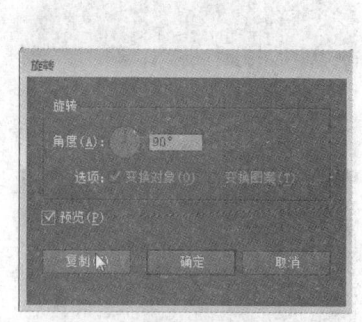

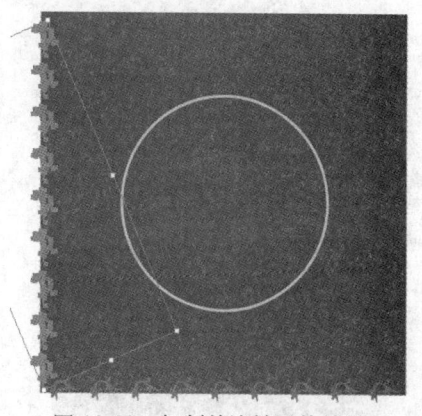

图 10-57 【旋转】对话框　　　　　　　图 10-58　复制并旋转后的效果

25　用同样的方法得到如图 10-59 所示的效果。

26　按 Shift 键用选择工具点选沿着深蓝色矩形边缘的图案，如图 10-60 所示，再在其上按鼠标右键，在弹出的快捷菜单中选择【建立剪切蒙版】命令，取消选择，得到如图 10-61 所示的效果。

图 10-59　复制并旋转后的效果　　　图 10-60　选择图案　　　图 10-61　建立剪切蒙版

27　用选择工具将另一个图案单元复制到要制作图案的右下角，如图 10-62 所示，再按 Shift 键将其进行旋转，旋转后的结果如图 10-63 所示。

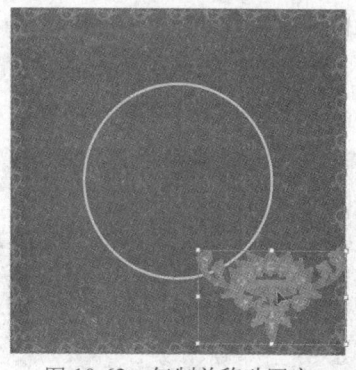

图 10-62　复制并移动图案　　　　　　图 10-63　旋转图案

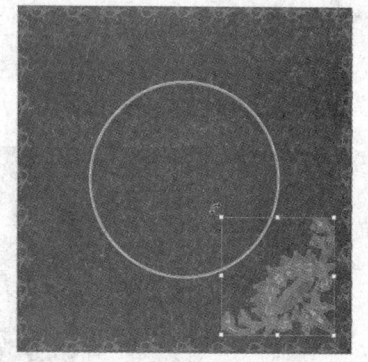

28　用同样的方法复制多个对象，复制好后的效果如图 10-64 所示。

29　用同样的方法将另一个图案单元也复制到画面中，并根据需要进行旋转与复制，复制并旋转后的效果如图 10-65 所示。

图 10-64　复制并旋转图案

图 10-65　复制并旋转图案

30 按 Shift 键并用椭圆工具在画面的中央画一个圆，填充颜色为 C83.1、M0、Y100、K0，结果如图 10-66 所示。

31 用椭圆工具在圆的右上角画一个如图 10-67 所示的椭圆，再在其上画一个小椭圆并填充颜色为 C36、M0、Y99.6、K0。

图 10-66　用椭圆工具绘制圆

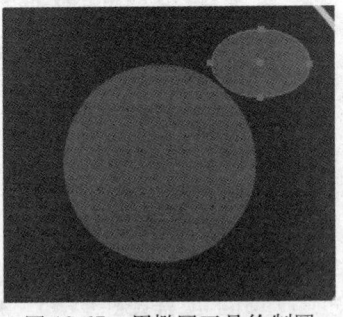

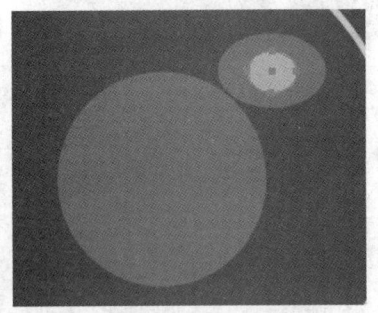

图 10-67　用椭圆工具绘制圆

图 10-68　用椭圆工具绘制圆

32 用选择工具并按着 Shift 键选择它下面的大椭圆，将所选对象进行旋转并移动到如图 10-69 所示的位置。在工具箱中点选旋转工具，在圆的中心点上单击将旋转中心移至圆中心上，然后按下左键沿着圆拖动，到适当的位置时按下 Alt 键进行复制，松开鼠标左键，即可复制这两个对象，如图 10-70 所示。这样再继续拖动并复制两次，即可得到如图 10-71 所示的效果。

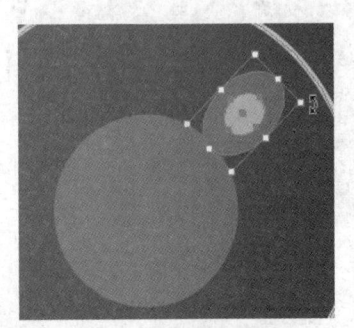

图 10-69　旋转对象

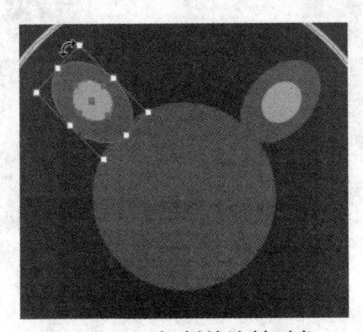

图 10-70　复制并旋转对象

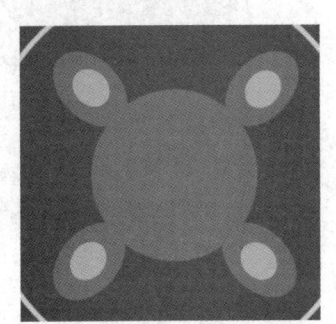

图 10-71　复制并旋转对象

33 用椭圆工具在画面上画一个如图 10-72 所示的椭圆,然后用上面的方法沿着圆复制并拖动,得到如图 10-73 所示的效果。

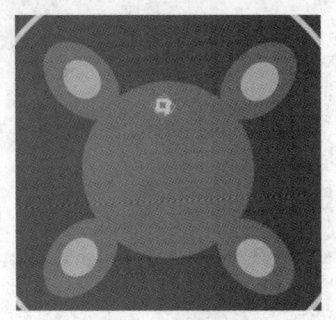

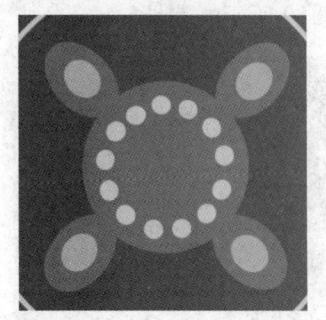

图 10-72 绘制椭圆　　　　　图 10-73 复制并拖动小圆

34 在工具箱中点选选择工具并按着 Shift 键选择这一组圆,如图 10-74 所示,在工具箱中双击比例缩放工具,弹出如图 10-75 所示的对话框,在其中设定【比例缩放】为 60%,单击【复制】按钮,得到如图 10-76 所示的多个圆形。

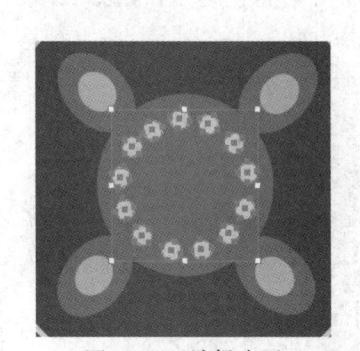

图 10-74 选择小圆　　　图 10-75 【比例缩放】对话框　　　图 10-76 缩小后的效果

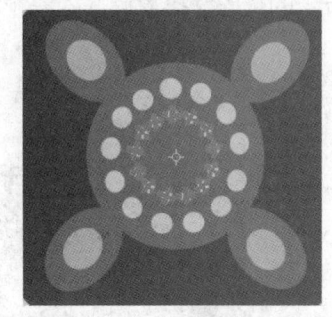

35 用选择工具从草稿区选择一个图案单元,并把它复制到画面中,然后对它进行旋转并移动到如图 10-77 所示的位置。再用上面的方法沿着圆对这个单元的图案进行旋转复制,结果如图 10-78 所示。

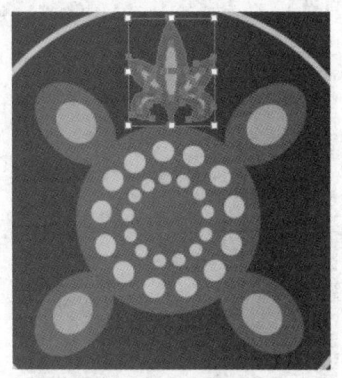

图 10-77 复制对象　　　　　图 10-78 复制并旋转对象

36 用选择工具点选草稿区相应的单元并填充相应的颜色,将它复制到画面中,对它进行适当的旋转和移动，如图10-79所示。在工具箱中点选 镜像工具，将镜像中心移到适当的位置，然后按下左键进行镜像旋转，到适当的位置时按Alt键进行复制，松开鼠标左键得到如图10-80所示的效果。

图10-79　复制对象

图10-80　复制并旋转对象

37 用选择工具按着Shift键点选另一单元，然后用上面的方法对其他三个角进行旋转和复制，结果如图10-81所示。

38 用选择工具选择圆上的一个单元，将它复制并适当缩小，然后将它旋转到如图10-82所示的位置。接着向其他三个角进行旋转并复制，取消选择后效果如图10-82所示。

图10-81　复制并旋转对象

图10-82　复制并旋转对象

39 用矩形工具画面中绘制一个正方形框并设置【填色】为无，描边颜色为#8AC226，结果如图10-83所示，按Ctrl键在画面的空白处单击取消选择，如图10-84所示。图案就制作完成了。

图10-83　绘制一个正方形框

图10-84　最终效果图

10.3 条形图案

本例主要使用矩形工具、直线工具、混合工具、建立剪切蒙版、将图案添加成符号等工具和命令制作条形图案，实例效果如图 10-85 所示。

图 10-85　条形图案效果图

操作步骤

1　按 Ctrl+N 键新建一个文档，在工具箱中点选矩形工具，在画面的适当位置单击，弹出【矩形】对话框，在其中设置【宽度】为 200mm，【高度】为 50mm，如图 10-86 所示，单击【确定】按钮，即可得到一个指定大小的矩形，将其填充为 004D77，结果如图 10-87 所示。

图 10-86　【矩形】对话框　　　　　图 10-87　绘制矩形

2　在工具箱中点选直线工具，在控制栏中设置【描边】为 1pt，按 Shift 键拖出一直线，如图 10-88 所示。在拾色器中设置描边颜色为#8AC226，按 Alt+Shift 键拖动直线向下至适当位置，以复制一条直线，效果如图 10-89 所示。

图 10-88　绘制直线

图 10-89　绘制直线

3　打开前面绘制好的图案，用选择工具选择所需的图案单元，按 Ctrl+C 键进行复制，再激活正在绘制的条形图案，按 Ctrl+V 键将其复制到画面中，进行适当的调整与旋转，调整好后的结果如图 10-90 所示。

图 10-90　复制并旋转对象

4 按 Alt+Shift 键将复制的对象向左复制并拖动到左边，如图 10-91 所示。

图 10-91　复制并移动对象

5 在工具箱中双击混合工具，弹出【混合选项】对话框，在其中设置【间距】为指定的步骤，步骤为 11，如图 10-92 所示，设置好后单击【确定】按钮。选择这两组图案，在【对象】菜单中执行【混合】→【建立】命令，得到如图 10-93 所示的效果。

图 10-92　【混合选项】对话框

图 10-93　混合后的效果

6 在工具箱中点选 选择工具，按 Shift+Alt 键将混合对象向上拖动到所需的位置，如图 10-94 所示。

图 10-94　复制并移动对象

7 用前面同样的方法将另一个图案单元也复制到条形图案中，并调整大小与排放到所需的位置，如图 10-95 所示。

图 10-95　复制并移动对象

8 按 Alt+Shift 键将其向左拖动并复制到所需的位置，如图 10-96 所示，再按 Ctrl+D 键两次得到如图 10-97 所示的效果。

图 10-96 复制并移动对象

图 10-97 复制并移动对象

9 用同样的方法复制另一个图案单元至条形图案中并进行复制与拖动，复制并调整好后的结果如图 10-98 所示。

图 10-98 复制并移动对象

10 用选择工具框选所有对象，再按 Ctrl+G 键编组，在工具箱中点选矩形工具，沿着前面的矩形再绘制一个矩形，如图 10-99 所示。

图 10-99 绘制一个矩形

11 用选择工具框选所有对象，在对象上右击并在弹出的快捷菜单中执行【建立剪切蒙版】命令，如图 10-100 所示，得到如图 10-101 所示的效果。

图 10-100 执行【建立剪切蒙版】命令

图 10-101 建立剪切蒙版后的效果

12 显示【符号】面板，在其中单击 ■（新建符号）按钮，弹出【符号选项】对话框，如图 10-102 所示，直接单击【确定】按钮，即可将选择的图案添加成符号，如图 10-103 所示，保存为条形图案文件。

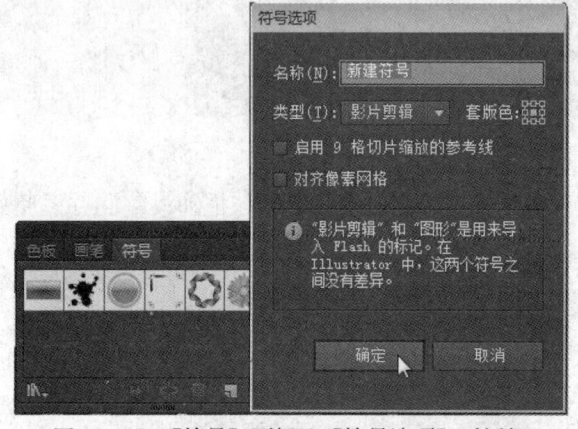

图 10-102 【符号】面板及【符号选项】对话框　　　图 10-103 【符号】面板

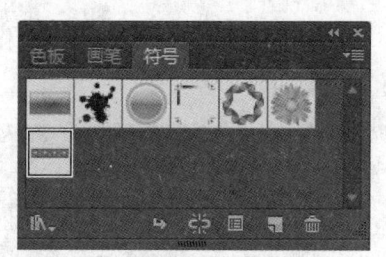

10.4 陶瓷碗

本例主要使用：钢笔工具、3D 绕转 5 条工具和命令制作陶瓷碗，实例效果如图 10-104 所示。

图 10-104 实例效果图

操作步骤

1 将画面中的图案删除，再将文档另存为陶瓷碗，在工具箱中点选 ▱ 钢笔工具，在工具箱中切换描边与填色，使描边为蓝色，填色为无，在画面上勾画出如图 10-105 所示的轮廓，用来作为碗的截面图。

2 在菜单中执行【效果】→【3D】→【绕转】命令，在弹出的【3D 绕转选项】对话框中勾选【预览】选项，即可将勾画的轮廓进行绕转，以绕转出三维立体效果，如图 10-106 所示。

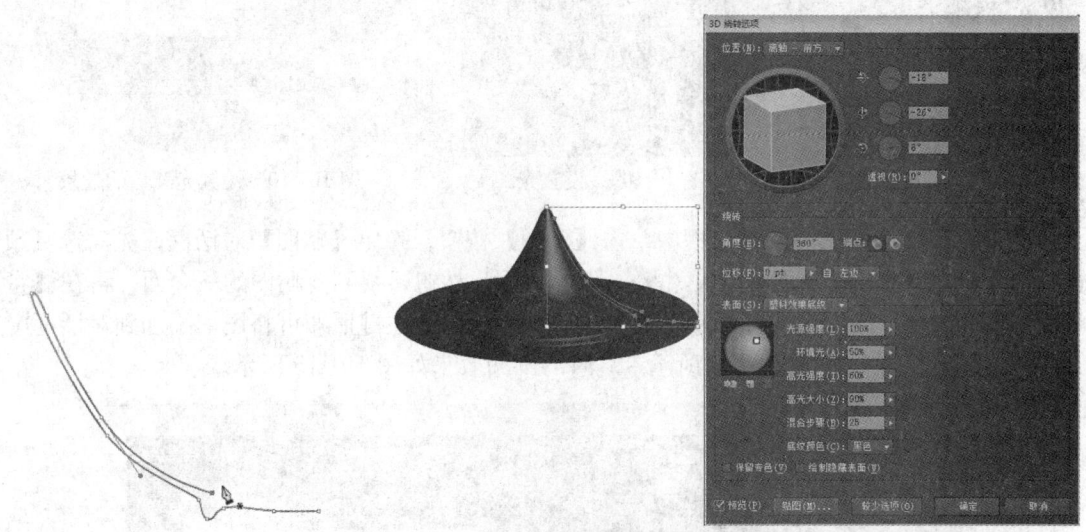

图 10-105 用钢笔工具绘制截面图　　　图 10-106 【3D 绕转选项】对话框与效果

3 在【自】下拉列表中选择右边，得到一个碗的形状，如图 10-107 所示。

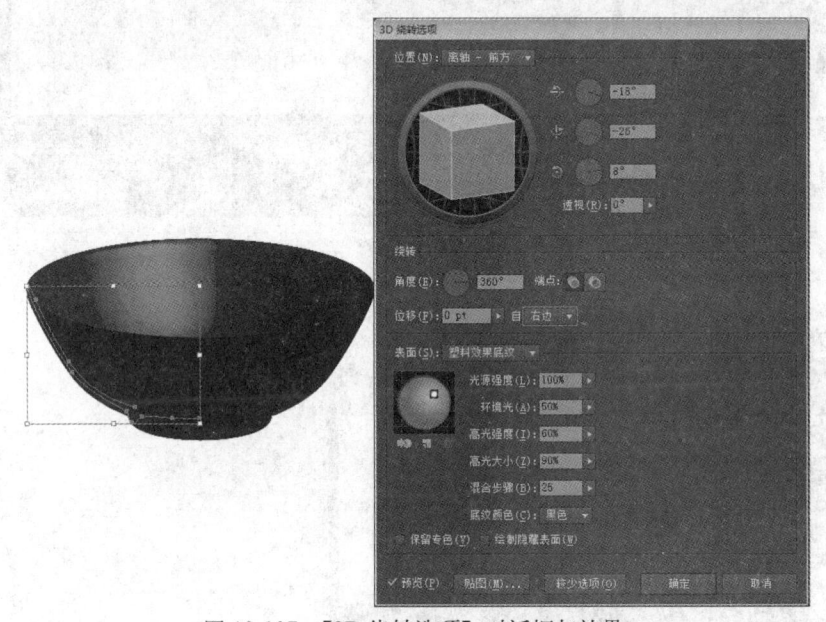

图 10-107 【3D 绕转选项】对话框与效果

4 在【3D 绕转选项】对话框的光源预览框中将光源拖动到左上方，再设置【高光强度】为 83%，【底纹颜色】为黑色，其他不变，如图 10-108 所示。单击 （新建光源）按钮，添加一个光源，并拖动到所需的位置与设置所需的参数，如图 10-109 所示，此时的画面效果如图 10-110 所示。

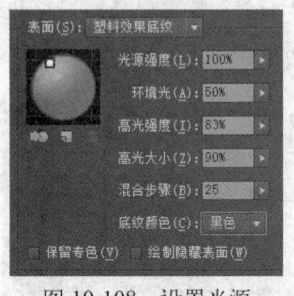

图 10-108　设置光源 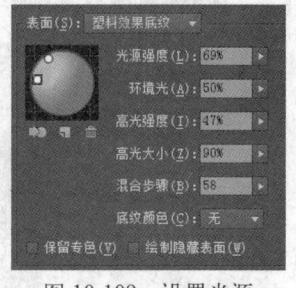　　　　图 10-109　设置光源 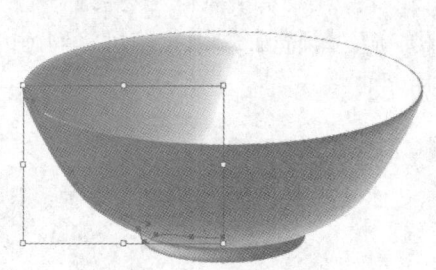　　　　图 10-110　设置光源后的效果

5 在【3D 绕转选项】对话框中单击【贴图】按钮，弹出【贴图】对话框，先勾选【预览】选项，在【贴图】对话框中单击▶（下一个面）按钮，找到要贴图的一个面，再在【符号】列表中选择前面新建的符号，如图 10-111 所示。松开左键后即可将图案添加到对话框中并移动到适当位置，如图 10-112 所示，这时的画面效果如图 10-113 所示。

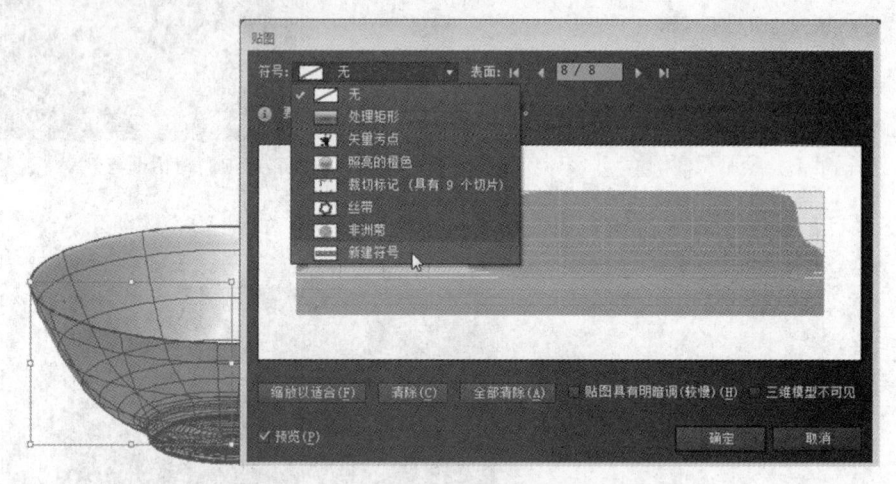

图 10-111　【贴图】对话框

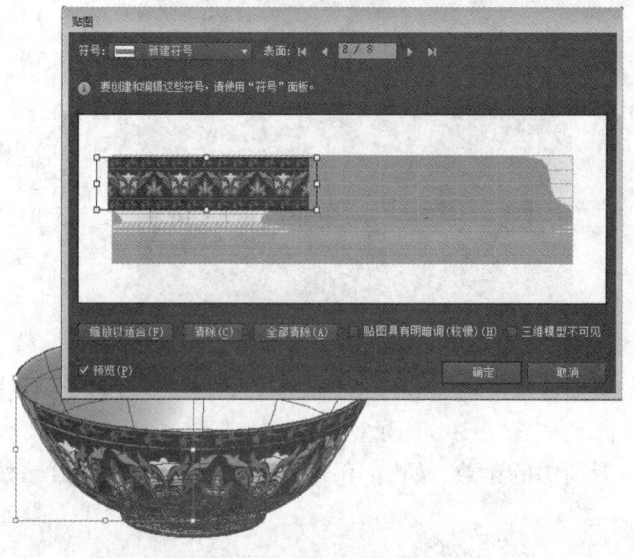

图 10-112　【贴图】对话框 　　　　图 10-113　贴图后的效果

6 在【贴图】对话框中单击【缩放以适合】按钮，使其适合碗，再调整图案的大小，如图 10-114 所示，单击【确定】按钮，返回到【3D 绕转选项】对话框中单击【确定】按钮，即可得到如图 10-115 所示的效果，在空白处单击取消选择。陶瓷碗就制作完成了。

图 10-114 【3D 绕转选项】对话框

图 10-115 最终效果图

10.5 特效立体字

本例主要使用新建文档、文字工具、3D 凸出和斜角、外发光、扩展外观等工具和命令制作特效立体字，实例效果如图 10-116 所示。

图 10-116 特效立体字效果图

操作步骤

1 按 Ctrl+N 键新建一个文档，在【文件】菜单中执行【置入】命令，在弹出的对话框中先选择所需的图片，再取消链接的勾选，如图 10-117 所示，单击【置入】按钮，即可将其

置入到画面中，如图 10-118 所示。

图 10-117 【置入】对话框

图 10-118 置入的图片

2　在工具箱中点选文字工具，在画面中单击后显示一闪一闪的光标，在【字符】面板中设置所需的字体和字体大小，在【颜色】面板中设置颜色为 C74.9、M18.43、Y100、K14.11，然后输入文字"有机食品"，如图 10-119 所示。

图 10-119 输入文字

3　在【效果】菜单中执行【3D】→【凸出和斜角】命令，弹出【3D 凸出和斜角选项】对话框，在其中设置所需的参数，如图 10-120 所示，单击【确定】按钮，得到如图 10-121 所示的效果。

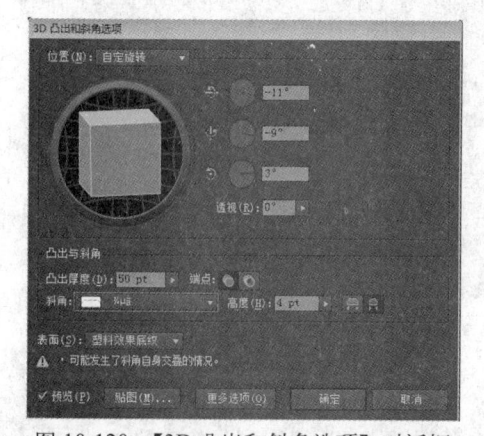

图 10-120 【3D 凸出和斜角选项】对话框

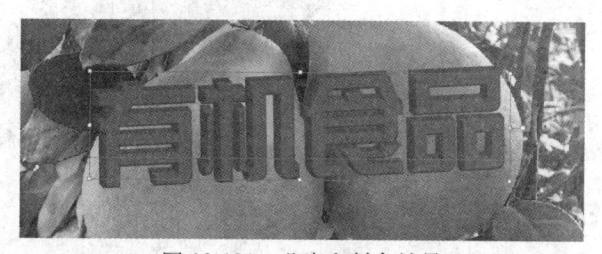

图 10-121 凸出和斜角效果

4　在【效果】菜单中执行【风格化】→【外发光】命令，弹出【外发光】对话框，并在其中设置【模糊】为 5mm，【模式】为正常，【颜色】为白色，如图 10-122 所示，设置好后单击【确定】按钮，即可得到如图 10-123 所示的效果。

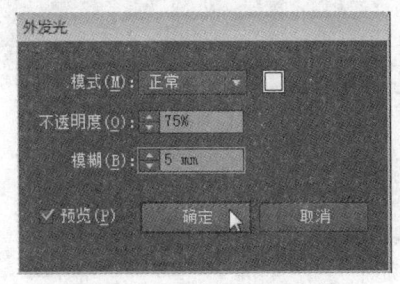

图 10-122 【外发光】对话框

图 10-123 外发光效果

5 在【对象】菜单中执行【扩展外观】命令，得到如图 10-124 所示的结果。

图 10-124 扩展外观后的效果

6 在对象上右击并在弹出的快捷菜单中执行【取消编组】命令，将其取消编组，如图 10-125 所示，在空白处单击取消选择。

图 10-125 取消编组

7 分别在要取消编组的其他文字上单击，依次选择它们并按 Shift+Ctrl+G 键取消编组，取消编组后在空白处先单击取消选择，再按 Shift 键选择要添加效果的对象，如图 10-126 所示。

图 10-126 选择要添加效果的对象

8　在【效果】菜单中执行【风格化】→【内发光】命令，弹出如图10-127所示的【内发光】对话框，采用默认值，直接单击【确定】按钮，即可得到如图10-128所示的效果。

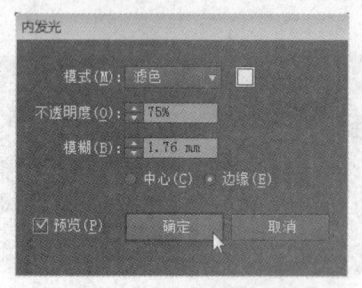

图10-127　【内发光】对话框

图10-128　内发光效果

9　在控制栏中设置描边颜色为白色，描边粗细为1pt，再在空白处单击取消选择，得到如图10-129所示的效果。特效文字就制作完成了。

图10-129　最终效果图

10.6　图形组合字

本例主要使用：新建、椭圆工具、填充、选择工具、缩放、复制、矩形工具、混合工具、直线段工具、符号工具、镜像工具、文字工具、多边形工具、扩充外观、直接选择工具、后移等工具和命令制作图形组合字，实例效果如图10-130所示。

图10-130　图形组合字效果图

操作步骤

1　按Ctrl+N键新建一个文档，在工具箱中点选 椭圆工具，在绘图区内单击，弹出如

图 10-131 所示的对话框，在其中设定【宽度】为 150mm，【高度】为 120mm，单击【确定】按钮，得到如图 10-132 所示的椭圆。

图 10-131 【椭圆】对话框　　　　　图 10-132 绘制椭圆

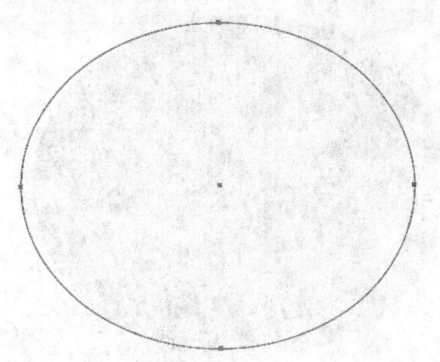

2 显示【颜色】面板，在其中设定填充颜色为 C100、M98、Y20、K0，描边颜色为无，如图 10-133 所示，得到如图 10-134 所示的效果。

图 10-133 【颜色】面板　　　　　图 10-134 填充颜色

3 从工具箱中点选选择工具，右击椭圆，弹出如图 10-135 所示的快捷菜单，在其中点选【变换】→【缩放】命令，弹出如图 10-136 所示的【比例缩放】对话框，在其中设定【比例缩放】为 96%，其他不变。

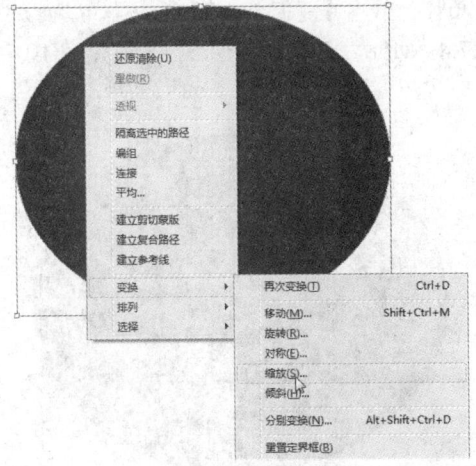

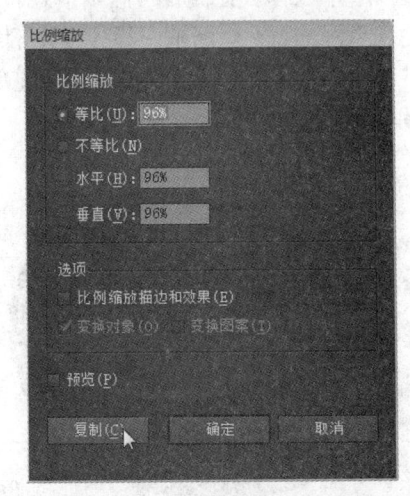

图 10-135 选择【缩放】命令　　　　　图 10-136 【比例缩放】对话框

4 在【比例缩放】对话框中单击【复制】按钮,得到如图 10-137 所示的结果。在【颜色】面板中设定填充颜色为 C75、M6、Y100、K0,得到如图 10-138 所示的效果。

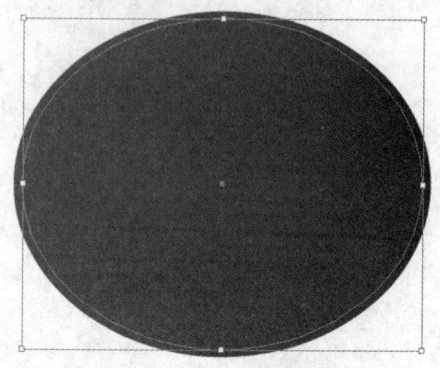

图 10-137 【复制】后的结果　　　　图 10-138 填充颜色

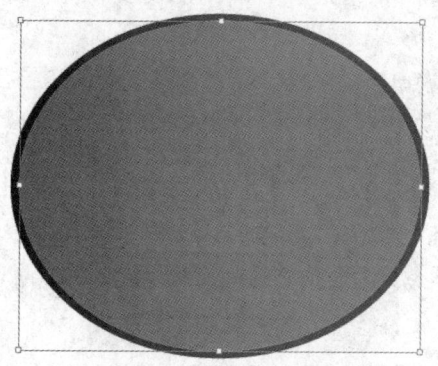

5 右击淡黄色的椭圆,在弹出的快捷菜单中选择【变换】→【缩放】命令,然后在弹出的【比例缩放】对话框中设定【比例缩放】为 85%,单击【复制】按钮,得到如图 10-139 所示的结果。再在【颜色】面板中设定填充颜色为 C80、M35、Y100、K0,就可得到如图 10-140 所示的效果。

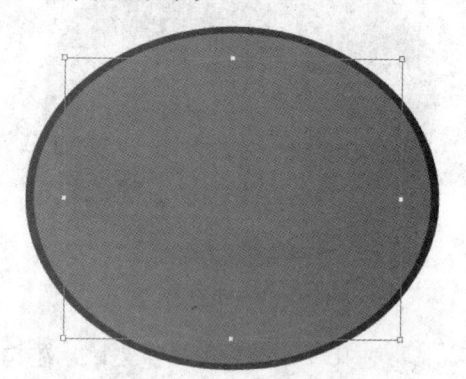

图 10-139 复制后的结果　　　　图 10-140 填充颜色

6 右击刚缩小复制后的椭圆,在弹出的快捷菜单中选择【变换】→【缩放】命令,在弹出的【比例缩放】对话框中设定【比例缩放】为 96%,单击【复制】按钮,得到如图 10-141 所示的结果。在【颜色】面板中设定填充颜色为 C27.4、M58、Y93.3、K14.5,得到如图 10-142 所示的效果。

图 10-141 复制后的结果　　　　图 10-142 填充颜色

第 10 章 综合部分 **235**

7 在工具箱中点选▢矩形工具,在画面适当的位置绘制一个如图 10-143 所示的矩形,用▶选择工具框选所有已画好的图形,如图 10-144 所示。

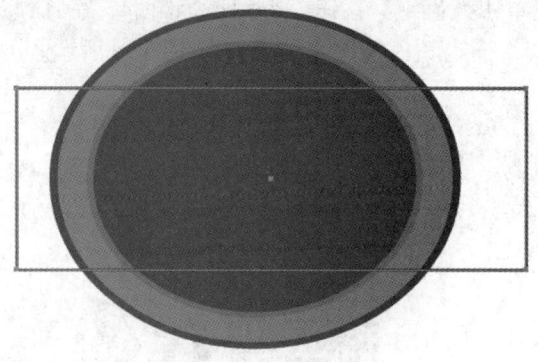

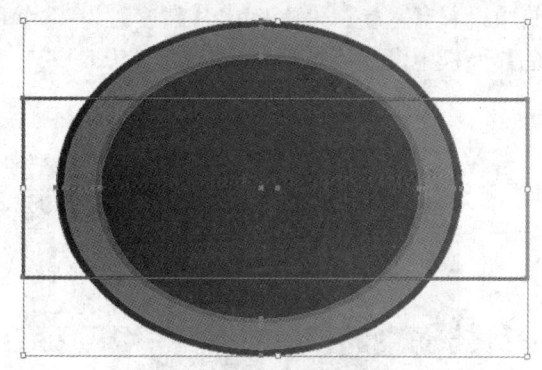

图 10-143 绘制矩形　　　　　　　　图 10-144 框选所有图形

8 显示【对齐】面板,在其中点选❖(水平居中对齐)按钮和❖(垂直居中对齐)按钮,如图 10-145 所示,得到如图 10-146 所示的效果。

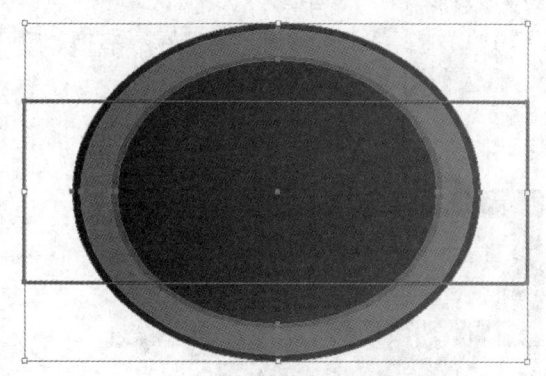

图 10-145 【对齐】面板　　　　　　图 10-146 垂直居中对齐后的效果

9 用选择工具点选矩形,在【颜色】面板中设定填充颜色为 C0、M25、Y50、K0,描边的颜色为 C100、M98、Y20、K0,显示【描边】面板,在其中设定【粗细】为 3pt,如图 10-147 所示,再在空白处单击以取消选择,效果如图 10-148 所示。

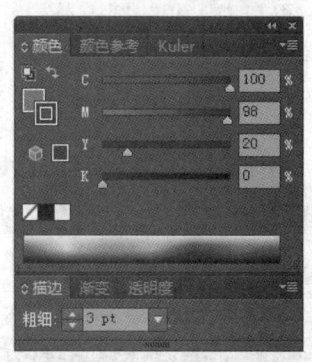

图 10-147 【颜色】面板　　　　　　图 10-148 填充颜色

10 复制一个矩形,调整大小并填充颜色为白色。按住 Shift 键点选两个矩形,在【对齐】面板中点选❖(水平居中对齐)按钮和❖(垂直居中对齐)按钮,将它们对齐,得到如图 10-149

所示的效果。

11 从工具箱中点选◯椭圆工具，在矩形的左下角适当位置单击弹出【椭圆】对话框，在其中设置【宽度】为 45mm，【高度】为 45mm，单击【确定】按钮，得到一个圆形。在【颜色】面板中设置填充颜色为 C33、M0、Y49、K0，描边颜色为无，效果如图 10-150 所示。

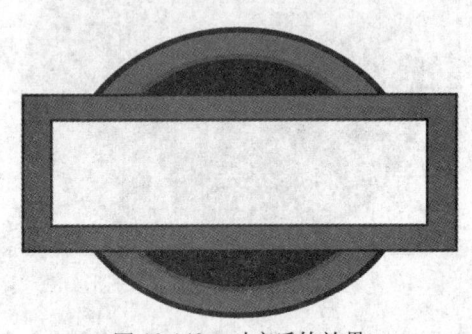

图 10-149　对齐后的效果

图 10-150　绘制椭圆

12 从工具箱中点选选择工具，然后按 Alt+Shift 键将小圆水平复制到矩形的右下角，如图 10-151 所示，要注意这两个圆要左右对称。用同样的方法复制两个圆到其他两个角，取消选择，效果如图 10-152 所示。

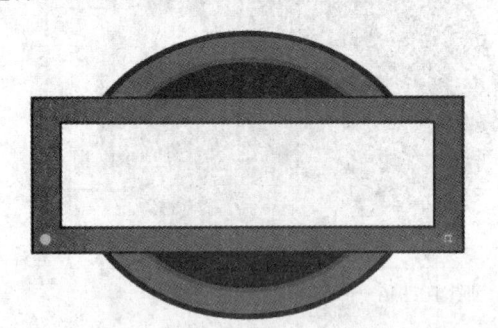

图 10-151　复制并移动椭圆

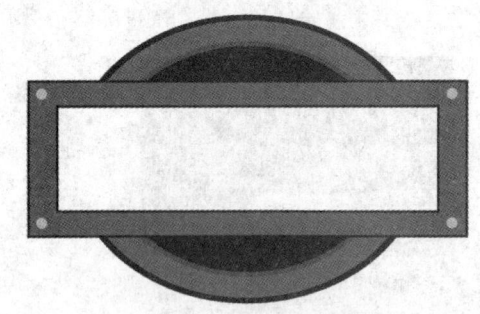

图 10-152　复制并移动椭圆

13 在工具箱中双击 混合工具，弹出如图 10-153 所示的对话框，在其中设定【间距】为指定的距离，在后面的文本框中输入 6mm，单击【确定】按钮。

14 在下方两个圆上单击，得到如图 10-154 所示的效果，再在右上角的圆上单击，得到如图 10-155 所示的结果。在左上角的圆上单击，最后在左下角的圆上单击，得到如图 10-156 所示的结果。

图 10-153　【混合选项】对话框

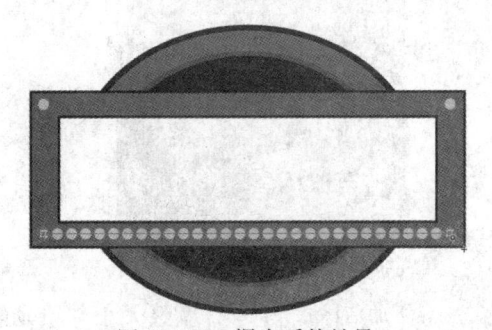

图 10-154　混合后的效果

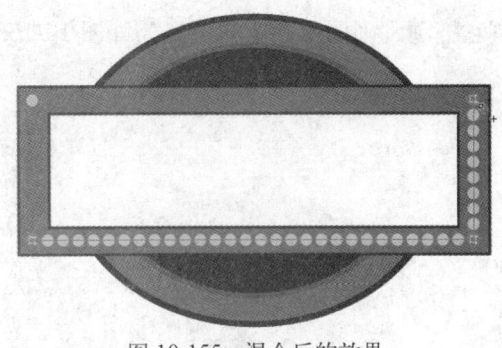

图 10-155 混合后的效果 　　　　　　　　图 10-156 混合后的效果

15 从工具箱中点选 ☑ 直线段工具,在白色的矩形内按 Shift 键画一条直线,如图 10-157 所示,在【颜色】面板中设置所需的颜色,如图 10-158 所示。点选 ▶ 选择工具,将指针指向直线上按下 Alt+Shift 键向下拖到如图 10-159 所示的位置,松开鼠标左键后即可复制一条直线。

16 在工具箱中双击 ▧ 混合工具,弹出如图 10-160 所示的对话框,在其中设定【间距】为指定的距离,在后面的文本框中输入 2mm,单击【确定】按钮。

图 10-157 绘制直线 　　　　　　　　图 10-158 【颜色】面板

图 10-159 复制并移动直线 　　　　　　图 10-160 【混合选项】对话框

17 在两条直线上单击,得到如图 10-161 所示的效果。

18 在菜单中执行【文件】→【打开】命令,打开一张如图 10-162 所示的图形(配套光盘\素材库\10\树.ai),并用选择工具点选它。按 Ctrl+C 键进行复制,再激活制作组合文字的文件，然后按 Ctrl+V 键将其粘贴到画面中，接着将它拖动到画面上并将它调整为如图 10-163 所示的大小和排放位置。

图 10-161　混合后的效果 　　　　　　　　图 10-162　打开的图形

19 按 Alt 键拖动树向右至适当位置，以复制一个副本并将副本适当缩小，然后按 Shift 键单击大树，以点选两棵树，如图 10-164 所示。

图 10-163　复制并移动图形 　　　　　　　图 10-164　复制并移动图形

20 打开一个有苹果的文档，如图 10-165 所示，使用选择工具选择苹果按 Ctrl+C 键进行复制，激活制作组合文字的文件，然后按 Ctrl+V 键将其粘贴到画面中，将它拖动到画面上并调整为如图 10-166 所示的大小和排放位置。

图 10-165　打开的图形 　　　　　　　　图 10-166　复制并移动图形

21 在工具箱中点选钢笔工具，在画面中适当位置绘制一个图形，如图 10-167 所示，在【颜色】面板中设定填充颜色为 C85、M10、Y100、K10，描边的颜色为 C100、M100、Y0、K0，显示【描边】面板，在其中设定【粗细】为 4pt，如图 10-168 所示。

第 10 章 综合部分　*239*

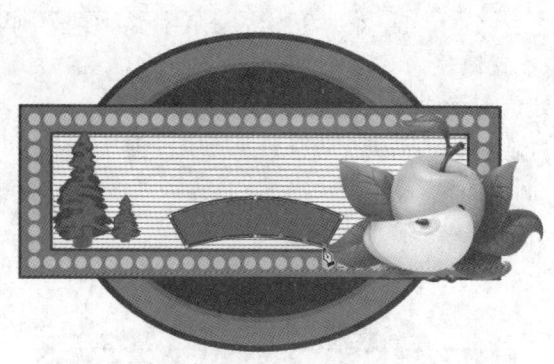

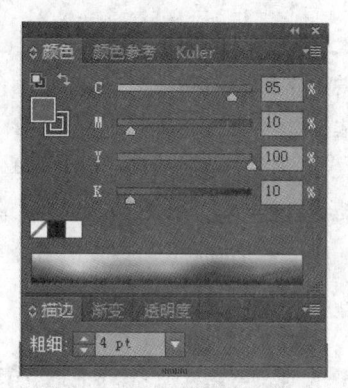

图 10-167　绘制图形

图 10-168　【描边】面板

22 用钢笔工具在画面中适当位置绘制一个图形，如图 10-169 所示，在【颜色】面板中设定填充颜色为无，描边的颜色为 C100、M100、Y0、K0，如图 10-170 所示。

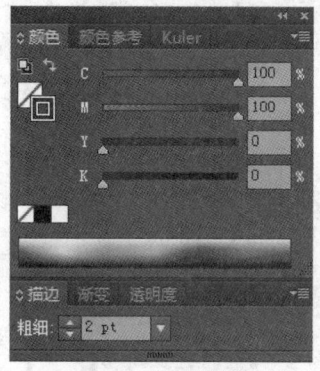

图 10-169　设置颜色

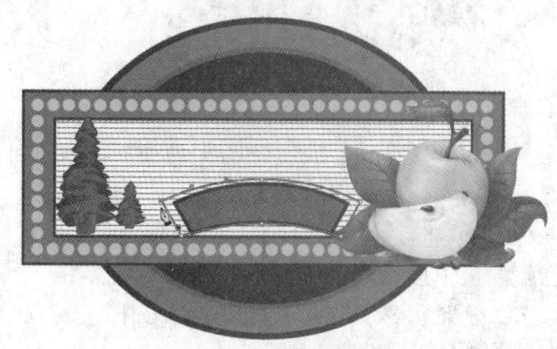

图 10-170　绘制图形

23 在工具箱中点选 ☆ 星形工具，在画面的适当位置绘制一个星形并在【颜色】面板中设置填色为白色，描边为无，绘制好后的效果如图 10-171 所示。

24 在工具箱中点选选择工具，按 Alt 键将星形工具拖动到所需的位置，以得到一个副本，如图 10-172 所示。用同样的方法再复制三个副本，复制好后的效果如图 10-173 所示。

图 10-171　绘制星形

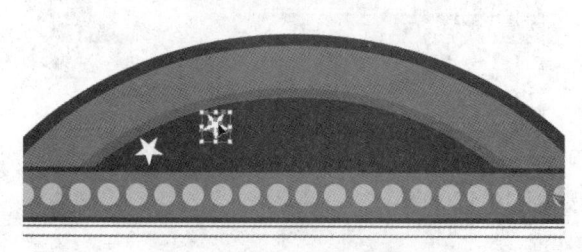

图 10-172　复制并移动星形

图 10-173　复制并移动星形

25 在工具箱中点选文字工具，在画面中适当位置单击，显示光标后在【字符】面板中设置所需的字体和字体大小，在【颜色】面板中设置填色为 C100、M99、Y21、K0。输入所需的文字，如图 10-174 所示，按 Ctrl 键在空白处单击确认文字输入。

26 使用文字工具在画面中适当位置单击，显示光标后在【字符】面板中设置【字体】为华文新魏，【字体大小】为 27pt，在【颜色】面板中设置填色为白色，再输入所需的文字，结果如图 10-175 所示，按 Ctrl 键在空白处单击确认文字输入。

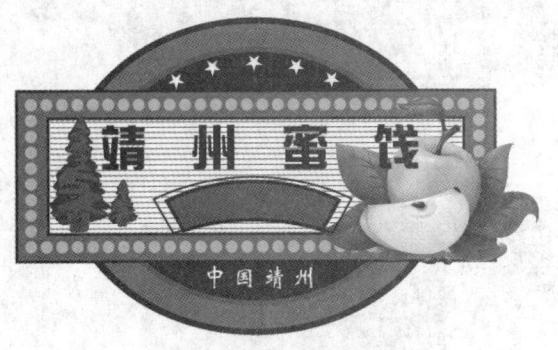

图 10-174 输入文字

图 10-175 输入文字

27 使用文字工具在画面中适当位置单击，显示光标后在【字符】面板中设置【字体】为 Arial，【字体大小】为 31pt，在【颜色】面板中设置填色为白色，再输入所需的文字，效果如图 10-176 所示，点选选择工具确认文字输入。

28 在控制栏中单击 按钮弹出【变形选项】对话框，在其中选择所需的样式，设置【弯曲】为 25%，如图 10-177 所示，设置好后单击【确定】按钮，得到如图 10-178 所示的效果。

图 10-176 输入文字

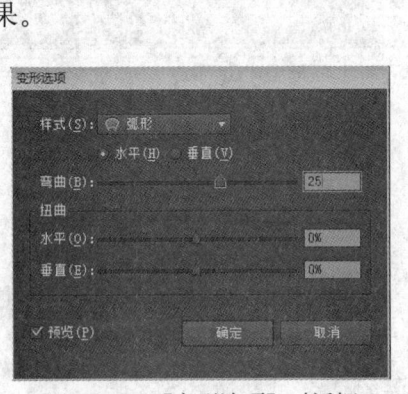

图 10-177 【变形选项】对话框

图 10-178 变形文字

29 使用椭圆工具在画面上画一个椭圆，如图 10-179 所示，再用 路径文字工具单击椭圆并输入相应的文字，如图 10-180 所示。

图 10-179 绘制椭圆　　　　　　　图 10-180 输入文字

30 按 Ctrl+A 键全选，如图 10-181 所示，在【文字】菜单中执行【更改大小写】→【大写】命令，将字母改为大写，然后在【字符】面板设置所需的字体与字体大小及所选字符的间距，如图 10-182 所示，调整好后的效果如图 10-183 所示。

图 10-181 编辑文字　　　图 10-182 【字符】面板　　　图 10-183 编辑文字

31 在工具箱中点选选择工具，移动指针到小白色正方形上，当指针呈 状时将其拖动到所需的位置，如图 10-184 所示。再移动指针到另一个小白色正方形上，当指针呈 状时向左拖动，以调整路径文字之间的间距，调整好后的效果如图 10-185 所示。

图 10-184 编辑文字　　　　　　图 10-185 编辑文字

32 在【颜色】面板中设置填色为白色，得到如图 10-186 所示的效果。

33 从工具箱中点选 旋转工具，在空白处按下左键进行顺时针拖动，到适当的位置时按下 Alt+Shift 键对做好的路径文字进行垂直方向复制，松开鼠标左键并取消选择，得到如图 10-187 所示的效果。

图 10-186 编辑文字

图 10-187 编辑文字

34 在"靖州蜜饯"文字上右击,在弹出的快捷菜单中执行【排列】→【置于顶层】命令,如图 10-188 所示,以将文字置于顶层,再在空白处单击取消选择,即可得到如图 10-189 所示的效果。组合文字效果就制作完成了。

图 10-188 排列文字

图 10-189 最终效果图

10.7 变形艺术字

工具和命令制作变形艺术字,实例效果如图 10-190 所示。本例主要使用新建文件、文字工具、创建轮廓、联集、渐变填充、排列等。

图 10-190 变形艺术字效果图

操作步骤

1 按 Ctrl+N 键新建一个文件，从工具箱中点选 文字工具，在画板中适当位置单击并输入文字"花"，再选择文字，然后在【字符】面板中设定【字体】为文鼎特粗宋简，【字体大小】为 58，在【色板】面板中单击所需的颜色，如图 10-191 所示。

2 使用同样的方法，在画板的适当位置依次输入"样"、"的"、"年"、"华"四个文字，按 Ctrl 键在画板的空白处单击取消选择，得到如图 10-192 所示的效果。

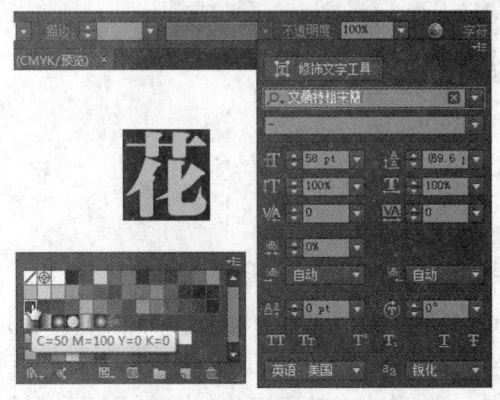

图 10-191 输入文字　　　　　　　　图 10-192 输入文字

3 按 Ctrl+O 键从配套光盘的素材库中打开已经准备好的图形，再用选择工具在画面中单击一个对象，以选择它，如图 10-193 所示，然后按 Ctrl+C 键执行【复制】命令。

图 10-193 选择对象

4 在文档窗口的标题栏中单击刚输入"花样的年华"文字的文档标题标签，以在当前窗口中显示该文档，再按 Ctrl+V 键将复制的内容粘贴到当前文档中，然后将其拖动"样"字的左下方，如图 10-194 所示。

5 移动指针到选框左下角的控制柄旁，当指针呈 状时按下左键向上拖移，旋转到所需的位置时松开左键，得到如图 10-195 所示的效果。

图 10-194 移动对象　　　　　　　　图 10-195 旋转对象

6 在文档窗口的标题栏中单击打开的文档标题标签,以在当前窗口中显示该文档,同样用选择工具在画面中选择另一个图形,并按 Ctrl+C 键执行【复制】命令。在文档窗口的标题栏中单击输入"花样的年华"文字的文档标题标签,以在当前窗口中显示该文档,按 Ctrl+V 键将复制的内容粘贴到当前文档中,然后将其拖动"华"字的右边,如图 10-196 所示。

图 10-196 组合对象

7 在文档窗口的标题栏中单击打开的文档标题标签,以在当前窗口中显示该文档,同样用选择工具在画面中选择另一个图形,并按 Ctrl+C 键执行【复制】命令。在文档窗口的标题栏中单击输入"花样的年华"文字的文档标题标签,以在当前窗口中显示该文档,再按 Ctrl+V 键将复制的内容粘贴到当前文档中,然后将其拖动文字的下边,如图 10-197 所示。

图 10-197 组合对象

8 按 Ctrl+O 键从配套光盘中打开一个图形文件,如图 10-198 所示,然后用前面同样的方法将其复制到有"花样的年华"文字的文档中,并排放到适当位置,如图 10-199 所示。

图 10-198 打开的图形文件　　　　图 10-199 复制并移动对象

9 用文字工具在画面的适当位置单击并输入文字"THE PATTERN OF LIFE",根据需要设置字体与字体大小，其填充颜色为绿色，如图 10-200 所示。

图 10-200　输入文字

10 用选择工具在画面中单击"样"字，以选择它，如图 10-201 所示，在菜单中执行【文字】→【创建轮廓】命令，将文字转换为轮廓，结果如图 10-202 所示。

图 10-201　选择文字

图 10-202　将文字转换为轮廓

11 按 Shift 键在画面中单击"样"字下方的两个图形对象，以同时选择它们，然后在【路径查找器】面板中单击 (联集) 按钮，如图 10-203 所示，以将它们焊接为一个对象，结果如图 10-204 所示。

图 10-203 【路径查找器】面板　　　　图 10-204 焊接对象

12 显示【渐变】面板，在其中设置【类型】为径向，再编辑所需的渐变，如图 10-205 所示，以得到如图 10-206 所示的效果。

图 10-205 【渐变】面板　　　　图 10-206 渐变填充后的效果

13 用选择工具在画面中单击"的"字，以选择它，在菜单中执行【对象】→【排列】→【置于顶层】命令，将选择的文字置于顶层，再在空白处单击取消选择，得到如图 10-207 所示的效果。按 Ctrl+S 键将其存储并命名为"花样的年华"。

图 10-207 排列对象

14 按 Ctrl+O 键从配套光盘的素材库中打开一个背景文件，如图 10-208 所示。

图 10-208 打开的背景文件

15 在"花样的年华"文档标题栏上单击,使它为当前窗口,用选择工具将所有的对象框选,按 Ctrl+C 键进行复制,再激活打开的背景文件,然后按 Ctrl+V 键将复制的内容粘贴到背景中并排放到适当位置,排放好后的效果如图 10-209 所示。

图 10-209 复制并排放对象

16 按 Ctrl+C 和 Ctrl+B 键复制一个副本,然后在控制栏中设置描边为白色,在【描边】面板中设置【粗细】为 5pt,如图 10-209 所示。在空白处单击取消选择,得到如图 10-211 所示的效果。作品就制作完成了。

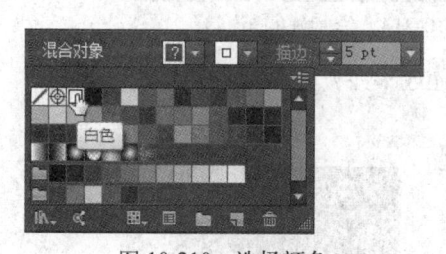

图 10-210 选择颜色

图 10-211 最终效果图

10.8 洗发水广告宣传单

本例主要使用新建文档、矩形工具、置入、文字工具、置入、建立剪切蒙版等工具和命令制作洗发水广告宣传单,实例效果如图 10-212 所示。

图 10-212　洗发水广告宣传单效果图

操作步骤

1　按 Ctrl+N 键新建一个文档，其文档大小为 A4，取向为横向。

2　在工具箱中点选矩形工具，在画面中单击弹出【矩形】对话框，在其中设置【宽度】为 130mm，【高度】为 200mm，如图 10-213 所示，设置好后单击【确定】按钮，即可得到如图 10-214 所示的矩形。

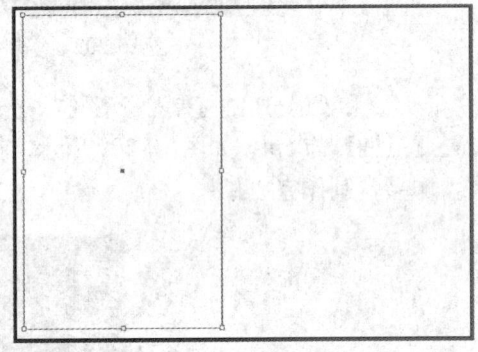

图 10-213　【矩形】对话框　　　　图 10-214　绘制好的矩形

3　显示【颜色】面板，在其中设置颜色为 C100、M95、Y37、K1，如图 10-215 所示，即可得到如图 10-216 所示的效果。

图 10-215 【颜色】面板　　　　　　　　　　　图 10-216 填充颜色

4 按 Ctrl + Alt + Shift 键将矩形复制并向右拖动到适当位置，与左边矩形的右边进行对齐，如图 10-217 所示，在【颜色】面板中设置颜色为 C0、M0、Y0、K100，即可得到如图 10-218 所示的效果。

图 10-217 将矩形向右复制并拖动到适当位置　　　　图 10-218 【颜色】面板

5 在【文件】菜单中执行【置入】命令，弹出【置入】对话框，在其中选择要置入的文件，选择好后单击【置入】按钮，即可将图片置入到画面中，如图 10-219 所示。在控制栏中单击 嵌入 按钮，将图片嵌入到文档中，使用选择工具将其调整到所需的大小，调整好后的效果如图 10-220 所示。

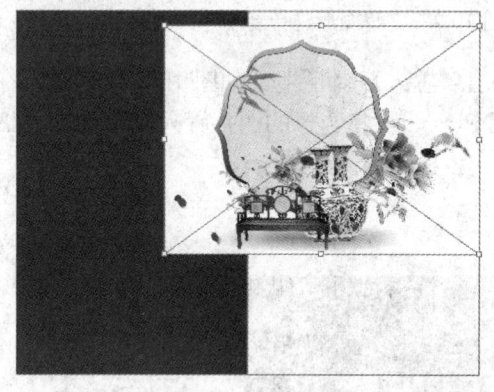

图 10-219 置入图片　　　　　　　　　　图 10-220 调整图片

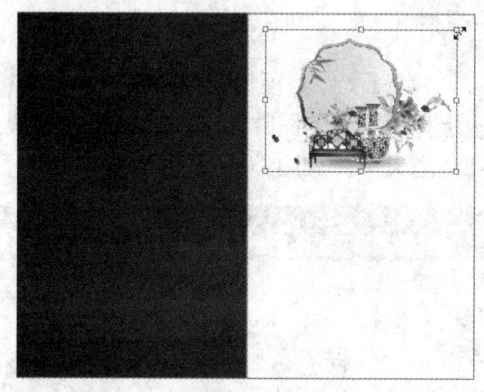

6 在工具箱中点选文字工具，在画面中适当位置依次单击并输入所需的文字，再根据需要设置字符格式，如图 10-221 所示。

图 10-221 输入文字

7 从配套光盘的素材库中打开一个如图 10-222 所示的图形。

8 用选择工具选择所有打开的图形,按 Ctrl + C 键进行复制,然后显示正在编辑的文档,按 Ctrl + V 键执行【粘贴】命令,将打开的图形复制到画面中并排放到适当位置,如图 10-223 所示。

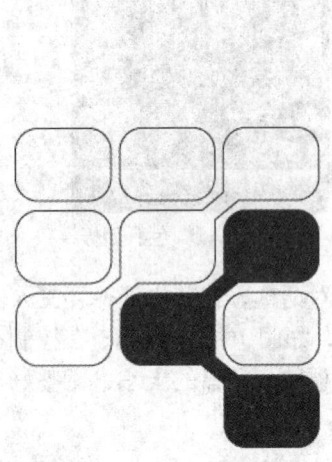

图 10-222 打开的图形

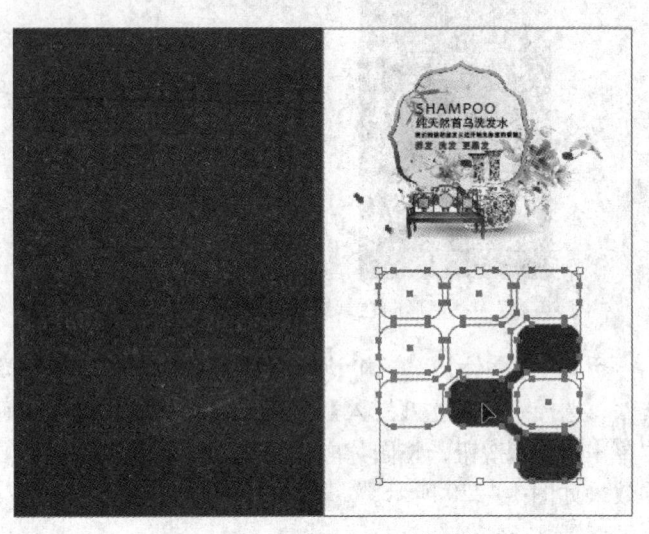

图 10-223 将图形进行复制并排放

9 在【文件】菜单中执行【置入】命令,弹出【置入】对话框,如图 10-224 所示,在其中选择要置入的图片,选择好后单击【置入】按钮,即可将选择的图片置入到画面中并调整到适当大小,如图 10-225 所示。

图 10-224 【置入】对话框

图 10-225 将图片置入到画面中

10 按 Ctrl + [键将图片后移,得到的画面效果如图 10-226 所示。

11 按 Shift 键在画面中单击中间的三个圆角矩形,以同时选择要建立剪切蒙版的图形,如图 10-227 所示。

图 10-226　将图片后移 　　　　　　　　　图 10-227　选择要建立剪切蒙版的图形

12 在选择的图形上右击,并在弹出的快捷菜单中执行【建立剪切蒙版】命令,如图 10-228 所示,即可得到如图 10-229 所示的效果。

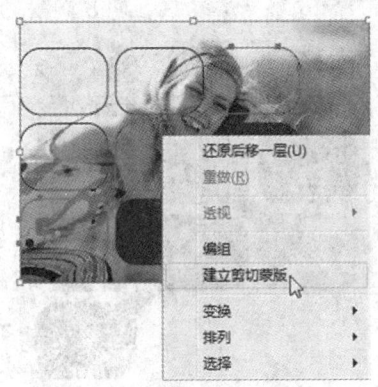

图 10-228　执行【建立剪切蒙版】命令 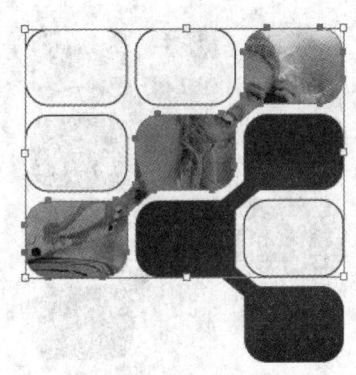　　　图 10-229　建立剪切蒙版后的效果

13 从配套光盘的素材库中分别置入所需的图片,如图 10-230 所示。

14 用选择工具选择一张图片,调整到所需的大小与位置,再按 Ctrl + [键将图片后移,结果如图 10-231 所示。

图 10-230　置入所需的图片 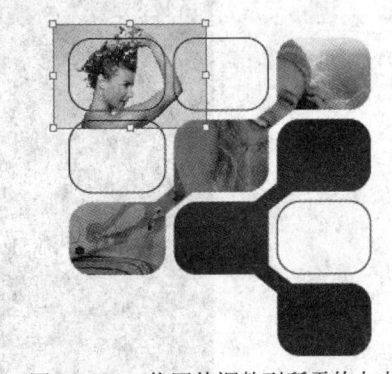　　　　　　　图 10-231　将图片调整到所需的大小

15 按 Shift 键在画面中单击左上角的一个圆角矩形,以同时选择它们,如图 10-232 所示。

16 在选择的图形上右击,在弹出的快捷菜单中执行【建立剪切蒙版】命令,即可得到如图 10-233 所示的效果。

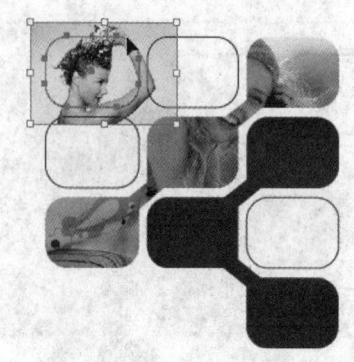

图 10-232　选择圆角矩形和人物　　　　　　　图 10-233　建立剪切蒙版

17 用同样的方法将其他图片调整到所需的大小与位置并建立剪切蒙版，得到如图 10-234 所示的效果。

18 用选择工具选择要清除轮廓线的对象，在【颜色】面板中将描边设为无，再在空白处单击取消选择，得到如图 10-235 所示的效果。

图 10-234　将图片建立剪切蒙版后的效果　　　　　图 10-235　清除轮廓线

19 在工具箱中点选■矩形工具，在画面的适当位置绘制矩形，如图 10-236 所示。

图 10-236　绘制两个不同颜色的矩形

20 在工具箱中点选文字工具，在画面中适当位置依次单击并输入文字，再根据需要设置字符格式，如图 10-237 所示，效果如图 10-238 所示。

图 10-237 【字符】面板　　　　图 10-238 输入文字

21 从配套光盘的素材库中打开所需的图案，如图 10-230 所示，同样将其复制到画面中，调整大小并排放到所需的位置，如图 10-240 所示。

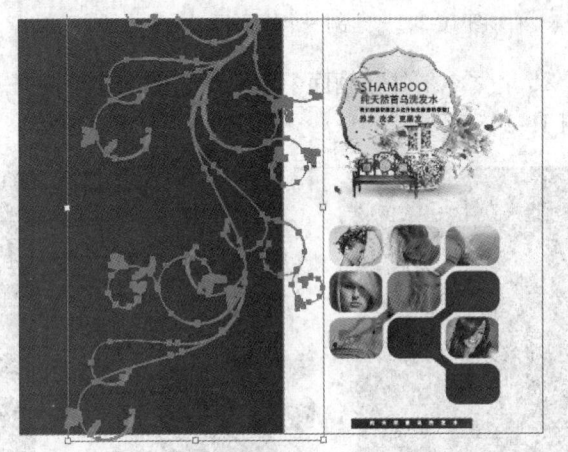

图 10-239 打开的图案　　　　图 10-240 将图案复制到画面中并进行调整

22 在控制栏中设置【不透明度】为 50%，以降低选择对象的不透明度，再在空白处单击，以取消选择，从而得到如图 10-241 所示的效果。

图 10-241 设置不透明度后的效果

23 用矩形工具沿绿色矩形边缘画一个矩形框，如图 10-242 所示。
24 按 Shift 键在画面中单击图案，同时选择矩形框与图案，再在选择的对象上右击，弹出快捷菜单，在其中选择【建立剪切蒙版】命令，如图 10-243 所示，将矩形框外的图案隐藏，取消选择后的效果，如图 10-244 所示。

图 10-242　绘制一个矩形框 　　　　图 10-243　执行【建立剪切蒙版】命令

25 用文字工具在画面中输入所需的文字，根据需要设置字符格式，输入好文字后的效果如图 10-245 所示。

图 10-244　建立剪切蒙版后的效果 　　　　图 10-245　输入文字

26 用文字工具在画面中文字之间拖出一个文本框，再输入所需的文字并设置字符格式，如图 10-246 所示。

27 用文字工具在矩形的下方输入所需的段落文字，如图 10-247 所示。

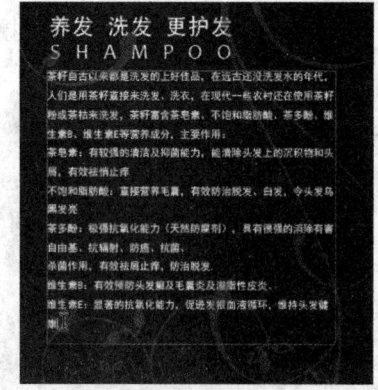

图 10-246　拖出一个文本框并输入文字 　　　　图 10-247　输入文字

第 10 章 综合部分 **255**

28 从配套光盘的素材库中打开所需的图形,并依次将它们复制到画面中,然后调整大小并排放到所需的位置,如图 10-248 所示。宣传单就制作完成了。

图 10-248 最终效果图

参考答案

第1章

一、填空题

1. 直线　曲线　几何特性
2. 图层　画笔　描边　透明度　符号　字符　段落　动作　属性　信息　变换　对齐　文档信息
3. 图像分辨率　屏幕频率
4. Adobe　出版　网络图像

二、选择题

1. A
2. B
3. C
4. B
5. A

第2章

一、填空题

1. 抓手工具　缩放工具　缩放命令
2. 吸管工具　实时上色工具
3. 最大屏幕模式　标准屏幕模式　带有菜单栏的全屏模式　全屏模式

二、选择题

1. A
2. B
3. B
4. A

第3章

一、填空题

1. 直接选择工具　编组选择工具　魔棒工具
2. 移动　调整　编辑

二、选择题

1. A
2. C
3. D

4. A

第 4 章

一、填空题

1. 转角控制点　平滑控制点
2. 开放　封闭
3. 直线段工具　矩形网格工具　矩形工具　椭圆工具　星形工具

二、选择题

1. D
2. A
3. ABC

第 5 章

一、填空题

1. 书法　散点　艺术
2. 路径　复合路径　文字　点阵图
3. 两个封闭路径　不同渐变
4. 长度　复杂度　保真度　。

二、选择题

1. A
2. C

第 6 章

一、填空题

1. 字体　行距　特殊字距　字距微调　基线微调　间距
2. 区域文字　路径上的文字
3. 直排区域文字工具
4. 下弧形　上弧形　凸出　凹壳　波形　上升　鱼眼

二、选择题

1. D
2. A

第 7 章

一、填空题

1. 垂直顶分布　水平左分布、水平居中分布　水平右分布　垂直间隔均　分水平间隔均分
2. 剪切　、　复制　粘贴

二、选择题

1. A
2. B
3. D
4. A

第 8 章

一、填空题

1. 柱形图工具 、 堆积柱形图工具 面积图工具 饼图工具
2. 字体 字体大小 字体颜色
3. 柱形图 条形图 面积图 散点图 雷达图

二、选择题

1. D
2. A C

第 9 章

一、填空题

1. 自由扭曲 转换为形状 收缩和膨胀 波纹效果 位移路径 变形
2. 风格化 风格化 箭头

二、选择题

1. A
2. A